面向新工科普通高等教育系列教材

电气控制与 S7-1200 PLC 应用技术

梁 岩 梁 雪 王泓潇 等编著

机械工业出版社

本书系统地介绍了各类常用低压电器、常见电气控制电路及其设计、S7-1200 PLC 应用技术及博途软件的功能等，着重介绍了 S7-1200 PLC 的硬件系统、软件编程、通信、故障诊断及 PLC 控制系统设计等内容。

为了让读者更快速、高效、深入地掌握相关知识，本书配有大量原创多媒体资源。如低压电器的实物讲解视频、电气控制电路的运行仿真视频、博途软件的操作演示视频等，以及有助于加深读者对本书中文字理解的彩图、拓展阅读、示例的程序文件等。

本书适合作为高等学校自动化相关专业的教材，也适合工程技术人员自学和作为培训教材使用。

图书在版编目(CIP)数据

电气控制与 S7-1200 PLC 应用技术/梁岩等编著. —北京：机械工业出版社, 2023.1 (2024.8 重印)
面向新工科普通高等教育系列教材
ISBN 978-7-111-71457-6

Ⅰ. ①电… Ⅱ. ①梁… Ⅲ. ①电气控制-高等学校-教材 ②PLC 技术-高等学校-教材 Ⅳ. ①TM571.2 ②TM571.61

中国版本图书馆 CIP 数据核字(2022)第 153795 号

机械工业出版社(北京市百万庄大街 22 号　邮政编码　100037)
策划编辑：李馨馨　　责任编辑：李馨馨　杨晓花
责任校对：张艳霞　　责任印制：常天培

北京机工印刷厂有限公司印刷

2024 年 8 月第 1 版·第 6 次印刷
184mm×260mm · 15.75 印张·390 千字
标准书号：ISBN 978-7-111-71457-6
定价：59.80 元

电话服务　　　　　　　　　网络服务
客服电话：010-88361066　　机　工　官　网：www.cmpbook.com
　　　　　010-88379833　　机　工　官　博：weibo.com/cmp1952
　　　　　010-68326294　　金　书　网：www.golden-book.com
封底无防伪标均为盗版　　　机工教育服务网：www.cmpedu.com

前 言

党的二十大报告指出，加快建设制造强国。实现制造强国，智能制造是必经之路。可编程序逻辑控制器（programmable logic controller，PLC）是工业控制的标准设备，可应用于所有工业领域，并且目前已经扩展到商业、农业、民用设施、智能建筑等领域。在新一轮产业变革中，PLC 技术作为自动化技术的重要一环，在智能制造中扮演着不可或缺的角色。西门子公司的 SIMAITC S7-1200 PLC 作为目前国际领先的小型 PLC，借助其自动化组态任务的集成开发环境 TIA 博途软件（totally integrated automation Portal），在工程研发、生产操作与日常维护各个阶段得到广泛应用，在提高工程效率、提升操作体验、增强维护便捷性等方面表现优异。

本书第一篇为电气控制部分，着重介绍了各类常用低压电器、常见电气控制电路及其设计等，为控制系统的电路设计奠定基础。第二篇为 S7-1200 PLC 应用基础部分，介绍了 PLC 的基础知识及博途软件的功能，着重介绍了 S7-1200 PLC 的硬件系统、软件编程、通信、故障诊断及 PLC 控制系统设计等。

为了让读者更快速、高效、深入地掌握相关知识，本书配套了大量原创多媒体资源。如低压电器的实物讲解视频、电气控制电路的运行仿真视频、博途软件的操作演示视频等，有助于加深读者对书中文字理解的彩图、拓展阅读等。这些多媒体资源可以通过扫描书中的二维码获得。另外，本书还配套了技术手册以及书中示例的程序文件等资源，可扫描封底的二维码获取。

本书具体编写分工如下：第 1、6 章由梁雪编写，第 2、3、11 章由梁岩编写，第 4、7 章由梁雪、梁岩共同编写，第 5、10 章由王泓潇编写，第 8 章由徐林编写，第 9 章由李鸿儒编写。

全国电气信息结构、文件编制和图形符号标准化技术委员会的高永梅老师对本书相关标准的使用提出了很多宝贵建议。西门子工厂自动化工程有限公司的范骏、马庆江、蒙文强等工程师也对本书给予了很多的专业技术支持，谨在此表示衷心感谢！

因作者水平有限，书中难免有错漏之处，恳请广大读者批评指正。

编者

目 录

前言
第1章 绪论 ………………………………… 1
 1.1 电器与电气的概念及区别 ………… 1
 1.2 电气控制技术概述 ………………… 1
 1.3 本（书）课程的学习目标 ………… 2

第一篇 电气控制基础

第2章 常用低压电器 …………………… 4
 2.1 低压电器的基础知识 ……………… 4
  2.1.1 低压电器的定义与分类 ……… 4
  2.1.2 低压电器的电磁机构 ………… 5
  2.1.3 低压电器的触点 ……………… 6
  2.1.4 低压电器的灭弧 ……………… 8
  2.1.5 低压电器选用的基本原则 …… 9
 2.2 低压配电电器 ……………………… 9
  2.2.1 刀开关 ………………………… 9
  2.2.2 双电源切换开关 …………… 10
  2.2.3 低压断路器 ………………… 10
  2.2.4 熔断器 ……………………… 12
 2.3 接触器 …………………………… 12
 2.4 继电器 …………………………… 15
  2.4.1 继电器概述 ………………… 15
  2.4.2 电磁式继电器 ……………… 16
  2.4.3 时间继电器 ………………… 18
  2.4.4 热继电器 …………………… 19
  2.4.5 固态继电器 ………………… 21
  2.4.6 速度继电器 ………………… 22
 2.5 主令电器 ………………………… 22
  2.5.1 控制按钮 …………………… 22
  2.5.2 行程开关 …………………… 24
  2.5.3 接近开关 …………………… 24
  2.5.4 转换开关 …………………… 25
 2.6 电磁执行器件 …………………… 26
  2.6.1 电磁铁 ……………………… 27
  2.6.2 电磁阀 ……………………… 27
  2.6.3 电磁制动器 ………………… 28
 思考题及练习题 ……………………… 29

第3章 电气控制电路设计基础 ………… 31
 3.1 电气控制电路图的绘制原则及符号 … 31
  3.1.1 电气控制电路图的绘制原则 … 31
  3.1.2 电气控制电路图的符号 …… 34
 3.2 三相笼型异步电动机直接起动常用
  控制电路 …………………………… 37
  3.2.1 单向点动控制电路 ………… 37
  3.2.2 单向自锁控制电路 ………… 38
  3.2.3 单向点动、连续运行混合控制
    电路 ………………………… 39
  3.2.4 多地点控制电路 …………… 40
  3.2.5 互锁控制电路 ……………… 40
  3.2.6 顺序控制电路 ……………… 42
  3.2.7 自动往复控制电路 ………… 44
 3.3 三相笼型异步电动机减压起动控制
  电路 ………………………………… 45
  3.3.1 定子绕组串电阻减压起动控制
    电路 ………………………… 45
  3.3.2 Y-△转换减压起动控制电路 … 46
  3.3.3 自耦变压器减压起动控制电路 … 47
 3.4 三相笼型异步电动机制动控制电路 … 48
  3.4.1 反接制动控制电路 ………… 49
  3.4.2 能耗制动控制电路 ………… 51
 3.5 三相笼型异步电动机的变频调
  速控制电路 ………………………… 53
  3.5.1 变频器 ……………………… 53
  3.5.2 使用变频器的电动机可逆调
    速控制电路 ………………… 55
 3.6 电气控制电路的设计方法 ………… 55
 3.7 电气控制电路图的绘制工具 ……… 57
 思考题及练习题 ……………………… 58

第二篇　S7-1200 PLC 应用技术

第 4 章　PLC 基础知识 62
- 4.1　PLC 的定义和分类 62
  - 4.1.1　PLC 的定义 62
  - 4.1.2　PLC 的分类 63
- 4.2　PLC 的功能及特点 64
  - 4.2.1　PLC 的主要功能 64
  - 4.2.2　PLC 的主要特点 65
- 4.3　PLC 应用案例 65
- 4.4　PLC 的发展 66
- 4.5　PLC 的结构与组成 67
  - 4.5.1　CPU 部分 67
  - 4.5.2　输入部分 68
  - 4.5.3　输出部分 68
- 4.6　PLC 的工作原理 68
- 4.7　PLC 操作软件概述 71
- 4.8　PLC 的编程语言 72
- 思考题及练习题 74

第 5 章　S7-1200 PLC 的硬件系统 75
- 5.1　S7-1200 PLC 的 CPU 模块 76
- 5.2　S7-1200 PLC 的信号模块与信号板 77
  - 5.2.1　数字量输入模块 77
  - 5.2.2　数字量输出模块 80
  - 5.2.3　模拟量输入模块 82
  - 5.2.4　模拟量输出模块 86
- 5.3　S7-1500 PLC 的通信模块与通信板 87
- 思考题及练习题 88

第 6 章　S7-1200 PLC 的博途软件 89
- 6.1　博途软件概述 89
  - 6.1.1　博途 STEP 7 89
  - 6.1.2　博途 WinCC 89
  - 6.1.3　博途 StartDrive 90
- 6.2　博途软件的常用功能 90
  - 6.2.1　博途软件的视图结构 90
  - 6.2.2　硬件组态 91
  - 6.2.3　编程 93
  - 6.2.4　下载 96
  - 6.2.5　上传 98
  - 6.2.6　监控 99
  - 6.2.7　在线诊断 100
  - 6.2.8　库功能 101
  - 6.2.9　Trace 101
  - 6.2.10　其他功能 103
- 6.3　博途的仿真器 104
  - 6.3.1　仿真器的 SIM 表格 106
  - 6.3.2　仿真器的序列 106
- 思考题及练习题 107

第 7 章　S7-1200 PLC 的软件编程 108
- 7.1　S7-1200 PLC 的数据类型 108
  - 7.1.1　基本数据类型 108
  - 7.1.2　绝对地址的访问 113
  - 7.1.3　复杂数据类型 114
  - 7.1.4　PLC 数据类型 119
  - 7.1.5　指针类型 121
  - 7.1.6　变量的解析访问 121
- 7.2　S7-1200 PLC 的存储区 123
  - 7.2.1　装载存储器 123
  - 7.2.2　工作存储器 124
  - 7.2.3　保持性存储器 124
  - 7.2.4　系统存储器 124
- 7.3　博途软件梯形图的新特征 131
  - 7.3.1　灵活的梯形图表达 132
  - 7.3.2　灵活的指令选择和参数配置 132
- 7.4　位逻辑运算指令 133
  - 7.4.1　常开、常闭、取反、线圈和"与""或"逻辑 133
  - 7.4.2　置位与复位类型指令 135
  - 7.4.3　边沿检测指令 136
- 7.5　定时器/计数器操作指令 138
  - 7.5.1　IEC 定时器指令 138
  - 7.5.2　IEC 计数器指令 142
- 7.6　比较器操作指令 144
  - 7.6.1　普通比较指令 145
  - 7.6.2　范围比较 145
  - 7.6.3　检查有效性及检查无效性指令 146
- 7.7　数学函数指令 147
- 7.8　其他指令 148
  - 7.8.1　移动操作指令 148
  - 7.8.2　转换操作指令 149
  - 7.8.3　移位与循环指令 149
  - 7.8.4　字逻辑运算指令 150

7.8.5　程序控制操作指令 …………… 151
　　7.8.6　运动控制指令 ………………… 152
　思考题及练习题 …………………………… 153

第8章　S7-1200 PLC的程序结构 …… 154
8.1　用户程序的基本结构 ………………… 154
8.2　组织块 ………………………………… 155
　　8.2.1　组织块与中断事件概述 ……… 155
　　8.2.2　启动组织块 …………………… 157
　　8.2.3　程序循环组织块 ……………… 157
　　8.2.4　时间中断组织块 ……………… 157
　　8.2.5　延时中断组织块 ……………… 158
　　8.2.6　循环中断组织块 ……………… 159
　　8.2.7　硬件中断组织块 ……………… 159
　　8.2.8　错误处理组织块 ……………… 159
8.3　函数与函数块 ………………………… 160
　　8.3.1　函数 …………………………… 160
　　8.3.2　函数块 ………………………… 163
　　8.3.3　多重背景 ……………………… 164
8.4　数据块 ………………………………… 166
　思考题及练习题 …………………………… 169

第9章　S7-1200 PLC的通信 ………… 170
9.1　网络通信概述 ………………………… 170
　　9.1.1　网络通信国际标准模型
　　　　　（OSI模型） …………………… 170
　　9.1.2　调试工业通信网络的一般方法 … 171
　　9.1.3　S7-1200 PLC的通信方式 …… 173
9.2　工业以太网通信 ……………………… 176
　　9.2.1　工业以太网通信概述 ………… 176
　　9.2.2　PROFINET IO通信 …………… 177
　　9.2.3　S7-1200 PLC与G120变频
　　　　　器的通信 ……………………… 180
　　9.2.4　S7-1200 PLC的开放式
　　　　　用户通信 ……………………… 183
　　9.2.5　S7-1200 PLC的S7通信 ……… 186
9.3　PROFIBUS-DP通信 ………………… 189
　　9.3.1　PROFIBUS概述 ……………… 189
　　9.3.2　S7-1200 PLC与从站的通信 … 191
　　9.3.3　一致性数据传输 ……………… 193
　思考题及练习题 …………………………… 193

第10章　S7-1200 PLC的故障诊断 …… 194
10.1　PLC故障诊断概述 ………………… 194
　　10.1.1　PLC故障分类 ……………… 194
　　10.1.2　PLC故障诊断的机理 ……… 195

　　10.1.3　S7-1200 PLC的故障诊断
　　　　　　方法 …………………………… 195
10.2　使用LED指示灯诊断故障的方法 … 196
10.3　使用博途软件诊断故障的方法……… 197
10.4　使用PLC Web服务器诊断故障
　　　的方法 ………………………………… 201
10.5　使用HMI诊断控件诊断故障
　　　的方法 ………………………………… 204
10.6　使用用户诊断程序诊断故障
　　　的方法 ………………………………… 208
　　10.6.1　基于错误处理组织块的诊断
　　　　　　程序设计 …………………… 208
　　10.6.2　使用诊断专用指令的诊断
　　　　　　程序设计 …………………… 211
　　10.6.3　基于信号模块的值状态功能的
　　　　　　诊断程序设计 ……………… 217
　　10.6.4　使用Gen_UsrMsg的报警
　　　　　　诊断程序设计 ……………… 219
　思考题及练习题 …………………………… 223

第11章　PLC控制系统设计 …………… 224
11.1　PLC控制系统的设计原则及流程 … 224
11.2　分析评估控制任务 ………………… 225
11.3　PLC控制系统的总体设计 ………… 226
11.4　PLC控制系统的硬件设计 ………… 227
　　11.4.1　传感器与执行器的确定 …… 227
　　11.4.2　PLC控制系统模块的选择 … 227
　　11.4.3　控制柜设计 ………………… 228
11.5　PLC控制系统的软件设计 ………… 228
　　11.5.1　控制软件设计 ……………… 228
　　11.5.2　监控软件设计 ……………… 229
11.6　PLC控制系统的调试 ……………… 229
　　11.6.1　模拟调试 …………………… 229
　　11.6.2　现场调试 …………………… 229
11.7　运料小车控制系统设计实例 ……… 230
　　11.7.1　分析评估控制任务 ………… 230
　　11.7.2　系统总体设计 ……………… 230
　　11.7.3　系统硬件设计 ……………… 231
　　11.7.4　系统软件设计 ……………… 234
　思考题及练习题 …………………………… 236

附录 ………………………………………… 237
附录A　S7-1200实验指导 ………………… 237
附录B　PLC综合练习题 …………………… 243

参考文献 …………………………………… 246

第1章

绪论

电气控制涉及的范围极其广泛,是实现工业生产自动化的重要技术手段。目前电力电子技术和计算机技术已经融入电气控制技术中,使得电气控制技术更加精准、简便,并呈现出不断上升的发展趋势。小至家用电器,大到航空航天,电气控制技术都在其中发挥着至关重要的作用。因此,学习并掌握电气控制技术尤为重要。

1.1 电器与电气的概念及区别

电器与电气是两个不同的概念,由于在使用中容易混淆,下面对其进行说明。

电器是所有电工器械的简称,是指能根据外界施加的信号和要求自动或手动接通和断开电路,断续或连续地改变电路参数,并能对电路或非电对象进行切换、控制、保护、检测、变换和调节的电工器械。电器单指设备,如继电器、接触器、互感器、开关、熔断器及变阻器等。电器的控制作用就是手动或自动地接通、断开电路,因此,"分断"和"闭合"是电器最基本、最典型的功能。简言之,电器就是一种能控制电的工具。

电气是电能的生产、传输、分配、使用和电工装备制造等学科或工程领域的统称。它是以电能、电气设备和电气技术为手段来创造、维持与改善限定空间和环境的一门科学,涵盖电能的转换、利用和研究三方面,包括基础理论、应用技术、设施设备等。电气是广义词,可指一种行业,一种专业,也可指一种技术,而不具体指某种产品。

1.2 电气控制技术概述

电气控制技术主要分为两大类:一种是传统的以继电器、接触器等为主搭接起来的逻辑电路,即继电-接触器控制技术;另一种是基于可编程序逻辑控制器(programmable logic controller,PLC)的控制系统,即 PLC 控制技术。

1. 继电-接触器控制技术

继电-接触器控制技术属于传统电气控制技术,继电-接触器控制系统主要是由继电器、接触器、主令电器和保护电器等元器件用导线按一定的控制逻辑连接而成的系统。它主要通过硬件接线逻辑来实现控制逻辑,利用继电器触点的串联或并联、时间继电器的滞后动作等组成控制逻辑,从而实现对电动机或其他机械设备的起动、停止、反向、调速及多台设备的顺序控制和自动保护等功能。

继电-接触器控制系统具有结构简单、控制电路成本低廉、维护容易、抗干扰能力强等优点，但这种控制系统采用固定的接线方式实现，若控制方案改变，则需拆线后重新接线，乃至更换元器件，因此灵活性差。除此之外，继电-接触器控制系统的体积较大，工作频率低，触点易损坏，可靠性差，且控制装置是专用的，通用性差。

2. PLC 控制技术

PLC 控制技术属于现代电气控制技术，它是计算机技术与继电-接触器控制技术相结合的控制技术，PLC 的输入、输出仍与低压电器密切相关。PLC 控制以微处理技术为核心，综合应用计算机技术、自动控制技术、电子技术以及通信技术等，以软件手段实现各种控制功能。

PLC 控制具有如下优点：使用灵活、通用性强；可靠性高、抗干扰能力强；接口简单、维护方便；采用模块化结构，体积小，重量轻；编程简单、容易掌握；具有丰富的输入/输出接口模块，扩展能力强；设计、施工、调试周期短。

继电-接触器控制与 PLC 控制既有区别又有联系。继电-接触器控制系统主要用于动作简单、控制规模比较小的电气控制系统中，至今仍是部分机械设备广泛采用的电气控制形式。而 PLC 控制系统则用于相对较复杂的电气控制系统，它通过程序而不是像继电-接触器控制系统那样通过电路实现控制逻辑，因此 PLC 与设备之间的电路组成关系十分简单。另外，继电-接触器控制系统在简单控制系统中的经济性明显优于 PLC 控制系统，在不太重要的场合可以考虑使用。而在可靠性方面，PLC 控制系统则明显优于继电-接触器控制系统。

在进行电气控制设计时，应充分考虑两种控制技术各自的优缺点，选择适合的控制技术，使系统控制效果好、成本低，以达到最高的性价比。

1.3 本（书）课程的学习目标

本课程是面向自动化、电气工程及其自动化、工业人工智能等专业开设的一门专业平台课程，目的是使学生掌握常用的低压控制电器和 PLC 的基本原理和基础知识，掌握继电-接触器控制系统、PLC 控制系统等电气控制系统的设计、图纸绘制、编程、安装、调试等专业基础知识，是一门工程实践性强的课程。通过本课程的学习，可初步培养学生解决实际问题的方法和能力，锻炼学生的创新思维，为进一步学习其他专业课程和工程应用打下坚实的基础。

本课程的主要任务包括：

1）掌握常用低压控制电器的基本知识。
2）理解并掌握电气控制电路的设计方法。
3）掌握 PLC 的组成和工作原理。
4）了解 S7-1200 PLC 的硬件系统。
5）掌握 S7-1200 PLC 博途软件的使用方法。
6）掌握 S7-1200 PLC 的软件编程及指令功能。
7）掌握 S7-1200 PLC 的程序结构。
8）了解 S7-1200 PLC 的通信功能。
9）了解 S7-1200 PLC 的故障诊断功能。
10）了解 PLC 控制系统的综合设计及项目实施方法。

第一篇
电气控制基础

下图为一个最常见、最基本的电动机控制电路，它实现了电动机的单向点动控制。图中主要的元器件（低压断路器或隔离开关、熔断器、按钮、接触器等）就是常用的低压电器。工厂里大大小小的设备和生产线就是由这些低压电器组成的电路进行控制的。

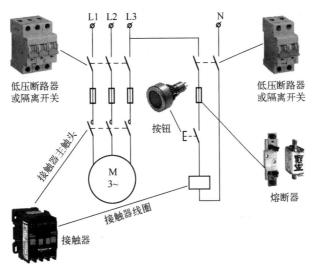

图　电动机单向点动控制电路及所用元器件示意图

第2章将介绍这些常用的低压电器；第3章将介绍如何将这些低压电器"串起来"，即电气控制电路的设计方法。

第2章 常用低压电器

2.1 低压电器的基础知识

2.1.1 低压电器的定义与分类

低压电器是指工作在交流电压小于 1000 V、直流电压小于 1500 V 的电路中，起通断、保护、控制或调节作用的电器设备，以及利用电能来控制、保护和调节非电过程和装置的电气设备。

低压电器在电路中的作用是根据外界施加的信号或要求，自动或手动地接通或分断电路，从而连续或断续地改变电路的参数或状态，以实现对电路或非电对象的切换、控制、保护、检测、变换和调节。

低压电器的种类繁多，按其结构、用途及所控制的对象不同，有不同的分类方式。

1. 按用途和控制对象分类

按用途和控制对象的不同，可将低压电器分为配电电器和控制电器，见表 2-1。

表 2-1 配电电器和控制电器

	低压电器名称	符号	主要品种	用 途	
配电电器	刀开关/隔离开关	QB	大电流隔离器 熔断器式组合刀开关 负荷开关	主要用于电路隔离，也能接通和分断额定电流	用于主电路
	切换开关	QA	组合开关 切换开关	用于双路电源或负载的切换和通断电路	
	断路器	QA	框架式断路器 塑壳断路器 限流式断路器 漏电保护断路器	用于线路过载、短路或欠电压保护，也可用于不频繁接通和分断电路	
	熔断器	FC	有填料熔断器 无填料熔断器 快速熔断器	用于线路或电气设备的短路和过载保护	
控制电器	接触器	QA	交流接触器 直流接触器	用于远距离频繁起动或控制电动机，以及接通和分断正常工作的主电路	用于辅助电路/控制电路
	变频器	TA	变频器	用于交流电动机的起动或控制	
	控制继电器	KF	电流继电器 电压继电器 中间继电器 时间继电器	主要用于控制其他电器，或作为主电路的保护	
		BC	热继电器		
	主令电器	SF	按钮	用于接通和分断控制电路，发布控制命令	
		BG	行程开关 接近开关		
		SF	转换开关		

对配电电器的主要技术要求是断流能力强、限流效果佳，在系统发生故障时确保动作准确、工作可靠，有足够的热稳定性和动稳定性。

对控制电器的主要技术要求是有适当的转换能力，操作频率高，使用寿命长等。

2. 按操作方式分类

低压电器按操作方式可分为自动电器和手动电器两类。

自动电器依靠外来信号的变化，或者自身参数的变化，完成接通、分断、起动、反向及停止等动作。而手动电器则是靠手动操作机构来完成上述动作。

3. 按工作条件和使用环境分类

1）通用低压电器：供正常工作条件下使用，广泛用于各种工业领域。

2）化工低压电器：主要是具有耐潮、耐腐蚀和防爆功能的低压电器。

3）矿用低压电器：主要用于矿井，具有防爆、耐潮、耐振动冲击的特性。

4）船用低压电器：具有耐潮、耐腐蚀、耐振动冲击的特性，用于海上石油钻井平台和各类船只。

5）航空低压电器：耐冲击和振动，小而轻。

6）高原低压电器：适用于海拔 2000 m 以上的工作环境。

说明：

关于电器的防水防尘特性，IEC 采用 IP 防护等级加以分级，扫描二维码 2-1 可查看有关 IP 防护等级的介绍。

4. 按工作原理分

1）电磁式电器：利用电磁感应原理工作的电器。如交/直流接触器、各种电磁式继电器、电磁阀等。

2-1 拓展阅读：
外壳 IP 防护等级

2）非电量控制电器：依靠外力或非电量信号（如温度、压力、速度等）的变化而动作的电器。如刀开关、行程开关、转换开关、温度继电器、压力继电器、速度继电器等。

2.1.2 低压电器的电磁机构

电磁式电器在电气控制系统中使用量最大，其类型有很多，各类电磁式电器在工作原理和构造上基本相似。下面介绍电磁式低压电器电磁机构的结构形式及工作原理。

电磁机构的主要作用是将电磁能转换为机械能，带动触点动作，实现电路的接通或分断。

电磁机构由电磁线圈、铁心和衔铁 3 部分组成，其结构形式按衔铁的运动方式可分为直动式和拍合式。常用的电磁机构结构形式如图 2-1 所示。

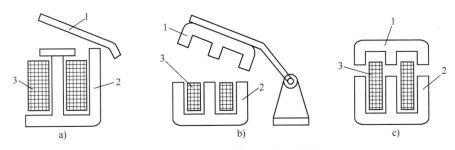

图 2-1 常用的电磁机构结构形式

a）衔铁沿棱角转动的拍合式 b）衔铁沿轴转动的拍合式 c）衔铁做直线运动的双 E 形直动式

1—衔铁 2—铁心 3—电磁线圈

1) 衔铁沿棱角转动的拍合式,如图 2-1a 所示。这种结构适用于直流接触器。

2) 衔铁沿轴转动的拍合式,如图 2-1b 所示。其铁心形状有 E 形和 U 形两种,此结构适用于触点容量较大的交流接触器。

3) 衔铁做直线运动的双 E 形直动式,如图 2-1c 所示。这种结构适用于交流接触器、继电器等。

电磁线圈的作用是将电能转换为磁能,即产生磁通,衔铁在电磁吸力作用下产生机械位移使铁心与之吸合。凡通入直流电的电磁线圈都称为直流线圈,通入交流电的电磁线圈称为交流线圈。由直流线圈组成的电磁机构称为直流电磁机构,由交流线圈组成的电磁机构称为交流电磁机构。

对于直流电磁机构,由于电流的大小和方向不变,只有线圈发热,铁心不发热,通常其衔铁和铁心均由软钢或工程纯铁制成,所以直流线圈能够制成高而薄的瘦高形,且不设线圈骨架,使线圈与铁心直接接触,易于散热。对于交流电磁机构,由于其铁心中存在磁滞和涡流损耗,线圈和铁心都要发热,所以交流线圈设有骨架,使铁心与线圈隔离,并将线圈制成短而厚的矮胖形,有利于线圈和铁心散热,通常铁心用硅钢片堆叠而成,以减少铁损。

电磁式电器的工作原理示意图如图 2-2 所示。当电磁线圈通电后,产生的磁通经过铁心、衔铁和气隙形成闭合电路,此时衔铁被磁化产生电磁吸力,所产生的电磁吸力克服释放弹簧与触点弹簧的反力使衔铁产生机械位移,与铁心吸合,并带动触点支架使动、静触点接触闭合。当电磁线圈断电或电压显著下降时,由于电磁吸力消失或过小,衔铁在弹簧反力作用下返回原位,同时带动动触点脱离静触点,将电路切断。

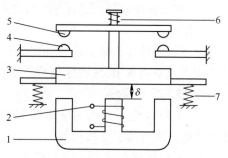

图 2-2 电磁式电器的工作原理示意图
1—铁心 2—电磁线圈 3—衔铁 4—静触点
5—动触点 6—触点弹簧 7—释放弹簧 δ—气隙

2.1.3 低压电器的触点

触点是一切有触点电器的执行部件,这类电器就是通过触点的动作来接通或断开被控电路的。

1. 触点的接触电阻

触点的接触电阻大小会影响触点的工作情况。接触电阻大时,触点易发热,温度升高,从而使触点产生熔焊(两个触点的接触处部分熔化并被焊接到一起)现象,影响其工作的可靠性,同时也降低了触点的寿命。

接触电阻的大小与触点的接触形式、接触压力、触点材料等有关。

(1) 触点的接触形式

触点的接触形式有点接触、线接触和面接触 3 种,如图 2-3 所示。

3 种接触形式中,点接触的接触区域最小,如图 2-3a 所示,因此它只能用于小电流的电器中,如接触器的辅助触点和继电器的触点。

线接触的接触区域近似于一条直线,它的触点在接通过程中从 A 点经由 B 点滚动到 C 点,断开时做相反方向的滚动,如图 2-3b 所示。这样的滚动动作可以消除触点表面的氧化膜,并且由于长期工作的位置在 C 点而不在容易灼烧的 A 点,因而保证了触点的良好接触。线接触多用于中等容量的接触器主触点。

面接触的接触区域最大，如图2-3c所示，它允许通过较大的电流。这种触点一般在接触表面上镶有合金，以减小触点接触电阻和提高耐磨性，多用于较大容量接触器的主触点。

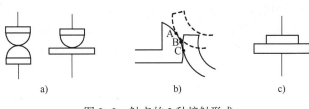

图2-3 触点的3种接触形式
a) 点接触　b) 线接触　c) 面接触

触点的结构形式主要有桥式和指形等，如图2-4所示。

（2）触点的接触压力

为了减小触点间的接触电阻，减弱触点的振动，需要在触点间施加一定的压力，此压力一般由弹簧产生。桥式触点的位置示意图如图2-5所示，因为安装时动触点的弹簧已被预先压缩了一些，所以当动、静触点刚接触时就会带有初压力 F_1，如图2-5b

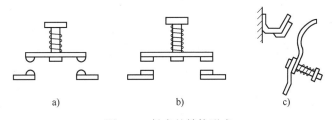

图2-4 触点的结构形式
a) 点接触的桥式触点　b) 面接触的桥式触点　c) 指形触点

所示。该初压力的作用是减弱接触时的振动，调节弹簧预压缩量可改变初压力的大小。触点最终闭合后弹簧被进一步压缩，因而在触点闭合的动作结束后，弹簧产生的压力为终压力 F_2，该压力大于 F_1，如图2-5c所示。终压力的作用是减小接触电阻。弹簧被进一步压缩的距离称为触点的超行程（见图2-5c中 s），超行程越大终压力越大。有了超行程，可使触点在被磨损的情况下仍具有一定的接触压力，使之能继续正常工作。当然，磨损严重时应及时更换触点。

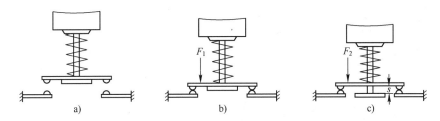

图2-5 桥式触点位置示意图
a) 最终断开位置　b) 刚刚接触位置　c) 最终闭合位置

（3）触点的材料

为使触点具有良好的接触性能，通常采用铜制材料制作触点。但是由于在使用过程中，铜的表面易氧化生成一层氧化铜膜，使触点接触电阻增大，引起触点过热，减少了电器的使用寿命。因此，对于电流容量较小的电器（如接触器、继电器等），可用银质材料作为触点材料，因为银的氧化膜电阻率与纯银相似，从而避免了触点表面氧化膜电阻率增加造成触点接触不良。在一些电流容量较大的电器中，触点通常用合金制成。

2. 常开触点与常闭触点

常开触点，又称NO（normally open）触点，它在自然状态下是断开的。当电器动作时，如按钮被按下或继电器线圈电路（继电器的常开/常闭触点不在线圈电路中）通电时，其常开触点会闭合。

常闭触点，又称NC（normally closed）触点，它与常开触点正好相反，在自然状态下是闭合的。当电器动作时，常闭触点会断开。

常开/常闭触点示意图如图 2-6 所示，若图中所示的状态为该电器的自然状态，则其中的触点 1 即为常闭触点，触点 2 即为常开触点。

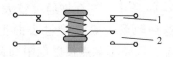

图 2-6　常开/常闭触点示意图

设计控制电路时，为满足控制需要，应准确地选用电器的常开或常闭触点。例如，要根据控制的需要，确定按下按钮时电路应该为接通状态还是断开状态，来选择使用其常开或常闭触点。

2.1.4　低压电器的灭弧

在通电状态下，动、静触点脱离接触时，如果被分断电路的电流超过一定数值，分断后加在触点间隙两端的电压超过一定数值时，触点间就会产生电弧。电弧实际上是触点间气体在强电场下产生的放电现象，产生高温并发出强光和火花。电弧的产生为电路中电磁能的释放提供了通路，在一定程度上可以减小电路断开时的冲击电压。但电弧的产生却使电路仍然保持导通状态，使该断开的电路未能及时断开，延长了电路的分断时间；同时电弧产生的高温将烧损触点的金属表面，影响电器的寿命，严重时会引起火灾或其他事故，因此应采取措施迅速熄灭电弧。

1. 灭弧原理

1）降低电弧区的电场强度。在触点断开时，应迅速使其间隙增加，电场强度降低，电弧拉长，这样可使电弧容易熄灭。

2）降低电弧区的温度。电弧与冷却介质接触，可带走电弧热量，从而使电弧熄灭。

2. 灭弧方法

（1）机械灭弧

通过电器内的机械装置将电弧迅速拉长，从而降低了电弧的温度，同时降低了电弧内部单位长度的电场强度，最终使电弧熄灭。

（2）磁吹式灭弧装置

磁吹式灭弧装置的原理是使电弧处于磁场中间，电磁场力"吹"长电弧，使其进入冷却装置，加速电弧冷却，促使电弧迅速熄灭。

图 2-7 为磁吹式灭弧装置原理图。其磁场由与触点电路串联的吹弧线圈 3 产生，当电流逆时针流经吹弧线圈时，其产生的磁通经铁心 1 和导磁片 4 引向触点周围。触点周围的磁通方向为由纸面流入，如图中"×"符号所示。由左手定则可知，电弧在吹弧线圈磁场中受到方向向上的力 F 的作用，电弧向上运动，被拉长并被吹入灭弧罩 5 中。引弧角 6 和静触点相连接，引导电弧向上运动，将热量传递给灭弧罩壁，促使电弧熄灭。

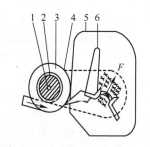

图 2-7　磁吹式灭弧装置原理图
1—铁心　2—绝缘管　3—吹弧线圈
4—导磁片　5—灭弧罩　6—引弧角

磁吹式灭弧装置中，电弧电流越大，吹弧能力越强。它曾广泛地应用于直流接触器中。

（3）灭弧栅

灭弧栅是一种很常用的交流灭弧装置，其工作原理如图 2-8 所示。灭弧栅由许多镀铜薄钢片组成，片间距离为 2~3 mm，安装在灭弧罩内。电弧一旦产生，周围将产生磁场，电弧在电动力的作用下被推入灭弧栅中，灭弧栅片将电弧分割成许多串联的小电弧。交流电压过零时，电弧会自然熄灭；电弧如果要重燃，两个栅片间必须要有 150~250 V 电压降，很显然无法满足，因此电弧自然熄灭后很难重燃。

(4) 灭弧罩

灭弧罩通常用耐弧陶土、石棉水泥或耐弧塑料制成。其作用是分隔各路电弧，以防止发生短路；使电弧与灭弧罩的绝缘壁接触，使电弧迅速冷却而熄灭。

(5) 多断点灭弧

在交流电路中常采用桥式触点（见图 2-5），这种触点每个回路都有两个断点。触点分断后，在一处断点处电弧重燃需要 150~250 V 电压，两处断点就需要 2×(150~250) V 电压。断点电压达不到此值，因而电弧过零后因不能重燃而熄灭。一般小电流交流继电器常采用桥式触点灭弧，而无需其他灭弧装置。

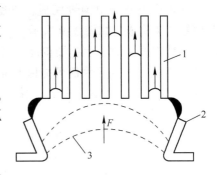

图 2-8 灭弧栅灭弧原理图
1—灭弧栅片 2—触点 3—电弧

2.1.5 低压电器选用的基本原则

低压电器的正确选用包含"合理选择"和"正确使用"两方面含义。从技术和经济角度看，两者相辅相成，缺一不可。由于低压电器具有不同的用途和使用条件，因而也会有不同的选择方法。低压电器的选择应遵循下列基本原则。

(1) 安全原则

使用安全可靠是对任何低压电器的基本要求，保证人身安全和保证系统及用电设备的可靠运行，是生产和生活得以正常进行的重要保障。

(2) 经济原则

关于经济原则的考虑，又可细分为低压电器本身的经济价值和使用低压电器产生的价值，要求合理选择。

根据以上原则，选用低压电器时应注意：

1) 确定控制对象的类别和使用环境。

2) 确认有关的技术数据，如控制对象的额定电压、额定功率、电动机起动电流的倍数、负载性质、操作频率及工作制等。

3) 了解电器的正常工作条件，如环境空气温度、相对湿度、海拔高度、允许安装方位角度和抗冲击振动、有害气体、导电尘埃及雨雪侵袭要求等。

4) 了解电器的主要技术性能和技术条件，如用途、分类、额定电压、额定控制功率、接通分断能力、允许操作频率、工作制及使用寿命等。

2.2 低压配电电器

2.2.1 刀开关

刀开关是一种低压隔离开关，隔离开关的主要功能是分断无负荷电流的电路，使所检修的设备与电源有明显的断开点，以保证检修人员的安全。

除了具有隔离开关的主要功能以外，刀开关也可用于不频繁地接通和分断低压供电电路。

平板式刀开关由绝缘底板、静触点、手柄、动触刀和铰链支座构成，如图 2-9 所示。

安装刀开关时，手柄要向上，不得倒立安装或水平安装。否则，拉闸后手柄可能因自重下落引起误操作而造成人身和设备的安全事故。接线时要求电源线接上端、负荷线接下端。

刀开关（隔离开关）的主要参数包括额定绝缘电压、额定工作电压、额定工作电流、额定通断能力、额定短时耐受电流、额定短路合闸容量、使用类别、操作次数和安装尺寸及操作性能等。

刀开关（隔离开关）的选用原则如下。

1）刀开关的额定绝缘电压和额定工作电压不得低于配电网电压。

2）刀开关的额定工作电流不小于电路的计算电流。当要求有通断能力时，要选用具备相应额定通断能力的隔离器；如果需要接通短路电流，则应当选用具备相应短路接通能力的隔离开关，并选用合适的熔断器规格。

3）刀开关的级数和操作方式由现场需求决定。

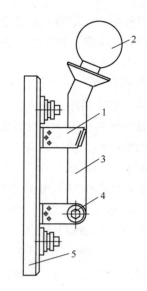

图 2-9 平板式刀开关结构示意图
1—静触点 2—手柄 3—动触刀
4—铰链支座 5—绝缘底板

刀开关的图形及文字符号如图 2-10 所示。扫描二维码 2-2 可观看刀开关的实物图。

图 2-10 刀开关图形及文字符号

2-2 刀开关的彩色实物图

2.2.2 双电源切换开关

双电源切换开关是因故停电时自动切换到另外一个电源的开关，一般应用在不允许停电的重要场所。

扫描二维码 2-3 可观看关于双电源切换开关功能的演示动画。

2-3 双电源切换开关功能的演示动画

2.2.3 低压断路器

低压断路器是按规定条件对配电电路、电动机或其他用电设备进行不频繁的手动通断操作的开关电器。当电路中出现过载、短路、对地漏电或欠电压等非正常状况时，低压断路器能自动分断电路，是低压配电系统的主要电器元件。

低压断路器的种类繁多，可按用途、结构特点、极数和操作方式等进行分类。

1）按用途分为保护线路用、保护电动机用、保护照明线路用和对地漏电保护用低压断路器。

2）按主电路极数分为单极、两极、三极和四极断路器。小型断路器还可以拼装组合成多极断路器。

3）按保护脱扣器种类分为短路瞬时脱扣器、短路短延时脱扣器、过载长延时反时限保护脱扣器、欠电压瞬时脱扣器、欠电压延时脱扣器和漏电保护脱扣器等。

4）按其结构形式分为开启式（原万能式或框架式）和塑料外壳式或模压外壳式断路器。

5）按操作方式分为直接手柄操作、电磁铁操作、电动机操作断路器等。

低压断路器由主触点、灭弧装置、操作机构、自由脱扣机构及脱扣器等组成，有的断路器还集成有常开、常闭辅助触点。主触点是断路器的执行元件，用来接通和分断主电路，为提高其分断能力，主触点上装有灭弧装置。操作机构是实现断路器闭合和断开的机构。脱扣机构是用来联系操作机构和主触点的机构，当操作机构通过手动操作或电动合闸将主触点闭合后，自由脱扣机构将主触点锁在合闸位置上。脱扣器包括过电流脱扣器、热脱扣器、分励脱扣器、欠电压脱扣器等。

下面结合图 2-11 说明低压断路器的工作原理。

过电流脱扣器的线圈和热脱扣器的热元件与主电路串联，当流过断路器的电流在整定值以内时，过电流脱扣器所产生的吸力不足以吸动衔铁，热脱扣器的热元件所产生的热量也不能使自由脱扣机构动作；当电流发生短路或严重过载时，过电流脱扣器的衔铁吸合使自由脱扣器动作，主触点断开主电路，起短路和过电流保护作用。当电路过载时，热脱扣器的热元件发热使双金属片向上弯曲，推动自由脱扣机构动作，使主触点断开主电路，起长期过载保护作用。

欠电压脱扣器的线圈与电源并联，它的工作过程与过电流脱扣器相反，当电源电压等于额定电压时，失电压脱扣器产生的吸力足以吸合衔铁，使断路器处于合闸状态；当电路欠电压或失电压时，欠电压脱扣器的衔铁

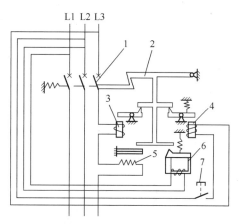

图 2-11　低压断路器结构示意图
1—主触点　2—自由脱扣机构
3—过电流脱扣器　4—分励脱扣器
5—热脱扣器　6—欠电压脱扣器　7—按钮

释放，使自由脱扣机构动作，主触点断开主电路，起欠电压和失电压保护作用。

分励脱扣器用于远距离操作，在正常工作时，其线圈是断开的，在需要远距离控制时，按下按钮使线圈通电，衔铁带动自由脱扣机构动作，使主触点断开。

以上介绍的是低压断路器可以实现的功能的工作原理，但并不是所有的低压断路器都具有上述功能。如有的低压断路器没有分励脱扣器，有的没有热脱扣器，但大部分低压断路器都具有过电流保护和欠电压保护等功能。

选用低压断路器时的注意事项如下：

1）低压断路器的额定电压和额定电流应大于或等于电路的正常工作电压和电流。

2）低压断路器的极限分断能力应大于或等于电路最大短路电流。

3）过电流脱扣器的额定电流应大于或等于电路最大负载电流。

4）欠电压脱扣器的额定电压应等于电路中的额定电压。

低压断路器的图形符号、文字符号及实物图如图 2-12 所示。扫描二维码 2-4 可观看低压断路器的实物讲解视频。

图 2-12 低压断路器的图形符号、文字符号及实物图　　　2-4 低压断路器的实物讲解视频

2.2.4 熔断器

熔断器是在低压配电网和控制电路中起严重过载和短路保护的元件。

熔断器串联在被保护的电路中,当电路发生严重过载或短路时,熔丝(或者熔片)产生的热量使其自身迅速熔化而切断电路,起到保护作用。

为了有效地消除金属蒸气和爆炸性气体,可在熔断器内装入石英砂填料,从而有效熄灭电弧;有时还采用密闭管式无填料的熔断体,利用高温下产生的气体压力来熄弧。

熔断器分断能力强、可靠性高、维护方便、价格低廉,因此应用很广泛。熔断器的图形符号、文字符号及实物图如图 2-13 所示。

图 2-13 熔断器的图形符号、文字符号及实物图

熔断器可以和隔离开关共同组成组合电器。如果开关在前,熔断器在其出线处,则这种组合电器称为开关熔断器;如果熔断器位于隔离开关的活动刀开关上,则这种组合电器称为熔断器开关,其图形符号如图 2-14 所示。

扫描二维码 2-5 可观看熔断器的彩色实物图。

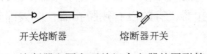

图 2-14 熔断器和隔离开关组合电器的图形符号　　　2-5 熔断器的彩色实物图

2.3 接触器

接触器是一种能频繁地接通或分断交、直流电路及大功率、大容量控制电路的电器,主要控制对象是电动机,可以实现远距离操作控制,还可以配合继电器实现定时操作、联锁操作和失电压/欠电压保护等,具有比工作电流大数倍乃至几十倍的接通和分断能力,但不能分断短路电流。

另外,接触器还具有寿命长、设备简单、价格低廉等优点,是电力拖动与自动控制电路中使用最为广泛的低压电器之一。

1. 交流接触器

交流接触器线圈通以交流电,主触点用于接通、分断交流主电路。常开/常闭辅助触点接入到控制电路,可以将线圈是否得电的状态传递过去。图 2-15 为交流接触器实物图,其中 1/3/5 号和 2/4/6 号这六个端子为主触点的接线端子,13/14 号为常开辅助触点的接线端子,A1/A2 号为线圈的接线端子。

图 2-16 为交流接触器结构及工作原理示意图。

当线圈通电后,产生一个磁场将静铁心磁化,吸引动铁心,使它向着静铁心快速运动,并吸合在一起。接触器触点系统中的动触点是同动铁心通过机械机构固定在一起的,当动铁心被静铁心吸引向下运动时,动触点也随之向

图 2-15 交流接触器实物图

下运动,并与静触点闭合,使常闭辅助触点断开、常开辅助触点闭合(可以通过对比图 2-16 中线圈失电和得电的状态看到)。

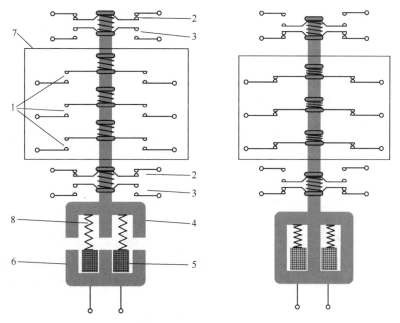

图 2-16 交流接触器结构及工作原理示意图

1—主触点 2—常闭辅助触点 3—常开辅助触点 4—动铁心(衔铁)
5—线圈 6—静铁心 7—灭弧罩 8—弹簧

如果在此之前已经将接触器连接至电动机控制电路中,那么当静、动铁心吸合到一起后,电动机便经接触器的主触点接通电源,开始起动运转。一旦线圈电路电源电压消失或明显降低,以致电磁线圈没有励磁或励磁不足,动铁心就会因电磁吸力消失或过小而在释放弹簧的反作用力作用下释放。与此同时,和动铁心固定安装在一起的动触点也与静触点脱离,使电动机与电源脱开,停止运转。在接触器主触点打开的瞬间,动、静触点之间将产生电弧,可通过灭弧罩来熄弧。

说明：

图 2-16 中的 4、5、6、8 组成了该接触器的电磁机构。交流接触器的线圈通以交流电，使用交流电磁机构；直流接触器的线圈通直流电，使用直流电磁机构。

2. 直流接触器

直流接触器线圈通以直流电，主触点用于接通、分断直流主电路。

直流接触器的结构和工作原理与交流接触器基本相同，但也有区别，主要区别如下。

（1）触点系统

直流接触器的触点系统多制成单极的，只有小电流的制成双极的，触点也有主、辅之分。

（2）铁心

由于直流接触器线圈通入的是直流电，铁心不会产生涡流和磁滞损耗，所以不会发热，一般用整块钢块制成。

（3）线圈

由于直流接触器和交流接触器的线圈通入的电流种类不同，所以其线圈也不同。

（4）灭弧装置

直流接触器的主触点用灭弧能力较强的磁吹灭弧装置；而交流接触器的主触点一般用灭弧栅进行灭弧。

说明：

目前市场上有部分接触器为交直流通用，适用范围更广泛。

3. 主要技术参数

（1）接触器的极数和电流种类

按接触器主触点个数与接通及断开的主电路电流种类，接触器可分为直流接触器和交流接触器，极数又有两极、三极和四极之分。

（2）额定工作电压

接触器额定工作电压是指主触点之间的正常工作电压值，即主触点所在电路的电源电压。

（3）额定工作电流

接触器额定工作电流是指主触点正常工作的电流值。

（4）额定通断能力

接触器额定通断能力是指接触器主触点在规定条件下能可靠地接通和分断的电流值。在此电流值下接通电路时，主触点不应发生熔焊；在此电流下分断电路时，主触点不应发生长时间燃弧。电路中超出此电流值的分断任务，则由熔断器、断路器等保护电器承担。

（5）线圈额定工作电压

线圈额定工作电压是指接触器线圈正常工作的电压值。

（6）允许操作频率

允许操作频率是指接触器在每小时内可实现的最高操作次数。

（7）机械寿命和电气寿命

机械寿命是指接触器在需要修理或更换机构零件前所能承受的无载操作次数。电气寿命是在规定的正常工作条件下，接触器无须修理或更换的有载操作次数。

（8）使用类别

不同负载对接触器主触点的接通和分断能力要求不同，如用于无感或微感负载、电阻炉、绕线转子异步电动机、笼型异步电动机等。按不同使用条件来选用相应使用类别的接触器便能满足其要求。

接触器的图形及文字符号如图2-17所示。扫描二维码2-6可观看接触器的实物讲解视频。

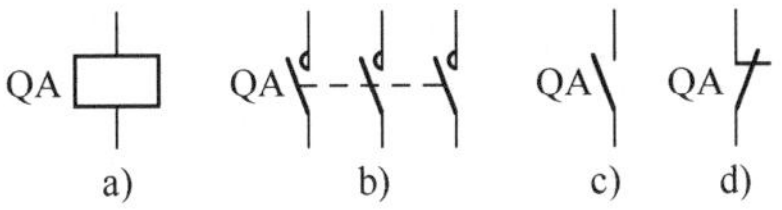

图 2-17 接触器图形及文字符号

a）线圈　b）主触点　c）辅助常开触点　d）辅助常闭触点

2-6 接触器的实物讲解视频

2.4 继电器

2.4.1 继电器概述

继电器是一种根据某种输入信号的变化来接通或断开控制电路，实现控制、远距离操纵和保护的自动电器。其输入量可以是电压、电流等电气量，也可以是温度、时间、速度、压力等非电气量。继电器广泛地应用于自动控制系统、电力系统以及通信系统中，起着控制、检测、保护和调节等作用。

1. 继电器的组成结构与分类

继电器一般由感测机构、中间机构和执行机构3个基本部分组成。感测机构把感测到的电气量或非电气量传递给中间机构，将它与整定值进行比较，当达到整定值（过量或欠量）时，中间机构便使执行机构动作，从而接通或断开电路。

无论继电器的输入量是电气量还是非电气量，继电器工作的最终目的都是控制触点的分断或闭合，从而控制电路的通断。从这点来看继电器与接触器的作用是相同的，但它与接触器有所区别，主要表现在以下两个方面。

（1）所控制的电路不同

继电器主要用于小电流电路，反映控制信号。其触点通常接在控制电路中，触点容量较小（一般在5A以下），且无灭弧装置，不能用来接通和分断负载电路；而接触器用于控制电动机等大功率、大电流电路及主电路，一般需要加装灭弧装置。

（2）输入信号不同

继电器的输入信号可以是各种物理量，如电压、电流、时间、速度、压力等，而接触器的输入量只有电压。

2. 继电器的分类

继电器的种类很多，分类方法也很多，常用的继电器分类方法见表2-2。

表2-2 常用的继电器分类方法

序号	类别	实例
1	按输入量的物理性质分类	电压继电器、电流继电器、时间继电器、速度继电器
2	按工作原理分类	电磁式继电器、感应式继电器、电动式继电器、热继电器、电子式继电器等
3	按输出形式分类	有触点继电器、无触点继电器
4	按用途分类	电力拖动用控制继电器和电力系统用保护继电器

3. 继电器的特性

继电器具有阶跃式的输入-输出特性，即在规定条件下，当输入特性量达到动作值时，电气输出电路将发生预定的阶跃变化，如图 2-18 所示。

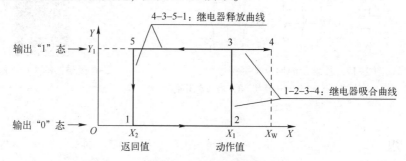

图 2-18 继电特性曲线

通常将继电器开始动作并顺利吸合的输入量（电量或其他物理量）称为动作值 X_1，而使继电器开始释放并顺利分开的输入量称为返回值 X_2。继电器动作前，即触点断开时相当于输出为"0"态，继电器动作使触点闭合后，相当于输出为"1"态。

图 2-18 中，1-2-3-4 是继电器吸合曲线，只要 $X<X_1$，继电器就不会动作，其输出 $Y=0$；当输入信号 X 等于或者超过 X_1 时，继电器动作，$Y=Y_1$；之后，输入信号继续增大到 $X=X_W$，继电器的输出也稳定在 $Y=Y_1$。X_W 与 X_1 之比称为储备系数，即

$$K_C = \frac{X_W}{X_1} \tag{2-1}$$

储备系数 K_C 的意义在于，输入信号会在一定范围内波动，为了保证继电器稳定吸合而不出现误动作，要让 K_C 的值稳定在 X_W 附近。K_C 确保继电器稳定可靠地工作。

图 2-18 中，4-3-5-1 是继电器释放曲线，当继电器的输入信号 X 下降到小于 X_1 后，继电器仍然保持吸合状态，$Y=Y_1$；只有当信号 X 下降到小于 X_2 后，继电器释放，$Y=0$。X_2 与 X_1 之比称为返回系数，即

$$K = \frac{X_2}{X_1} \tag{2-2}$$

返回系数 K 越低，继电器动作越不灵敏，但动作可靠，不易出现误动作。一般控制用继电器要求低返回系数，K 取值 0.1~0.4；返回系数 K 越高，继电器动作越灵敏，但动作不可靠。保护用继电器要求高返回系数，K 取值 0.6 以上。因此不同场合会选用不同返回系数的继电器。返回系数不能为 1，否则继电器的返回值与动作值相等，导致继电器动作状态不确定，无法工作。

继电器的吸合时间是指从输入量达到动作值到继电器完全吸合所需要的时间，一般分为快速、中速及延时型。中速的吸合时间为十几毫秒至几十毫秒。继电器的释放时间是指从输入量减小到继电器的释放值到继电器完全释放所需要的时间。一般继电器的吸合时间和释放时间为 0.05~0.15 s，它的长短影响着继电器的操作频率。

2.4.2 电磁式继电器

电磁式继电器由铁心、衔铁、线圈、释放弹簧和触点等部分组成，其结构和工作原理与接触器类似。由于继电器用于控制电路，所以流过触点的电流较小，故不需要灭弧装置。

常用的电磁式继电器有电流继电器、电压继电器和中间继电器。按电磁线圈电流的种类可分为直流继电器和交流继电器。

1. 电流继电器

电流继电器是根据输入线圈电流的大小而使触点动作的继电器。使用时电流继电器的线圈串入电路中，以反映电路中电流的变化，其线圈匝数少、导线粗。这样，线圈上的电压降很小，不会影响负载电路的电流。

电流继电器按线圈电流的种类可分为交流电流继电器和直流电流继电器；按用途可分为欠电流继电器和过电流继电器。

欠电流继电器的任务是当电路电流过低时，立即将电路切断。因此，当电路正常工作时，即欠电流继电器线圈通过的电流为额定电流（或低于额定电流一定值）时，继电器是吸合的。只有当电流低于某一整定值时，继电器释放，切断电路。

过电流继电器的任务是当电路发生短路或严重过载时，立即将电路切断。因此，当电路正常工作时，即当过电流继电器线圈通过的电流低于整定值时，继电器不动作，只有超过整定值时，继电器才动作。

2. 电压继电器

电压继电器是根据输入电压的大小而动作的继电器。使用时电压继电器线圈与负载并联，其线圈匝数多、导线细、阻抗大。与电流继电器类似，电压继电器也分为欠（零）电压继电器和过电压继电器两种。

当电路正常工作时，欠电压继电器吸合，当电路电压减小到某一整定值时，欠电压继电器释放。

当电路正常工作时，过电压继电器不动作，当电路电压超过某一整定值时，过电压继电器吸合。

3. 中间继电器

中间继电器是用来转换控制信号的中间元件，其输入信号为线圈的通电或断电信号，输出信号为触点的动作。中间继电器的触点数量较多、触点容量较大，各触点的额定电流相同。中间继电器的主要用途：当其他继电器的触点数量或触点容量不够时，可借助中间继电器来扩大它们的触点数量或增大触点容量，起到中间转换（传递、放大、翻转、分路和记忆等）的作用。中间继电器的触点额定电流比其线圈电流大得多，所以可以用来放大信号。将多个中间继电器组合起来，还能构成各种逻辑运算与技术功能的电路。

2-7 继电器的实物讲解视频

从本质上看，中间继电器也是电压继电器，只是触点数量较多、触点容量较大而已。电磁式继电器的图形符号、文字符号及中间继电器实物图如图 2-19 所示。

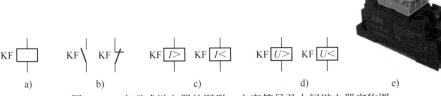

图 2-19 电磁式继电器的图形、文字符号及中间继电器实物图
a）线圈一般符号 b）常开、常闭触点 c）过电流、欠电流继电器线圈
d）过电压、欠电压继电器线圈 e）实物图

扫描二维码 2-7 可观看继电器的实物讲解视频。

2.4.3 时间继电器

在生产中，经常需要按一定的时间间隔来对生产机械进行控制。例如，为了现场人员的安全，运送矿石原料的传送带在按下起动按钮后，需要警报器闪烁并鸣叫一段时间，再自动起动传送带电动机；为了满足工艺的需要，电动机可能需要正转一段时间再切换到反转运行一段时间，或者一批电动机起动后需要经过一段时间才能起动第二批等。这些基于时间的自动控制，都可以使用时间继电器来实现。

时间继电器的线圈得电或断电后，会经过一段时间的延时，才通过触点的闭合或断开动作输出信号。

按照延时方式的不同，时间继电器主要分为**通电延时型**和**断电延时型**两种。

通电延时型时间继电器得到输入信号时即开始延时，延时完毕后通过触点系统输出信号以操纵控制电路。当输入信号消失时，继电器就立即恢复到动作前的状态。

与通电延时型相反，断电延时型时间继电器在得到输入信号时，执行部分立即动作，对应的触点闭合或断开；当线圈电压消失时，需经过延时时间，其执行部分才会恢复到动作前的状态。

图 2-20 是通电延时时间继电器时序图。当线圈电压从零上升到额定值时，通电延时时间继电器便开始进入延时状态，若线圈电压的维持时间超过延时时间 t，其通电延时常开触点会闭合（通电延时常闭触点会打开）。若线圈电压的维持时间小于 t，则其延时触点不会动作。

当线圈电压从额定值降至零后，其通电延时常开触点会立即恢复常开状态（通电延时常闭触点会立即恢复常闭状态）。

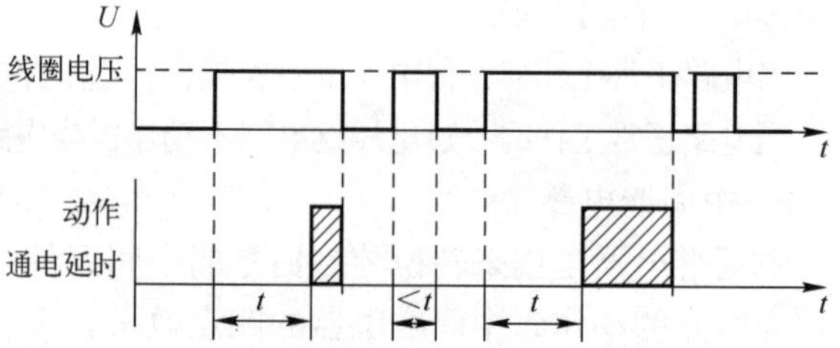

图 2-20 通电延时时间继电器时序图

图 2-21 是断电延时时间继电器时序图。当线圈电压从零上升到额定值时，其断电延时常开触点会立即闭合（断电延时常闭触点会立即打开）。

当线圈电压从额定值降至零后，断电延时的时间继电器便开始进入延时状态，当线圈的失电压时间超过延时时间 t，其断电延时常开触点会立即恢复常开状态（断电延时常闭触点会立即恢复常闭状态）。若线圈的失电压时间小于 t，则其延时触点不会动作。

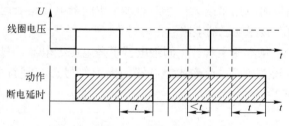

图 2-21 断电延时时间继电器时序图

说明：

通电延时型和断电延时型这两种时间继电器的时序关系原理，已经抽象并被封装到 PLC 系统的定时器指令中。即 PLC 中可以通过调用定时器指令实现通电延时（对输入的二进制变量赋值"1"，延时后输出的二进制变量自动被赋值"1"；对输入的二进制变量赋值"0"，输出的二进制变量立即被赋值"0"）或实现断电延时的时序关系。

时间继电器的图形、文字符号及实物图如图 2-22 所示。值得一提的是，时间继电器也有瞬时动作的触点。

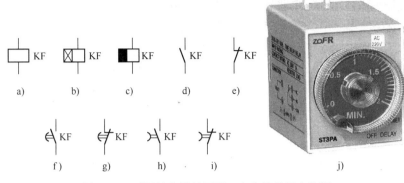

图 2-22 时间继电器的图形、文字符号及实物图

a）线圈一般符号 b）通电延时线圈 c）断电延时线圈 d）瞬时闭合常开触点
e）瞬时断开常闭触点 f）通电延时闭合常开触点 g）通电延时断开常闭触点
h）断电延时断开常开触点 i）断电延时闭合常闭触点 j）实物图

2-8 时间继电器的实物讲解视频

扫描二维码 2-8 可观看时间继电器的实物讲解视频。

2.4.4 热继电器

电动机在实际运行中若出现过载，则绕组中的电流将大于额定电流，从而使电动机的温度升高。若过载电流不大且过载时间较短，电动机绕组中的温升不会超过允许值，则此类过载是允许的；若过载电流大或过载时间长，则电动机的绕组温升就会超过允许值，造成电动机绕组绝缘老化，缩短电动机的使用寿命，严重时甚至会烧毁电动机，因此必须对电动机进行过载保护。

在电动机的主电路中，一般使用断路器或熔断器进行短路保护，用交流接触器控制电动机的起动和停止，用热继电器对电动机实施过载保护。

热继电器利用电流的热效应原理实施过载保护。当出现电动机不能承受的过载时，过载电流流过热继电器的热元件引起保护动作，配合接触器切断电动机电路。

热继电器的形式多样，常用的有双金属片式和热敏电阻式，其中使用最多的是双金属片式，同时有的规格还带有断相保护功能。

双金属片热继电器结构示意图如图 2-23 所示。它主要由发热元件、双金属片和触点三部

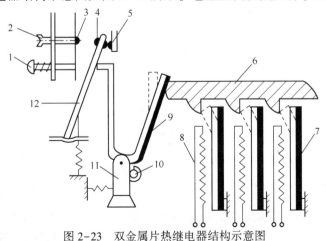

图 2-23 双金属片热继电器结构示意图

1—复位按钮 2—复位螺钉 3—常开静触点 4—动触点 5—静触点 6—导板 7—主双金属片
8—发热元件 9—补偿双金属片 10—调节旋钮 11—支撑件 12—推杆

分组成。双金属片是热继电器的感测元件,由两种不同热膨胀系数的金属碾压而成,当双金属片受热时,会使其向膨胀系数小的金属所在侧弯曲并产生机械力带动触点动作。

使用时一般将热继电器的发热元件串联到电动机的定子绕组中。当电动机正常运行时,发热元件 8 产生的热量虽能使主双金属片 7 弯曲,但还不足以使热继电器动作;当电动机过载时,发热元件产生的热量增大,使双金属片弯曲推动导板,并通过补偿双金属片 9 与推杆 12 将动触点 4 和静触点 5 分开,动触点和静触点为热继电器串联于接触器线圈电路的常闭触点,断开后使接触器失电,接触器的主触点将电动机与电源断开,起到过载时保护电动机的作用。

热继电器动作后,一般不能自动复位,要等双金属片冷却后,按下复位按钮才能复位,可通过调节旋钮调节整定动作电流。

热继电器的选择主要以电动机的额定电流为依据,同时也要考虑电动机的形式、动作特性和工作制等因素。具体应考虑以下几点。

1) 对于过载能力较差的电动机,其配用的热继电器的额定电流可适当小些。通常,选取热继电器的额定电流为电动机额定电流的 60%~80%。

2) 对于长期工作制或间断长期工作制的电动机,热继电器的整定值可等于额定电流的 0.95~1.05 倍。

3) 通常对于不频繁起动的电动机,当其起动电流为其额定电流的 6 倍、起动时间不长于 6s 且很少连续起动时,热继电器的额定电流应大于或至少等于电动机的额定电流。若起动时间较长,热继电器的额定电流则应为电动机的 1.1~1.5 倍,以保证热继电器在电动机的起动过程中不产生误动作。

4) 对于正反转及通断频繁的电动机,要注意确定热继电器的允许操作频率(一般为每小时最大允许操作次数),如果超过允许操作频率,则不宜采用热继电器保护,必要时可采用装入电动机内部的温度继电器来保护。

5) 若负载性质不允许停车,即使过载会使电动机寿命缩短,也不让电动机贸然脱扣,这时热继电器的额定电流可选择较大值,这种场合最好采用由热继电器和其他保护电器组合的方式进行保护,只有在发生非常危险的过载时才考虑脱扣。

热继电器的图形、文字符号及实物图如图 2-24 所示。扫描二维码 2-9 可观看热继电器的彩色实物图。

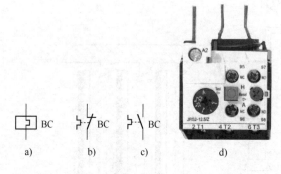

图 2-24 热继电器的图形、文字符号及实物图
a) 热元件 b) 常闭触点 c) 常开触点 d) 实物图

2-9 热继电器的彩色实物图

2.4.5 固态继电器

固态继电器（solid state relay，SSR）是一种无触点继电器，可以取代传统的继电器和小容量接触器。固态继电器以电力电子开关器件为输出开关，接通和断开负载时不产生火花，具有对外部设备的干扰小、工作速度快及体积小、重量轻、工作可靠等优点，且与 TTL 和 CMOS 集成电路有着良好的兼容性，广泛应用于数字电路和计算机的终端设备以及 PLC 的输出模块等领域。

根据输出电流类型的不同，固态继电器分为交流和直流两种。交流固态继电器（AC-SSR）以双向晶闸管为输出开关器件，用来通、断交流负载；直流固态继电器（DC-SSR）以功率晶体管为开关器件，用来通、断直流负载。

AC-SSR 典型应用电路如图 2-25 所示。图中 Z_L 为负载，u_s 为交流负载电源，u_c 为控制信号电压。从外部接线来看，固态继电器是一个双端口网络器件，输入端口有两个输入信号端，用于连接控制信号；输出端口有两个输出端（AC-SSR 对应为双向晶闸管的阴阳两极，DC-SSR 对应为晶体管的集电极和发电极）。当输入端口给定一个控制信号 u_c 时，输出端口的两端导通；当输入端口无控制信号时，输出端口两端关断截止。

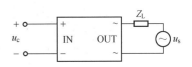

图 2-25 AC-SSR 典型应用电路

交流固态继电器根据触发方式不同分为随机导通型和过零触发型两种。输入端施加信号电压时，随机导通型输出端开关立即导通，过零触发型要等到交流负载电源（u_s）过零时输出开关才导通。随机导通型在输入端控制信号撤销时输出开关立即截止，过零触发型要等到 u_s 过零时，输出开关才关断（复位）。

固态继电器输入电路采用光隔离器件，抗干扰能力强。输入信号电压在 3 V 以上，电流在 100 mA 以下，输出点的工作电流达到 10 A，故控制能力强。当输出负载容量很大时，可用固态继电器驱动功率晶体管，再去驱动负载。使用时还应注意固态继电器的负载能力随温度的升高而降低。其他使用注意事项可参阅固态继电器的产品使用说明。

固态继电器的示意图和实物图如图 2-26 所示。

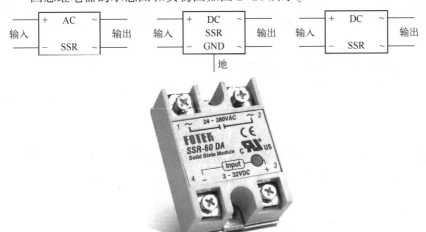

图 2-26 固态继电器的示意图和实物图

2-10 固态继电器的实物讲解视频

扫描二维码 2-10 可观看固态继电器的实物讲解视频。

2.4.6 速度继电器

速度继电器常用于笼型异步电动机的反接制动电路中,当电动机制动转速下降到一定值时,由速度继电器切断电动机控制电路。速度继电器是一种按速度原则动作的继电器,主要由转子、定子和触点3部分组成。转子是一个圆柱形永磁铁,定子是一个笼型空心圆环,由硅钢片叠成,并装有笼型的绕组。圆环(定子)套在转子上有一定气隙,即无机械联系。图2-27所示为速度继电器的结构原理示意图。

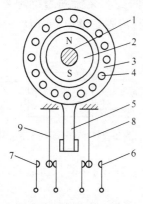

图2-27 速度继电器结构原理示意图
1—转轴 2—转子 3—圆环(定子)
4—绕组 5—摆锤
6、7—静触点 8、9—簧片与动触点

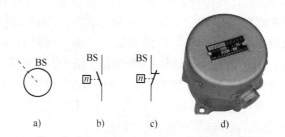

图2-28 速度继电器的图形符号、文字符号和实物图
a) 转子 b) 常开触点 c) 常闭触点 d) 实物图

速度继电器的转轴与被控电动机的轴相连,当电动机轴旋转时,速度继电器的转子随之转动。这样就在速度继电器的转子和圆环之间的气隙中产生旋转磁场,圆环内的绕组便切割旋转磁场,产生使圆环偏转的转矩。偏转角度和电动机的转速成正比。当偏转到一定角度时,与圆环连接的摆锤推动动触点,使常闭触点分断,当电动机转速进一步升高后,摆锤继续偏转,使动触点与静触点的常开触点闭合。当电动机转速下降时,圆环偏转角度随之下降,动触点在簧片的作用下复位(常开触点打开,常闭触点闭合)。一般速度继电器的动作速度为120 r/min,触点的复位速度为100 r/min。

速度继电器的图形、文字符号和实物图如图2-28所示。

2.5 主令电器

主令电器是以发布信号或命令来改变控制系统工作状态的电器,用于控制电路,不能直接分合主电路。主令电器应用十分广泛,种类很多,常用的有控制按钮、行程开关、接近开关和转换开关等。

2.5.1 控制按钮

控制按钮又称按钮,是一种结构简单、使用广泛的手动电器。它在控制电路中通过手动发出控制信号去控制继电器、接触器等,而不是直接控制主电路的通断。控制按钮触点允许通过的电流很小,一般不超过5 A。

对于使用者来说,需要注意按钮的颜色。一般红色按钮用于停止操作,绿色按钮用于启动操作,蓝色按钮用于复位,黄色按钮用于异常情况时的操作,白色、灰色和黑色按钮用于除急停以外的一般功能的启动。

说明:

对于信号指示灯的颜色,一般绿色表示正常或系统正在运行,黄色表示异常,红色表示故障。

1. 控制按钮的结构

控制按钮一般由按钮帽、复位弹簧、触点和外壳等部分组成,结构示意图如图2-29所示。

每个按钮中触点的形式和数量可根据需要装配成1常开1常闭甚至6常开6常闭的形式。

根据按钮内部机械机构的不同可以将其分为自复位按钮和自锁按钮。

自复位按钮在手动按下后,其常开触点闭合,常闭触点断开。松开按钮后,能自动恢复到初始状态,即常开触点恢复断开状态,常闭触点恢复闭合状态。

自锁按钮在手动按下后,也是常开触点闭合,常闭触点断开。但是松开按钮后,它会一直保持被按下的状态直至再次被手动按下才会恢复。

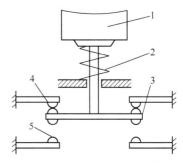

图 2-29 控制按钮结构示意图
1—按钮帽 2—复位弹簧 3—动触点
4—常闭静触点 5—常开静触点

2. 主要技术参数及选用

控制按钮的主要技术参数有额定电压、额定电流、触点形式和触点数量等。

选用控制按钮时可参考以下原则:

1) 根据控制电路的需要确定额定电压和额定电流。

2) 根据用途选择合适的形式,如在紧急操作的场合选用有蘑菇头按钮帽的紧急式按钮;在按钮控制作用比较重要的场合选用钥匙式按钮,即插入钥匙后方可旋转操作。

3) 根据使用场合选择控制按钮的种类,如开启式、保护式或防水式等。

4) 根据工作状态和工作情况选择,如常开、常闭的触点形式以及触点数量。若需要显示工作状态则选用带指示灯的按钮,并根据其作用选择按钮帽的颜色。

控制按钮的图形、文字符号及实物图如图2-30所示。

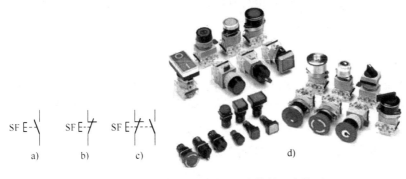

图 2-30 控制按钮的图形、文字符号及实物图
a) 常开按钮 b) 常闭按钮 c) 复合按钮 d) 实物图

2-11 控制按钮的实物讲解视频

请扫描二维码2-11观看控制按钮的实物讲解视频。

2.5.2 行程开关

行程开关又称位置开关,是实现行程控制的小电流(5A以下)主令电器。其工作原理与按钮类似,不同的是行程开关触点的动作并不是靠手动操作,而是利用与机械运动部件的碰撞使触点动作,即将机械信号转换为电信号,再通过控制其他电器来控制运动部件的行程大小、运动方向或进行限位保护。进行限位保护的行程开关又称限位开关。

行程开关的主要技术参数有动作行程、工作电压及触点的电流容量等,可按以下要求进行选用:

1)根据控制电路的电压及电流选择额定电压和额定电流相匹配的行程开关。
2)根据机械设备的运动特征,选择行程开关的机构形式。
3)根据安装环境选择防护类型。如在潮湿的环境中可选用防水式的行程开关。

行程开关的图形、文字符号及实物图如图2-31所示。

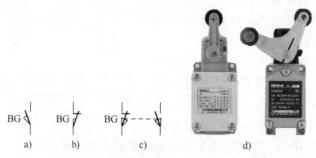

图2-31 行程开关的图形、文字符号及实物图
a)常开触点 b)常闭触点 c)复合触点 d)实物图

2-12 行程开关的实物讲解视频

扫描二维码2-12可观看行程开关的实物讲解视频。

2.5.3 接近开关

接近开关又称无触点的行程开关,它不同于普通的行程开关,而是一种非接触式的检测装置。当运动着的物体在一定范围内接近时,它就能无接触、无压力、无火花地迅速发出信号,以反映物体的位置。除此之外,接近开关还可用于高速计数、检测金属体是否存在以及用作无触点式按钮等。

1. 常见的接近开关

(1)电感式接近开关

电感式接近开关通过高频交流电磁场以无磨损和非接触的方式检测金属物体,其电磁场由电感线圈和电容及晶体管组成的振荡器产生,当有金属物体接近该磁场时,金属物体内会产生涡流,从而导致振荡减弱,这一变化能被开关内部的放大电路感知,由此识别出有无金属接近,进而控制开关的通或断。电感式接近开关只能检测金属物体。

(2)电容式接近开关

电容式接近开关的测量头通常是构成电容器的一个极板,而另一个极板是开关的外壳。当有物体移向接近开关时,不论它是否为导体,由于它的接近,电容的介电常数就会发生变化,从而使电容量发生变化,使得和测量头相连的电路状态也随之发生变化,由此便可控制开关的接通或断开。电容式接近开关的检测对象不限于导体,还可以是绝缘的液体或粉状物等。

(3) 光电式接近开关

利用光电效应的接近开关称作光电开关。它利用被检测物体对光束的遮挡或反射，将发射端和接收端之间光束的强弱变化转换为电流的变化，以达到检测物体接近的目的。

光电开关已被用作液位（容器中的液体深度）检测、物位（容器中的固体深度）检测、产品计数、宽度判别、速度监测、定长剪切、孔洞识别、信号延时、自动门传感以及安全防护等诸多领域。

按检测方式，光电开关可分为镜面反射式、漫反射式、槽式、对射式、光纤式等。

除了上述几种接近开关外，还有超声波接近开关和热释电式接近开关等。

接近开关能够实现非接触检测，并且具有工作可靠、寿命长、功耗低、操作频率高、能适应恶劣的工作环境等特点，目前已经得到了广泛的应用。

2. 接近开关的选用

接近开关的选用应注意以下几点：

1) 根据被检测物体的材质选择，若被检测的物体为金属材料，则可以选择电感式接近开关，也可以选择电容式或光电式接近开关；若被检测物体为非金属材料（木材、纸张、塑料、玻璃和水等），则可以选择电容式或光电式接近开关，不能选择电感式接近开关。

2) 根据检测距离选择，当要进行远距离检测时，可选用光电式或超声波式接近开关。

3) 还有考虑供电方式及电压（直流或交流）、信号输出类型（PNP 型或 NPN 型，两种类型信号的电流方向不同）等因素选择接近开关。

接近开关的图形、文字符号及实物图如图 2-32 所示。

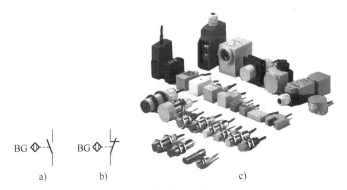

图 2-32 接近开关的图形、文字符号及实物图
a) 常开触点 b) 常闭触点 c) 实物图

2-13 接近开关的实物讲解视频

扫描二维码 2-13 可观看接近开关的实物讲解视频。

2.5.4 转换开关

转换开关又称选择开关、凸轮开关、选择按钮、钥匙操作按钮、万能转换开关等，它是由多组相同结构的触点组件叠装而成的多电路控制电器，主要用于各种控制电路的切换、电气测量仪表测量参数的切换。在控制电路中，手动控制/自动控制、就地/远方等控制方式的线路切换，都是用转换开关实现的。

转换开关由操作机构、定位装置和凸轮触点系统 3 个主要部分构成。

转换开关的旋钮形式有普通式（自复式）、带定位功能式以及带钥匙锁定功能式等，如图 2-33 所示。定位式转换开关的定位角度有 30°、45°、60° 和 90° 等多种规格。

图 2-33 转换开关的外形图

转换开关的旋钮指向各定位档位时,各触点闭合或断开状态的确定方法有画"·"标记表示法和接通表表示法两种。

转换开关实物图、图形符号及表示方法如图 2-34 所示。图中的转换开关有 3 个定位位置:"手动""停"和"自动"位置。

如图 2-34b 所示,使用画"·"标记表示法表示转换开关的各种接通、断开关系。其中"手动"下方对应的触点 5 和触点 7 附近都有一个"·",表示当转换开关的旋钮指向"手动"时,触点 5-6 之间及触点 7-8 之间闭合,触点 1-2 和触点 3-4 之间断开。同理,"停"下方的"·"表示当转换开关的旋钮指向"停"时,仅触点 1-2 之间闭合。"自动"下方的"·"表示当转换开关的旋钮指向"自动"时,触点 3-4 和触点 5-6 闭合,其余触点断开。

触点	旋钮位置		
	手动	停	自动
1-2		×	
3-4			×
5-6	×		×
7-8	×		

图 2-34 转换开关实物图、图形符号及表示方法
a)(万能)转换开关 b)画"·"标记表示法 c)接通表表示法

如图 2-34c 所示,使用接通表表示法表示转换开关的各种接通、断开关系。"手动"一列中的两个"×"表示当转换开关的旋钮指向"手动"时,触点 5-6 之间及触点 7-8 之间闭合,触点 1-2 和触点 3-4 之间断开。"停"与"自动"列同理,不再赘述(与画"·"标记表示法中的通断关系相同)。

2-14 转换开关的彩色实物图

扫描二维码 2-14 可观看转换开关的彩色实物图。

2.6 电磁执行器件

能够根据控制系统的输出控制逻辑要求执行动作的器件称为执行器件。电磁执行器件都是基于电磁式电器的工作原理进行工作的执行器件。接触器就是一种典型的执行器件,此外,还有电磁铁、电磁阀等。在电气、液压、气动控制系统中均使用了这些执行器件。

2.6.1 电磁铁

电磁铁（electromagnet）主要由电磁线圈、铁心和衔铁三部分组成。当电磁线圈通电后便产生磁场和电磁力，衔铁被吸合，把电磁能转换为机械能，带动机械装置完成一定的动作。

电磁铁按用途不同，可分为牵引电磁铁、起重电磁铁和制动电磁铁等。牵引电磁铁主要用来牵引机械装置、开启或关闭各种阀门，以执行自动控制任务。起重电磁铁用作起重装置来吊运钢锭、钢材、铁砂等铁磁性材料。制动电磁铁主要用于对电动机进行制动，以达到准确停车的目的。

电磁铁的主要技术参数有额定行程、额定吸力、额定电压等，选用时主要考虑这些参数以满足机械装置的需求。

2.6.2 电磁阀

电磁阀（solenoid valve）是用来控制流体的自动化器件，在控制系统中用来调整流体介质的方向、流量和速度等参数。电磁阀有很多种，一般用于液压和气动系统，用来关闭和开通油路或气路。最常用的有单向阀、溢流阀、电磁换向阀、速度调节阀等。

电磁换向阀的品种繁多，按电源种类分为直流电磁阀、交流电磁阀、交直流电磁阀等；按用途可分为控制一般介质（液体、气体）电磁阀、制冷装置用电磁阀、蒸气电磁阀等；按其复位和定位形式分为弹簧复位式电磁阀、钢球定位式电磁阀、无复位式电磁阀；按其阀体与电磁铁的连接形式可分为法兰连接和螺纹连接电磁阀等。

电磁阀的结构性能常用它的位置数和通路数来表示，并有单电磁铁（也称为单电式）和双电磁铁（也称为双电式）两种。电磁阀接口是指阀上连接油（气）管的进出口，进油（气）口通常为 P，回油（气）口则标为 O 或 T，出油口则以 A、B 来表示。阀内阀芯可移动的位置数称为切换位置数，通常将接口通路称为通，将阀芯的位置称为位。因此，按电磁阀工作位置数和通路数的多少可分为二位三通、二位四通、三位四通等。

表 2-3 为电磁阀的图形文字符号及说明，其中位用方格（正方形）表示，有几个方格即是几位，通用"↑"表示，不通用"⊥"和"⊤"表示。

表 2-3 电磁阀的图形、文字符号及说明

名 称	图 示	说 明
单电二位二通	（上图：A、P、MB 符号图）	图示中有 2 个方格，表示阀芯有 2 个可移动的位置，即二位；有 2 个接口 A 和 P，称为二通；只有 1 个线圈 MB，称为单电 为了看起来更简洁，图示中一般只在多位的其中一位标注接口名称，如果不如此处理，则单电二位二通电磁阀的图形应为 （中间图：A A、P P、MB 符号图）
	（下图：A、P、MB 符号图）	图示中与线圈邻接的方格中表示线圈得电时的工作状态，与弹簧邻接的方格中表示的状态是线圈失电时的工作状态。因此，左上图线圈断电时，P 的油（气）流向 A，通电时断开；左下图与左上图相反，线圈断电时，A、P 之间的油（气）路断开，通电时接通

(续)

名称	图示	说明
单电二位三通	(图示：阀芯符号，接口A、B、P，线圈MB)	图示中的阀芯有2个位置，接口有A、B和P 3个，线圈有1个，因此为单电二位三通电磁阀 由于线圈在图示的右侧，因此线圈断电时，P的油（气）路流向B；通电时，P的油（气）路流向A
单电二位四通	(图示：阀芯符号，接口A、B、P、T，线圈MB)	图示中的阀芯有2个位置，接口有A、B、P和T 4个，线圈有1个，因此为单电二位四通电磁阀 由于线圈在图示的右侧，因此线圈断电时，P的油（气）路流向A，B的油（气）路流向T；通电时，P的油（气）路流向B，A的油（气）路流向T
双电二位四通	(图示：阀芯符号，接口A、B、P、T，线圈MB1、MB2)	图示中的阀芯有2个位置，接口有A、B、P和T 4个，线圈有2个，因此为双电二位四通电磁阀 MB1通电、MB2断电时，P的油（气）路流向A，B的油（气）路流向T；MB1断电、MB2通电时，P的油（气）路流向B，A的油（气）路流向T 不允许MB1和MB2同时通电
双电三位四通	(图示：阀芯符号，接口A、B、P、O，线圈MB1、MB2)	图示中的阀芯有3个位置，接口有A、B、P和O 4个，线圈有2个，因此为双电三位四通电磁阀 MB1通电、MB2断电时，P的油（气）路流向A，B的油（气）路流向O；MB1断电、MB2通电时，P的油（气）路流向B，A的油（气）路流向O；MB1和MB2同时断电时，4个接口之间都为封闭状态 不允许MB1和MB2同时通电

说明：

表2-3中仅给出部分示例，还有双电三位五通，以及各种在线圈断、通电时其他的管路导通、封闭的电磁阀类型。

扫描二维码2-15可观看电磁阀的工作原理动画。

2-15 电磁阀的工作原理动画

2.6.3 电磁制动器

电磁制动器（electromagnetic brake）是在机械传动系统中，使运动部件减速或停止的执行器件。

电磁制动器一般由制动架、电磁铁、摩擦片（制动件）或闸瓦等组成。所用摩擦材料（制动件）的性能直接影响制动过程。摩擦材料应具备高而稳定的摩擦系数和良好的耐磨性。摩擦材料分为金属和非金属两类。前者常用的有铸铁、钢、青铜和粉末冶金等，后者有皮革、橡胶、木材和石棉等。

利用电磁效应实现制动的制动器，分为电磁粉末制动器、电磁涡流制动器和电磁摩擦式制动器三种。

1）电磁粉末制动器（简称磁粉制动器）：励磁线圈通电时形成磁场，磁粉在磁场作用下磁化，形成磁粉链，并在固定的导磁体与转子间聚合，靠磁粉的结合力和摩擦力实现制动。励磁电流消失时磁粉处于自由松散状态，制动作用解除。这种制动器体积小、重量轻、励磁功率小，而且制动转矩与转动件转速无关，可通过调节电流来调节制动转矩，但磁粉会引起零件磨损。电磁粉末制动器便于自动控制，适用于各种机器的驱动系统。

2）电磁涡流制动器：励磁线圈通电时形成磁场，制动轴上的电枢旋转切割磁力线产生涡流，电枢内的涡流与磁场相互作用形成制动转矩。该制动器坚固耐用、维修方便、调速范围大，但低速时效率低、温升高，必须采取散热措施。电磁涡流制动器常用于有垂直载荷的机械中。

3）电磁摩擦式制动器：励磁线圈通电时形成磁场，通过磁轭吸合衔铁，衔铁通过连接件实现制动。

扫描二维码2-16可获取更多常用低压电器的知识。

2-16 拓展阅读：低压电器的常见故障及处理

思考题及练习题

1. 电弧对低压电器有哪些危害？常用的灭弧方法有哪些？
2. 低压断路器具有哪些脱扣装置？试分别说明其功能。
3. 接触器的作用是什么？它和中间继电器有什么不同？
4. 热继电器和熔断器保护功能有什么不同？
5. 器件类型选择题。

（1）适合用来频繁接通和断开较大功率的电动机主电路的是（   ）。
A. 断路器　　　　B. 按钮　　　　C. 接触器　　　　D. 热继电器

（2）电梯用来检测轿厢门前是否有人的是（   ）。
A. 断路器　　　　B. 行程开关　　　C. 光电开关　　　D. 继电器

（3）直接接收操作员命令，接通和断开控制电路的是（多选）（   ）。
A. 断路器　　　　B. 按钮　　　　C. 继电器　　　　D. 转换开关

（4）接收操作员命令而使设备快速停下，以保证设备或人员安全的是（   ）。
A. 断路器　　　　B. 熔断器　　　C. 急停按钮　　　D. 热继电器

（5）如果要实现按下按钮后，电动机在1 min后自动停止，则必须使用（   ）。
A. 接近开关　　　B. 电磁阀　　　C. 时间继电器　　D. 行程开关

（6）在电路中，用来指示电路是否已通电的是（   ）。
A. 开关　　　　　B. 光电开关　　　C. 指示灯　　　　D. 行程开关

（7）检测储液罐中的液位是否低于某一个高度，可以使用（   ）。
A. 断路器　　　　B. 电感式接近开关　C. 行程开关　　　D. 电容式接近开关

（8）适合用作轨道小车极限位置开关的是（   ）。
A. 断路器　　　　B. 接近开关　　　C. 行程开关

（9）冰箱门打开时，冰箱内的灯会点亮；冰箱门关闭时，灯会熄灭。这是因为冰箱门和冰箱之间有（   ）。
A. 断路器　　　　B. 接近开关　　　C. 行程开关

6. 图2-35为某型号万能转换开关的接通表及旋钮位置示意图（左1位，右3位），则在旋钮位于45°位置时，接通的触点是_____。

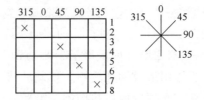

图 2-35　题 6 万能旋转开关的接通表及旋钮位置示意图

7. 如图 2-36 所示，为_____（单/双）电_____（二/三）位_____（三/四/五）通电磁阀。当线圈断电时，油从_____接口流向_____接口，从_____接口流向_____接口；当线圈通电时，油从_____接口流向_____接口，从_____接口流向_____接口。

图 2-36　题 7 电磁阀示意图

8. 本章主要介绍低压控制电器，想一想高压控制电器与低压控制电器一样吗？
9. 请自行查阅资料，了解低压电器产品在工厂中的应用情况。

第3章
电气控制电路设计基础

在工业生产中,有三大动力源为各种机械设备提供动力:电力拖动系统、液压系统和气动系统,其中以电动机作为原动机的电力拖动系统居多。为满足生产工艺的需求,必须为电动机或其他执行电器配备各种电气控制设备和保护设备,组成一定的电气控制电路,以满足生产工艺的要求,实现生产过程的自动化。

把继电器、接触器、控制按钮、接近开关、行程开关、保护电器等元器件根据一定的控制方式用导线连接起来组成的控制电路,称为电气控制电路,这类电路组成的电气控制系统也称为继电-接触器控制系统。本章主要介绍继电-接触器控制系统典型电路的工作原理、分析方法和设计方法。

尽管目前主流的电气控制系统早已是基于PLC的控制系统,但仍有必要学习继电-接触器控制系统,原因如下:

1) 继电-接触器控制系统的学习是分析和设计电气控制电路的基础。各种生产机械的电气控制电路无论是简单的还是复杂的,都是由一些比较简单的基本控制环节有机地组合而成。在设计、分析控制电路和判断故障时,一般都是从这些基本控制环节入手。因此,掌握继电-接触器控制系统的基本环节以及一些典型电路的工作原理、分析方法和设计方法,将有助于掌握复杂电气控制电路的分析和设计方法。

2) PLC梯形图编程语言中,继电器和接触器等的控制程序与实际的继电-接触器控制系统的逻辑关系相似,学好继电-接触器控制系统,有助于更准确、快速地编写相关程序。

3) 对于简单的电气控制系统,出于对成本的考虑,仍会采用继电-接触器控制系统。

在电力拖动系统中,三相笼型异步电动机由于结构简单、运行可靠、使用维护方便、价格低廉等优点得到了广泛的应用,因此本章主要以三相笼型异步电动机为控制对象。

3.1 电气控制电路图的绘制原则及符号

3.1.1 电气控制电路图的绘制原则

电气控制电路是由若干电气元器件按照一定的要求用导线连接而成,并实现一定功能的控制电路。为了表达生产机械电气控制系统的组成和工作原理等设计内容,便于电气系统的安装、调试和维护,需要将这些电气元器件及其连接用一定的图形表达出来,这种图就是电气控制电路图,也称电气图。

电气控制电路图一般有3种:电气原理图、电气安装接线图和电气元件布置图。

1. 电气原理图

电气原理图是电气控制系统设计的核心,是为了便于阅读和分析各种控制功能,而用图形符号和文字符号、导线连接起来描述全部或部分电气设备工作原理的电路图。它具有结构简单、层次分明的特点。电气原理图有利于详细理解电路工作原理,为测试和寻找故障提供信息。

电气原理图一般分为主电路和辅助电路两部分。主电路是电气控制电路中大电流通过的部分,包括从电源到电动机之间的电气元器件,一般由隔离开关、熔断器、接触器的主触点、热继电器热元件和电动机等组成。辅助电路是电气控制电路中除主电路以外的电路,包括控制电路、照明电路、信号电路和保护电路等,辅助电路中流过的电流较小。其中,控制电路由按钮、接触器和继电器的线圈以及辅助触点、热继电器触点、保护电器触点、PLC 输入/输出信号模块的通道等组成。下面以如图 3-1 所示的某型机床的电气原理图为例,说明绘制电气原理图的基本原则和注意事项。

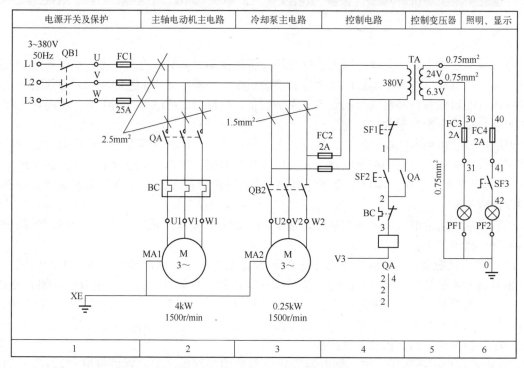

图 3-1 某型机床的电气原理图

(1) 绘制电气原理图的基本原则

1) 主电路、控制电路、信号电路等应分别绘出。电气原理图中同一元器件的不同组成部分可不画在一起,但文字符号应标注一致。如果设备数量较多,上述电路可分别绘制在图纸的不同页中。如果设备数量较少,可绘制在一页中。绘制在一页中时,通常主电路绘制在图纸的左侧,辅助电路绘制在右侧。

2) 电气元器件的布局应根据便于阅读的原则安排。无论主电路还是辅助电路,各电气元器件一般按动作顺序从上到下、从左到右依次排列。

3) 各电气元器件不画实际的外形图,但要采用国家标准规定的图形符号和文字符号来绘制。属于同一电器的线圈和触点,都要采用同一文字符号表示。对同类型的电器,在同一电路中的表示可在文字后加阿拉伯数字符号来区分,如 QB1、QB2 等。

4) 电气原理图中所有电器的触点,应按没有通电和没有外力作用时的自然状态画出。继电器、接触器的触点,应按其线圈不通电时的状态画出;按钮、行程开关等的触点,按未受到外力作用时的状态画出。

5) 应尽可能减少线条和避免交叉线。各导线之间有连接关系时,对 T 形连接点,在导线交点处可以画实心圆点，也可以不画；对十字形连接点，必须画实心圆点。

6) 有机械联系的元器件用虚线连接。

电气控制电路图中各电器的接线端子用规定的字母、数字符号标记。三相交流电源的引入线用 L1、L2、L3、N（中性线）和 XE（地线）标记，直流系统电源正、负极与中性线分别用 L+、L-与 M 标记，三相动力电器的引出线分别按 U、V、W 顺序标记。

此外，还有其他应遵循的绘图原则，详见电气制图国家标准的有关规定。

说明：

扫描二维码 3-1 可查看标准的相关知识。

3-1 拓展阅读：标准的相关知识

（2）图形区域的划分

电气原理图下方的 1、2、3 等数字是图区编号（列号），它相当于坐标，是为了便于检索电气线路、方便阅读分析而设置的。图区编号也可以设置在图的上方。图幅大时可以在图纸左侧加入 a、b、c 等字母作为图区编号（行号）。

图区编号对应的文字表明相应区域下方或上方元器件或电路的功能，使读者能清楚地知道某个元器件或某部分电路的功能，以利于理解整个电路的工作原理。

（3）符号位置的索引

如果电路较复杂，同一电路需要横跨多张图纸时，就需要用符号位置作为坐标，以帮助读者快速识别多张图纸之间的电路连接关系。

符号位置是索引用图号、页号和图区编号的组合，索引代号的组成如图 3-2 所示。

当某图号中仅有一页图样时，只写图号和图中行、列的图区编号即可；只有一个图号的多页图样时，图号和分隔符可以省略；而元器件的相关触点只出现在一页图样上时，则只标出图区编号（无行号时，只写列号）。

图 3-2 索引代号的组成

电气原理图中，接触器和继电器的线圈与触点的从属关系应使用附图的形式表达。即在原理图中相应线圈的下方，给出触点的文字符号，并在其下面注明触点的索引代号，对未使用的触点用"×"表明，也可采用省略的表示方法。

对于接触器，附图中各栏的含义如图 3-3 所示。图 3-1 中 QA 的附图含义为：主触点在图区 2 中，常开辅助触点有一对在图区 4 中，无常闭辅助触点。

QA		
左	中	右
主触点所在的图区号	辅助常开触点所在的图区号	辅助常闭触点所在的图区号

图 3-3 接触器在附图中各栏的含义

对于继电器，附图中各栏的含义如图 3-4 所示。

（4）电气原理图中技术数据的标注

电气原理图中各电气元器件的型号，常在电气元器件文字符号下方标注。电气元器件的技术数据，除了在电气元器件明细表中标明外，也可用小号字体标注在其图形符号的旁边，如图 3-1 中 FC2 的额定电流为 2 A。

KF	
左	右
常开触点所在的图区号	常闭触点所在的图区号

图 3-4 继电器在附图中各栏的含义

2. 电气安装接线图

电气安装接线图是电气设备进行施工配线、敷线和校线工作时所应依据的图样之一。电气安装接线图应清晰地表示出各个电气元器件和装备的相对安装与敷设的位置，以及它们之间的电气连接关系，它是检修和查找故障时所需的技术文件。图 3-5 所示为某型机床的电气安装接线图。

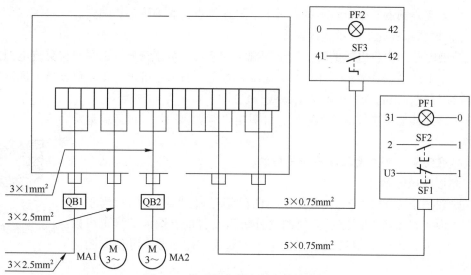

图 3-5 某型机床的电气安装接线图

绘制电气安装接线图应遵循以下主要原则：

1) 必须遵循相关国家标准绘制电气安装接线图。
2) 各电气元器件均按实际安装位置绘制，元器件所占图面按实际尺寸以统一比例绘制。
3) 不在同一电气柜中的元器件的电气连接一般应通过端子排连接，并按照电气原理图中的接线编号标注。

3. 电气元器件布置图

电气元器件布置图用来表明电气原理图中各元器件的实际安装位置，为机械电气控制设备的制造、安装、维护、维修提供必要的资料。可按电气控制系统的复杂程度集中绘制或单独绘制。

图 3-6 为某型机床的电气元器件布置图。图中各电气元器件代号与电气原理图及电气安装接线图中的代号要一致，其中 FC1～FC4 为熔断器，BC 为热继电器，TA 为控制变压器。

电气元器件布置图的绘制应遵循以下几条原则：

1) 必须遵循相关国家标准绘制电气元器件布置图。
2) 体积大和较重的电气元器件应设计在电气安装板的下方，而发热元器件应设计在电气安装板的上方。
3) 强电、弱电应该分开走线，弱电应屏蔽和隔离，防止受到干扰。
4) 需要经常维护、检修、调整的电气元器件的安装位置不宜设计得过高或过低。
5) 电气元器件的布置应考虑整齐、美观、对称的方针。外形尺寸与结构类似的元器件应安装在一起，以利于安装和接线。

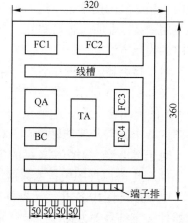

图 3-6 某型机床的电气元器件布置图

6) 电气元器件的布置不宜过密，应留有一定的间距。若用走线槽，应加大各排元器件的间距，以利于布线和维修。

3.1.2 电气控制电路图的符号

电气控制电路图中电气元器件的图形符号和文字符号必须符合相关标准。

第 3 章 电气控制电路设计基础

本书电气元器件的图形符号主要参照 GB/T 4728—2008~2018《电气简图用图形符号》(该标准有的部分于 2008 年颁布,有的部分于 2018 年颁布),文字符号主要参照 GB/T 5094.2—2018《工业系统、装置与设备以及工业产品 结构原则与参照代号 第 2 部分:项目的分类与分类码》。

电气控制电路中常用电气图形符号及文字符号见表 3-1。

表 3-1 电气控制电路中常用电气图形符号及文字符号

名 称	图形符号	文字符号 新国标 GB/T 5094.2—2018	文字符号 旧国标（已作废）GB/T 7159—1987	说 明
熔断器		FC	FU	熔断器一般符号
断路器		QA	QF	断路器
隔离开关		QB	QS	隔离开关
电动机		电动机 MA	M	电动机的一般符号
		发电机 GA	G	
	M 3~	MA	M	三相笼型异步电动机
	M			步进电动机
	MS 3~			三相永磁同步交流电动机
按钮		SF	SB	具有常开触点且自动复位的按钮
				具有常闭触点且自动复位的按钮
				复合按钮
			SA	具有动合触点但无自动复位的旋转开关
行程开关		BG	SQ	常开触点
				常闭触点
				复合触点,对两个独立电路做双向机械操作
接近开关				常开触点
				常闭触点

(续)

名称	图形符号	文字符号 新国标 GB/T 5094.2—2018	文字符号 旧国标（已作废）GB/T 7159—1987	说明
接触器		QA	KM	接触器线圈
				接触器的主常开触头
				接触器的主常闭触头
				接触器的辅助触点
电磁式继电器		KF	KA	中间继电器线圈
	U<		KV	欠电压继电器线圈
	U>			过电压继电器线圈
	I>		KI	过电流继电器线圈
	I<			欠电流继电器线圈
			KA/KV/KI	常开和常闭触点
时间继电器		KF	KT	延时释放继电器的线圈
				延时吸合继电器的线圈
				当操作器件被吸合时延时闭合的常开触点
				当操作器件被释放时延时断开的常开触点
				当操作器件被吸合时延时断开的常闭触点
				当操作器件被释放时延时闭合的常闭触点
				当操作器件被吸合时延时闭合、释放时延时断开的常开触点
				瞬时闭合常开触点及瞬时断开常闭触点

(续)

名 称	图形符号	文字符号		说 明
		新国标 GB/T 5094.2—2018	旧国标（已作废） GB/T 7159—1987	
热继电器		BC	FR	热继电器的热元件
				热继电器常闭触点
速度继电器		BS	KS	速度继电器转子
				速度继电器常开触点
				速度继电器常闭触点
灯和信号装置		照明灯 EA	EL	照明灯与信号灯一般符号
		指示灯 PF	HL	
		PF	HL	闪光信号灯
		PJ	HZ	蜂鸣器
接地		XE	PE	接地一般符号
				无噪声接地（抗干扰接地）
				保护接地
	形式1　形式2			接机壳或接底板
				等电位

3.2 三相笼型异步电动机直接起动常用控制电路

对于三相笼型异步电动机来说，起、停控制是最基本、最常用、最主要的控制方式。三相笼型异步电动机的直接起动即为全电压起动，这种方式简单、经济。但是由于起动电流大，所以直接起动电动机的容量受到一定的限制，一般容量在 10 kW 以下的电动机可采用直接起动的方式。下面介绍电动机的直接起动控制电路，包括单向点动、自锁、互锁、可逆运行等典型控制电路。

3.2.1 单向点动控制电路

单向点动控制电路是用按钮、接触器来控制电动机运转的最简单的控制电路。如图 3-7 所示，由隔离开关 QB1、熔断器 FC1、接触器 QA 的主触点与电动机 MA 构成主电路。FC1 用作电动机

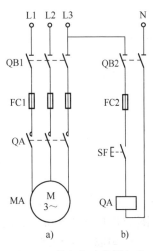

图 3-7 单向点动控制电路
a) 主电路　b) 控制电路

MA 的短路保护。

隔离开关 QB2、熔断器 FC2、按钮 SF 与接触器 QA 的线圈构成控制电路。FC2 用作控制电路的短路保护。

图 3-7 单向点动控制电路的工作原理如下。

（1）起动阶段

闭合隔离开关 QB1、QB2，按下起动按钮 SF，接触器 QA 的线圈得电，其主触点闭合，电动机 MA 起动运行。

（2）停止阶段

松开起动按钮 SF，接触器 QA 的线圈失电，其主触点断开，电动机 MA 失电停转。电动机停转后，接触器 QA 主触点的入口端仍带电，如果需要进行更换接触器等维修操作或者停止使用该电路时，应断开隔离开关 QB1 和 QB2。

说明：

本章中所有的控制电路都采用了 AC 220 V 电源设计，也可以采用 DC 24 V 电源设计。采用 DC 24 V 电源进行控制电路设计时，需要有 DC 24 V 的供电电源，其余相关的电器都应选择可在 DC 24 V 下正常工作的类型，并且设计电路时要注意电流的方向与电器的匹配关系。

3.2.2 单向自锁控制电路

图 3-7 所示的单向点动控制电路中，要使电动机 MA 连续运行，起动按钮 SF 就不能松开，符合这种操作的生产实际需求很少。为了实现电动机的连续运行，常采用自锁控制电路，即使用接触器的常开辅助触点将自己的供电状态锁定，图 3-8 为单向自锁控制电路。

自锁电路又称自保电路、自保持电路或起保停电路。

1. 电路的工作原理

（1）起动及运行阶段

闭合隔离开关 QB1、QB2，按下起动按钮 SF2，接触器 QA 的线圈得电，其主触点闭合，电动机 MA 起动运行。

接触器 QA 的线圈得电后，其与 SF2 并联的常开辅助触点闭合，之后，如果松开按钮 SF2，QA 的线圈仍可通过该常开辅助触点持续通电，从而保持电动机连续运行。

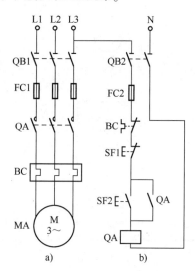

图 3-8 单向自锁控制电路
a）主电路 b）控制电路

这种依靠自身辅助触点而使其线圈保持通电的功能称为自锁（或自保，后同），起自锁作用的辅助触点又称为自锁触点。

（2）停止阶段

需要电动机停止时，只要按下停止按钮 SF1，将控制电路断开即可。断开后，接触器 QA 的线圈失电释放，其主触点将三相电源切断，电动机失电停转。

当松开停止按钮 SF1 后，虽然它的常闭触点在复位弹簧的作用下又恢复到原来的常闭状态，但接触器的线圈已不再能够依靠自锁触点通电，因为原来闭合的自锁触点早已随着接触器线圈的断电而恢复断开的状态。

2. 电路的保护环节

（1）短路保护

熔断器 FC1、FC2 分别用作主电路和控制电路的短路保护，但达不到过载保护的目的。为使电动机在起动时熔体不被熔断,熔断器熔体的规格必须根据电动机起动电流的大小做适当选择。

(2) 过载保护

热继电器 BC 具有过载保护作用。使用时,将热继电器的热元件接在电动机的主电路中作为检测元件,用以检测电动机的工作电流,而将热继电器的常闭触点串联在控制电路中。当电动机长期过载或严重过载时,热继电器才动作,其常闭触点断开,切断控制电路,接触器 QA 的线圈断电释放,电动机停止,从而实现过载保护。

(3) 欠电压和失电压保护

图 3-8 单向自锁控制电路依靠接触器自身实现欠电压和失电压保护。当电源电压由于某种原因而严重欠电压或失电压时,接触器的衔铁自行释放,电动机停止运转。而当电源电压恢复正常时,接触器的线圈也不能自动通电,只有在操作人员再次按下起动按钮 SF2 后电动机才会再次起动。

控制电路具备了欠电压和失电压的保护功能后,具有以下优点:

1) 防止电压严重下降时,电动机在低电压下运行。
2) 防止电源电压恢复时,电动机突然起动运转造成设备和人身事故。

防止电源电压恢复时电动机自起动的保护也称为零电压保护。

以上三种保护也是三相笼型异步电动机最常用的保护,它们对电动机安全运行非常重要。后文的诸多电路都采用了这三种保护,后文中不再赘述。

单向自锁控制电路不仅能实现电动机的频繁起动控制,而且可以实现远距离的自动控制,是最常用的简单控制电路。

3.2.3 单向点动、连续运行混合控制电路

在实际生产中,有的设备可能既需要连续运转进行加工生产,又需要在进行调整工作时采用点动控制,这就产生了单向点动、连续运行混合控制电路。该电路的主电路同图 3-8,其控制电路可由如图 3-9 所示的 3 种电路实现。

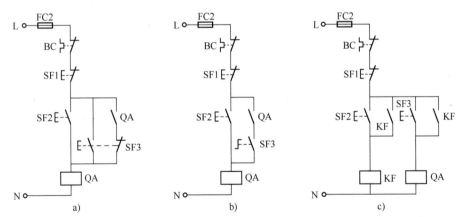

图 3-9 单向点动、自锁混合控制电路
a) 使用复合按钮 b) 使用旋转开关 c) 使用中间继电器

1. 使用复合按钮实现

在图 3-9a 中,使用了复合按钮 SF3。

点动时,按下 SF3,其常闭触点先断开自锁电路,常开触点再闭合,使接触器线圈 QA 得电,主触点闭合,电动机起动;松开 SF3 时,SF3 的常开触点先断开,常闭触点后合上,接触器 QA 的线圈失电释放,主触点断开,电动机停止运转,从而实现点动控制。

连续运行时,按下起动按钮 SF2 即可,需要停机时按下停止按钮 SF1。

需要注意的是,由于复合按钮 SF3 的常闭触点作为联锁触点串联在接触器 QA 的自锁触点电路中。当点动时,若接触器 QA 的释放时间长于按钮恢复的时间,则点动结束后,SF3 的常闭触点复位时,接触器 QA 的常开触点尚未断开,使接触器自锁电路继续通电,电动机变成了连续运行状态,就无法实现点动了。

2. 使用旋转开关实现

在图 3-9b 中,使用了旋转开关 SF3。

点动时,将 SF3 的旋钮旋到触点断开对应的位置,自锁电路断开,此时按下 SF2 即可实现点动控制。

连续运行时,将 SF3 的旋钮旋到触点闭合对应的位置,将 QA 的自锁电路接入,就可以实现连续运转了。

3. 使用中间继电器实现

在图 3-9c 中,使用了中间继电器 KF。

点动时,按下按钮 SF3,QA 的线圈得电,主触点闭合,电动机起动;松开 SF3 时,QA 的线圈断电,主触点断开,电动机停止运转。

连续运行时,按下按钮 SF2,此时中间继电器 KF 的线圈通电吸合并自锁。KF 的另一常开触点闭合,接通接触器 QA 的线圈,主触点闭合,电动机起动;需要停止时,按下停止按钮 SF1 即可。本方案中的自锁是使用中间继电器实现的。

电动机点动和连续运转控制的关键是自锁触点是否接入。若能实现自锁,则电动机能连续运转;若断开自锁电路,则电动机实现点动控制。

3.2.4 多地点控制电路

能在两地或多地控制同一台电动机的控制方式称为电动机的多地点控制或多地控制。

有些机械设备为了操作方便,常在两个或两个以上的地点进行控制操作,如电梯,人在轿厢中时可以控制,人在轿厢外时也能控制;有的场合,为了便于集中管理,由中央控制台进行控制,又称为远程控制;但每台设备调整检修时又需要实现在设备旁控制,又称为就地控制。上述场合就会用到多地点控制。

图 3-10 所示为两地控制电路。其中 SF1 和 SF3 分别为安装在甲地的停止和起动按钮,SF2 和 SF4 分别为安装在乙地的停止和起动按钮。

该电路的特点是将所有的起动按钮并联在一起,将所有的停止按钮串联在一起,从而可以分别在甲、乙两地控制同一台电动机。对于 3~n 地控制,只要将各地的起动按钮并联、停止按钮串联即可实现。

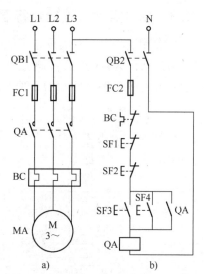

图 3-10 两地控制电路
a) 主电路 b) 控制电路

3.2.5 互锁控制电路

生产机械往往要求运动部件能够实现上下、左右、前后、往返等正、反方向的运动,这就要求电动机能正、反旋转。由三相异步交流电动机的原理可知,将电动机的三相电源进线中的任意两相对调,其旋转方向就会改变。为此,采用两个接触器分别给电动机接入使其正转和反转的电源，就能够实现电动机正、反转的切换。切换时为避免产生三相电源相间短路，需要用到互锁（或称联锁，后同）控制电路。

图3-11a为电动机正、反转的主电路，其中QA1、QA2分别控制电动机的正转与反转。图3-11b~d为可实现电动机正、反转的三种控制电路，下面分别进行分析。

说明：

本节中假定接触器QA1吸合时电动机为正转，工程实际中也可以先这样假定，然后再通过调试进行调整。调试时，当旋转方向与预期相反可能对设备造成损坏时，应将电动机与负载脱开再进行调试。若发现旋转方向与预期的相反，则可以通过调换接触器入口端三相电源的任意两相来调整。

1. 正转—停止—反转控制电路

图3-11b、c均为电动机正转—停止—反转的控制电路。

图3-11b中，按下起动按钮SF1或SF2，则QA1或QA2会得电吸合并自锁，主触点闭合，电动机正转或反转起动。按下停止按钮SF3，电动机停止转动。但是若电动机正在正转或者反转时，按下相反方向的起动按钮，则QA1和QA2线圈将同时得电，两个接触器的主触点同时闭合，造成三相电源相间短路。因此该电路虽然能实现电动机的正转—停止—反转或者反转—停止—正转的切换，但是极其容易发生三相电源相间短路事故。该电路是一个具有严重缺陷的电路，不能用于实际生产中，而且不能通过配合操作规程（类似必须按下停止，才能再按下相反方向起动按钮的操作规程）来完全避免事故的出现或降低事故的伤害。在设计电路时，应该考虑到操作者可能的误操作，并将电路的功能设计成即使出现误操作也是安全的状态。

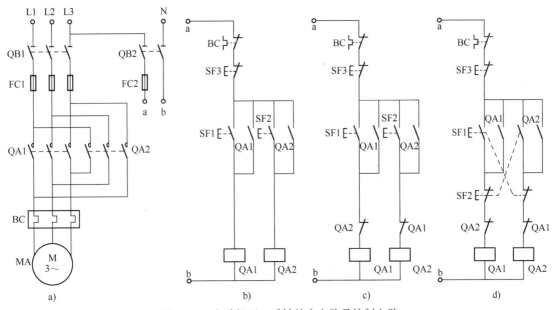

图3-11 电动机正、反转的主电路及控制电路

a) 主电路　b) 正转—停止—反转控制电路1　c) 正转—停止—反转控制电路2　d) 正转—反转—停止控制电路

图3-11c与图3-11b相比进行了改进，两个接触器各自的一个辅助常闭触点串联到对方的工作线圈所在的电路中，形成相互制约的关系，这种关系称为互锁。实现互锁功能的辅助触点称为互锁触点。

图3-11c中，电动机正转运行时，由于反转控制电路中串联了正转接触器QA1的已断开的常闭辅助触点，这样，即使按下反转的起动按钮SF2，反转接触器QA2的线圈也无法通电，主触

点不能闭合。反转时同理。这样即使出现了误操作，也不会发生电源相间短路的情况。但是对于该电路，当电动机需要由正转切换到反转，或由反转切换到正转时，必须先按下停止按钮使电动机停止，然后再向反方向起动，因此该电路称为正转—停止—反转控制电路。

2. 正转—反转—停止控制电路

在图 3-11c 中，要使电动机由正转切换到反转，需要先按停止按钮 SF3，这显然存在操作上的不便。为了解决这个问题，可利用复合按钮进行控制，将两个起动按钮的常闭触点串联接入到对方接触器线圈的电路中，就可以直接实现正、反转的切换控制，控制电路如图 3-11d 所示。

需要正转时，按下正转起动复合按钮 SF1，接触器 QA1 的线圈通电吸合，同时，QA1 的辅助常闭触点断开起互锁作用，常开辅助触点闭合起自锁作用，QA1 的主触点闭合，电动机正转运行。

需要切换电动机的旋转方向时，只需按下另一个转向的起动按钮即可。例如，在正转运行时按下反转起动复合按钮 SF2 后，其常闭触点会先断开正转接触器 QA1 的线圈电路，使接触器 QA1 释放，其主触点断开正转电源，常闭辅助触点复位；复合按钮 SF2 的常开触点后闭合，接通接触器 QA2 的线圈电路，同时，QA2 的常闭辅助触点断开起互锁作用，常开辅助触点闭合起自锁作用，QA2 的主触点闭合，电动机反转运行，从而直接实现了正、反转切换。

无论电动机正在正向或反向运行，按下停止按钮 SF3，都可使接触器 QA1 或 QA2 的线圈断电，主触点断开电动机电源而停机。

因为该电路可以无须停止而在电动机运行时直接切换旋转方向，因此称为正转—反转—停止控制电路。另外，由于采用了按钮、接触器的双重互锁，因此该电路更加安全可靠。

3.2.6 顺序控制电路

具有多台电动机的机械设备，在操作时为了保证设备的安全运行和工艺过程的顺利进行，对电动机的起动、停止的控制，必须按一定的顺序进行，这称为电动机的顺序控制。顺序控制在机械设备中很常见，如带式输送机系统中下级输送机要先于上级起动，或者某些带有变速箱的系统中润滑泵要先于主电动机起动等。

1. 顺序起动控制电路

两台电动机的顺序起动控制电路如图 3-12 所示，要求 MA2 必须在 MA1 起动后才能起动；MA2 可以单独停止，但 MA1 停止时，MA2 要同时停止。

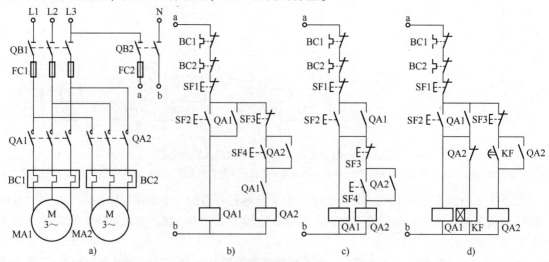

图 3-12 两台电动机的顺序起动控制电路

a) 两台电动机的主电路 b)、c) 按动作顺序的控制电路 d) 按时间原则的控制电路

(1) 按动作顺序的控制电路

如图 3-12b、c 所示,合上隔离开关 QB1、QB2 后,按下起动按钮 SF2,接触器 QA1 的线圈得电吸合并自锁,电动机 MA1 起动运转。图 3-12c 中,QA1 的自锁触点还为 QA2 线圈的得电做好了准备,而图 3-12b 中 QA1 的自锁触点并无此功能,它是靠 QA1 的另一组串联在 QA2 线圈电路中的常开辅助触点为 QA2 得电做好准备的。电动机 MA1 起动后,按下起动按钮 SF4,接触器 QA2 的线圈得电吸合并自锁,电动机 MA2 起动运转。可见,只有使 QA1 的常开辅助触点闭合、电动机 MA1 起动后,才为起动电动机 MA2 做好准备,从而实现了电动机 MA1 先起动、MA2 后起动的顺序控制。需要停止时,按下按钮 SF3,电动机 MA2 可单独停止;若按下按钮 SF1,则 MA1、MA2 同时停止。

图 3-12b、c 实现的功能相同,只是图 3-12b 的电路多使用了一组 QA1 的常开辅助触点。

(2) 按时间原则的控制电路

图 3-12d 为按时间原则实现顺序控制的电路,控制要求电动机 MA1 起动 t s 后,电动机 MA2 自动起动。这里利用时间继电器 KF 的延时闭合常开触点来实现顺序控制。

2. 顺序停止控制电路

上述顺序起动控制电路主要实现的是起动过程的顺序控制,而在停止时,可以通过先按下 SF3 后按下 SF1,实现先停止电动机 MA2 后停止 MA1 的顺序停止;但是如果在按下 SF3 之前先按下 SF1,则两台电动机会同时停止。这样的功能在很多场合是没有问题的,但在对停止有严格顺序要求的场合可能会因为误操作而出现危险。图 3-13 是一个可以无差错进行顺序停止的控制电路,其主电路同图 3-12a。

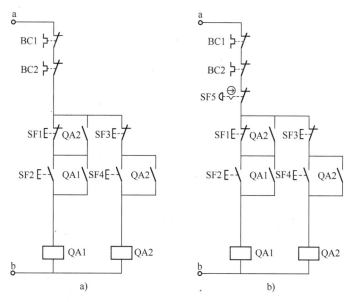

图 3-13 顺序停止的控制电路
a) 控制电路 1　b) 控制电路 2

对于图 3-13a,合上隔离开关 QB1、QB2 后,按下起动按钮 SF2 即可起动电动机 MA1 并自锁,按下起动按钮 SF4 即可起动电动机 MA2 并自锁。可以发现,在该电路中电动机的起动顺序没有办法被限制。在停止时,由于停止按钮 SF1 的两端并联了 QA2 的常开辅助触点,因此电动机 MA2 没有停止时,SF1 将无法断开接触器 QA1 的线圈电路。因此,该电路只能通过 SF3 先停止电动机 MA2,MA2 停止后,且 QA2 的常开辅助触点断开之后,才能通过 SF1 将电动机 MA1 停止。

当遇到紧急情况需要停止电动机 MA1 时，先按 SF3 再按 SF1 可能会浪费宝贵的紧急操作时间。因此，在控制电路的主电路上增加了一个带自保持功能的急停按钮 SF5，发生紧急情况时，按下 SF5 即可，如图 3-13b 所示。另外，由于急停按钮与普通的起动、停止按钮的外观差异较大，一般不会引起误操作。

通过顺序起动和顺序停止的控制电路，可得出如下结论：

1) 要求 A 接触器动作后 B 接触器才能动作，则将 A 接触器的常开辅助触点串联在 B 接触器的线圈电路中。

2) 要求 A 接触器断开后 B 接触器才能断开，则将 A 接触器的常开辅助触点并联在 B 接触器的停止按钮两端。

3.2.7　自动往复控制电路

在工业生产中，有些机械设备的工作台（或小车等运动部件）需要自动往复运动，此时可以利用行程开关控制电动机的正、反转来实现工作台的自动往复运动。实现这种控制的电路称为自动循环控制、自动往复控制、自动往返控制、限位控制（因为行程开关又称限位开关）电路等。

图 3-14 为工作台自动往复运动示意图，其中 BG2 为工作台由左行转右行的行程开关，BG1 为工作台由右行转左行的行程开关，BG4 和 BG3 分别为用作左、右极限保护的行程开关。

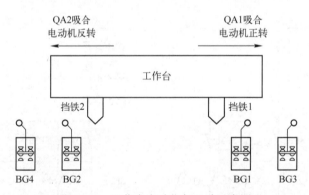

图 3-14　工作台自动往复运动示意图

图 3-15 为工作台自动往复运动主电路及控制电路，其工作过程如下。

按下起动按钮 SF2，QA1 得电吸合并自锁，电动机正转带动工作台向右移动，当到达预定位置后，安装在工作台上的挡铁 1 会压下 BG1，BG1 的常闭触点断开，切断 QA1 的线圈电路，QA1 主触点断开，且 QA1 的常闭辅助触点复位。由于 BG1 的常闭触点断开后其常开触点闭合，这样 QA2 的线圈得电，其主触点接通反向电源，电动机反转，拖动工作台向左移动，当挡铁 2 压下 BG2 时，电动机又切换为正转。如此循环往复，直至按下停止按钮 SF1。

如果按下起动按钮 SF3，QA2 得电吸合并自锁，电动机会先反转并带动工作台向左移动，后续的动作与工作台向右移动的动作类似。

若行程开关 BG1 或 BG2 因为故障失灵，则由极限保护行程开关 BG3、BG4 实现保护，避免运动部件因超出极限位置而发生事故。

自动往复控制电路的工作台每经过一个自动往复循环，电动机要进行两次反接制动过程，

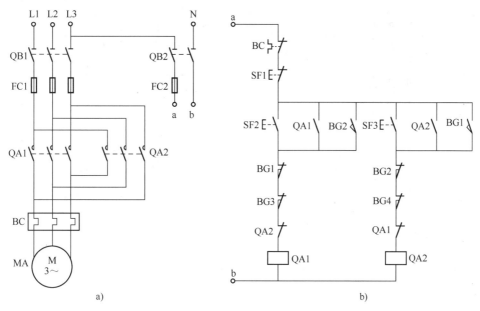

图 3-15 工作台自动往复运动主电路及控制电路
a）主电路 b）控制电路

将会出现较大的反接制动电流和机械冲击。因此，该电路一般只适用于电动机容量较小、循环周期较长、具有足够刚性的机械传动系统中。另外，接触器的容量应比一般情况下选择的容量大一些。自动往复控制电路的行程开关频繁动作，若采用机械式的行程开关容易损坏，可采用接近开关来实现。

3.3 三相笼型异步电动机减压起动控制电路

三相笼型异步电动机直接起动控制电路简单、经济、操作方便而且可靠。但对于容量较大的电动机来说，很大的起动电流会引起较大的电网电压降，对电网产生巨大冲击，所以经常采用减压起动的方法以限制起动电流。

减压起动是指起动电动机时减小加在电动机定子绕组上的电压值，起动后再将电压恢复到额定值运行的控制方法。减压起动虽然可以减小起动电流，但也降低了起动转矩。因此，减压起动仅适用于空载或轻载起动。

三相笼型异步电动机的减压起动方法有定子绕组串电阻（或电抗器）减压起动、Y-△转换减压起动、自耦变压器减压起动等。

3.3.1 定子绕组串电阻减压起动控制电路

图 3-16 为电动机定子绕组串电阻减压起动的主电路及控制电路。电动机起动时，在三相定子电路中串联电阻 R_A，使电动机定子绕组电压降低；待电动机转速接近额定转速时，再将串联的电阻短接，使电动机在额定电压下正常运行。

闭合 QB1、QB2 后，按下起动按钮 SF2，QA1 得电并自锁，同时时间继电器 KF 得电并开始计时。计时时间到达后，KF 的延时接通常开触点闭合，QA2 得电并自锁，电动机定子绕组串联的电阻 R_A 被短接，电动机在全压下运行。

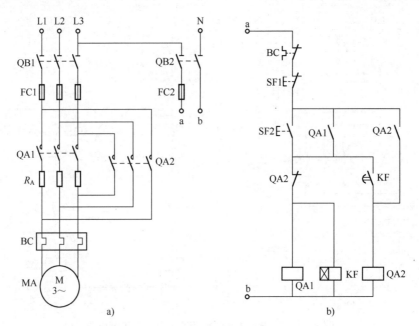

图 3-16 电动机定子绕组串电阻减压起动主电路及控制电路
a）主电路 b）控制电路

3.3.2 Y-△转换减压起动控制电路

顾名思义，Y-△转换减压起动是指在起动电动机时，将定子三相绕组接成Y联结，当电动机的转速接近或达到额定转速时，再将电动机三相绕组转换成△联结方式。

起动时，电动机定子三相绕组Y联结，加在电动机每相绕组上的电压为额定电压的 $1/\sqrt{3}$，对额定电压为 380 V 的电动机，电动机每相绕组上的电压为 220 V，从而减小了起动电流对电网的影响。电动机定子绕组转换成△联结方式后，电动机每相绕组承受的电压为额定电压 380 V，这样电动机就在额定电压下运转了。三相笼型异步电动机的联结方式示意图如图 3-17 所示。

图 3-18 为Y-△转换减压起动的主电路及控制电路，为方便叙述与查看，该电路图的文字符号后面加上了触点的序号。它的设计思想是按时

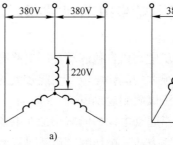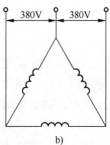

图 3-17 三相笼型异步电动机联结方式示意图
a) 三相交流电动机Y联结方式
b) 三相交流电动机△联结方式

间原则控制起动过程，待起动结束后按预先设定的时间转换成△联结。具体起动过程如下。

(1) Y联结起动阶段

当需要起动电动机时，闭合电源开关 QB1 和 QB2，接通电源，按下起动按钮 SF2，此时控制电路中接触器 QA 和 QA_Y 的线圈得电，接触器 QA_Y-1 的主触点将电动机Y联结并经过 QA-1 的主触点接至电源，电动机减压起动。

接触器 QA 和 QA_Y 的线圈得电使常开辅助触点 QA-2 闭合，实现自锁；常闭触点 QA_Y-2 断开，防止接触器 QA_△ 的线圈得电，起到联锁保护的作用。

同时，时间继电器 KF 线圈得电，按预先设定的时间，进入减压起动计时状态。

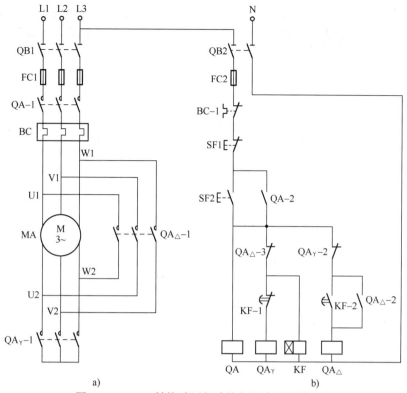

图 3-18　Y-△转换减压起动的主电路及控制电路
a) 主电路　b) 控制电路

(2) 切换至△联结阶段

KF 的预设时间到达后,各主要电器将按如下顺序自动动作:QA_Y 的线圈失电→QA_△ 的线圈得电→KF 的线圈失电。

具体地,KF 的预设时间到达时,通电延时断开常闭触点 KF-1 断开,导致接触器 QA_Y 的线圈失电,其主触点 QA_Y-1 断开,常闭辅助触点 QA_Y-2 复位闭合;KF 的通电延时闭合常开触点 KF-2 闭合,使接触器 QA_△ 的线圈得电,电动机通过接触器 QA_△-1 和 QA-1 将电动机△联结,并连接至电源,使电动机在额定电压下正常运行。

接触器 QA_△ 的线圈得电后,常闭辅助触点 QA_△-3 断开,使 KF 的线圈失电,其触点全部复位。QA_△-3 的断开,可使 KF-1 在已经恢复闭合状态下,也能够防止接触器 QA_Y 的线圈重新得电,起到联锁保护的作用;接触器 QA_△ 的常开辅助触点 QA_△-2 闭合,并且由于该触点的闭合先于 KF-2 触点的断开,所以可以起到自锁的作用。

(3) 停机阶段

若需要进行停机操作,可随时按下停止按钮 SF1。此时接触器 QA 的线圈失电,其常开辅助触点 QA-2 断开,解除自锁功能;主触点 QA-1 断开,切断三相交流电动机的供电电源,三相交流电动机停止运转。

接触器 QA_△ 线圈失电,其常开辅助触点 QA_△-2 断开,解除自锁功能;主触点 QA_△-1 断开,解除三相交流电动机定子绕组的△联结方式;常闭辅助触点 QA_△-3 闭合,为下一次减压起动做好准备。

3.3.3　自耦变压器减压起动控制电路

在自耦变压器减压起动控制电路中,电动机起动电流的限制是依靠自耦变压器的降压作用来实现的。电动机起动时，定子绕组得到的电压是自耦变压器的二次电压，一旦起动完毕，自耦变压器便被短接，自耦变压器的一次电压（即额定电压）直接加于定子绕组，电动机进入全电压正常运行状态。

采用时间继电器完成的自耦变压器减压起动的主电路和控制电路如图3-19所示。电动机起动时，合上隔离开关QB1、QB2，按下起动按钮SF2，接触器QA1、QA3的线圈和时间继电器KF的线圈得电，KF的瞬时动作常开触点闭合，接触器QA1、QA3的主触点闭合，将电动机定子绕组经自耦变压器接至电源，开始减压起动。时间继电器计时时间到达后，其延时常闭触点断开，使接触器QA1、QA3的线圈失电，QA1、QA3的主触点断开，从而将自耦变压器切除。同时，KF的延时闭合常开触点闭合，使QA2的线圈得电，QA2的常开辅助触点闭合自锁，电动机在全电压下运行，完成整个起动过程。

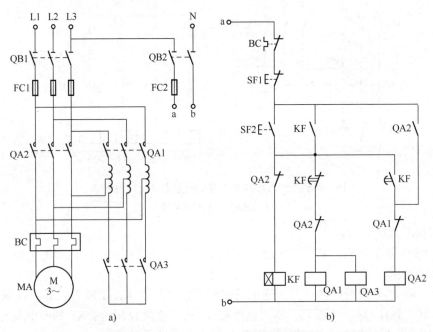

图3-19 采用时间继电器完成的自耦变压器减压起动的主电路和控制电路
a) 主电路 b) 控制电路

自耦变压器减压起动时对电网的电流冲击小，功率损耗少，主要适用于起动较大容量的星形或三角形联结的电动机，起动转矩可以通过改变自耦变压器二次绕组抽头的连接位置来改变。它的缺点是自耦变压器的结构相对复杂、价格较高，而且不允许频繁起动。

3.4 三相笼型异步电动机制动控制电路

在实际生产中，有些生产机械往往要求电动机能快速、准确地停车，而电动机脱离电源后由于机械惯性的存在，完全停车需要一段时间，影响生产效率，并造成停机位置不准确、工作不安全。为了提高生产效率和获得准确的停机位置，必须对电动机采取有效的附加制动措施。

说明：
若按生产工艺要求，某电动机无须快速停车，则可不采用附加制动措施电路。
制动措施一般分两大类：机械制动和电气制动。
机械制动是采用机械装置强迫电动机在断开电源后迅速停转的制动方法，主要采用电磁抱闸、电磁离合器等制动，两者都是利用电磁线圈通电后产生磁场，使静铁心产生足够大的吸力吸合衔铁或动铁心，克服弹簧的拉力而满足现场的工作要求。电磁抱闸是靠闸瓦的摩擦进行制动，电磁离合器是利用动、静摩擦片之间足够大的摩擦力使电动机断电后立即停车。机械制动的优点是制动转矩大、制动迅速、操作方便、安全可靠、停车准确；缺点是制动越快，冲击振动越大，对机械设备越不利。另外，机械制动器因磨损需要经常维修或更换，增加了维护的工作量。

电气制动是电动机在切断电源的同时给电动机一个和实际旋转方向相反的制动转矩，迫使电动机迅速停车的方法。常用的电气制动方法有反接制动、能耗制动。

3.4.1 反接制动控制电路

反接制动是指在电动机的三相电源被切断后，立即通上与原相序相反的三相电源，使定子绕组产生相反方向的旋转磁场，因而产生制动转矩使电动机迅速减速。

在反接制动时，转子与旋转磁场的相对速度接近于 2 倍的同步转速，因此定子绕组中流过的反接制动电流甚至相当于全压直接起动时电流的 2 倍。因此，反接制动的特点是制动迅速、效果好，但是冲击大，通常仅适用于 10kW 以下的较小容量电动机。为了减小冲击电流，通常在反接主电路中串联一定阻值的电阻，以限制反接制动电流，这个电阻称为反接制动电阻。

需要注意的是，采用反接制动控制时，在电动机减速至接近零时，要及时切断反向相序的电源，以防止电动机在反方向上起动并运行。

下面分别以电动机单向和可逆运行情况下的反接制动电路为例进行说明。

1. 电动机单向运行的反接制动控制电路

反接制动的关键在于电动机电源相序的改变，并能实现当转速下降到接近于零时，能自动将电源切除，为此使用了速度继电器来检测电动机的速度变化。在 120~3000 r/min 范围内，速度继电器触点动作，当转速低于 100 r/min 时，其触点恢复原位。

图 3-20 为带制动电阻的电动机单向运行的反接制动主电路及控制电路。

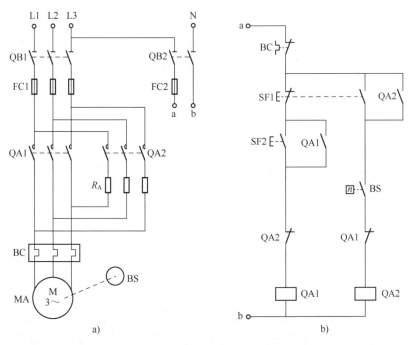

图 3-20 带制动电阻的电动机单向运行的反接制动主电路及控制电路
a）主电路 b）控制电路

起动时，按下起动按钮 SF2，接触器 QA1 通电并自锁，电动机通电旋转。在电动机正常运转时，速度继电器 BS 的常开触点闭合，为反接制动做好准备。

停止时，按下停止按钮 SF1，其常闭触点断开，接触器 QA1 线圈断电，电动机脱离电源。由于电动机转子和负载的惯性，此时电动机的转速还很高，BS 的常开触点仍然处于闭合状态。所以，当 SF1 的常开触点闭合时，反接制动接触器 QA2 的线圈得电并自锁，其主触点闭合，使电动机定子绕组得到与正常运转相序相反的三相交流电源，电动机随即进入反接制动状态，电动机的转速迅速下降。当电动机转速低于速度继电器复位值时，速度继电器常开触点复位断开，接触器 QA2 线圈电路被切断，反接制动结束。

2. 电动机可逆运行的反接制动控制电路

图 3-21 为带有反接制动电阻的电动机可逆运行反接制动的主电路及控制电路。图中的反接制动电阻 R_A 也具有限制起动电流的作用，而 BS1 和 BS2 分别为速度继电器 BS 的正转和反转的常开触点。

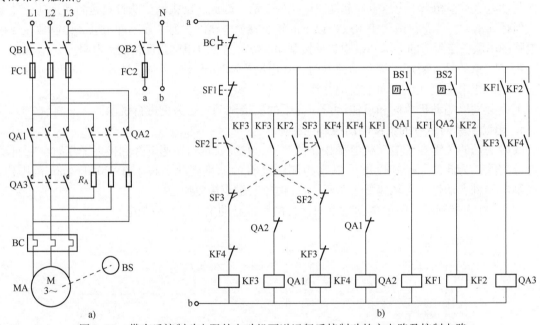

图 3-21 带有反接制动电阻的电动机可逆运行反接制动的主电路及控制电路
a) 主电路　b) 控制电路

按下起动按钮 SF2，中间继电器 KF3 线圈通电并自锁，其常闭触点断开，对中间继电器 KF4 线圈回路实现互锁。KF3 线圈的通电使其常开触点闭合，进而使接触器 QA1 线圈通电，QA1 主触点闭合，正序三相电源经电阻 R_A 接至定子绕组，电动机开始减压起动。

当电动机转速上升到一定数值时，速度继电器的正转使常开触点 BS1 闭合（正转时 BS2 为断开状态），中间继电器 KF1 通电并自锁，这时由于 KF1、KF3 的常开触点闭合，接触器 QA3 线圈通电，此时 3 个电阻被短接，定子绕组直接通以额定电压，电动机加速到额定转速。

在电动机运行的过程中，若按下停止按钮 SF1，则 KF3、QA1、QA3 三个线圈断电。由于惯性，此时电动机的转速仍然很高，速度继电器的 BS1 的触点并未复位，中间继电器 KF1 的线圈仍处于通电状态，因此在接触器 QA1 的常闭触点复位后，接触器 QA2 线圈便会通电，使其主触点闭合，使定子绕组经电阻 R_A 获得相反相序的三相电源，实现反接制动，电动机转速迅速下降。当转速低于速度继电器的复位值时，速度继电器的常开触点复位，KF1 线圈断电，接触器 QA2 释放，反接制动过程结束。

反向起动及其反接制动停止过程与正转时相似，不再赘述。

3.4.2 能耗制动控制电路

能耗制动是指在电动机脱离三相交流电源以后，定子绕组加一个直流电压，即通入直流电流，使定子处形成一个固定的静止磁场，利用转子惯性旋转时切割磁力线而产生的转子感应电流与定子静止磁场的作用产生制动转矩来制动。

从能量的角度看，能耗制动是把电动机转子运转所储备的动能变成电能，且又消耗在电动机转子的制动上，所以称为能耗制动。可以根据能耗制动时间控制原则，用时间继电器进行控制；也可以根据能耗制动的速度原则，用速度继电器进行控制。

下面分别以电动机单向和可逆运行情况下的能耗制动电路为例进行说明。

1. 电动机单向运行的能耗制动控制电路

（1）按时间原则控制的单向运行的能耗制动控制电路

图 3-22 为按时间原则控制的单向运行的能耗制动主电路及控制电路。在电动机正常运行时，若按下停止按钮 SF1，电动机由于 QA1 断电释放而脱离三相交流电源，而直流电源则由于接触器 QA2 线圈通电使其主触点闭合而加入定子绕组，时间继电器 KF 线圈与 QA2 线圈同时通电并自锁，于是电动机进入能耗制动状态。当其 KF 计时结束时，时间继电器延时打开的常闭触点断开接触器 QA2 的线圈电路。之后，由于 QA2 常开辅助触点的复位，时间继电器 KF 线圈的电源也被断开，电动机能耗制动结束。图中 KF 的瞬时常开触点的作用是为了考虑 KF 线圈断线或机械卡住等故障时，电动机在按下停止按钮 SF1 后仍能迅速制动，两相的定子绕组不至于长期接入能耗制动的直流电流。所以，该电路具有手动控制能耗制动的能力，只要使停止按钮 SF1 处于按下的状态，电动机就能实现能耗制动。

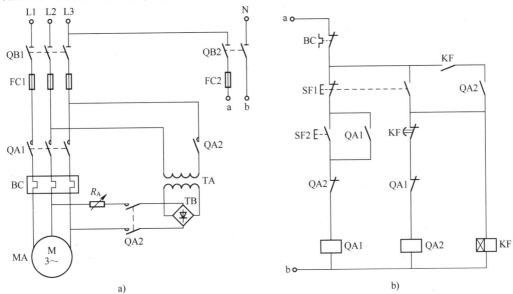

图 3-22 按时间原则控制的单向运行的能耗制动主电路及控制电路
a) 主电路 b) 控制电路

（2）按速度原则控制的单向运行的能耗制动控制电路

图 3-23 为按速度原则控制的单向运行的能耗制动主电路及控制电路。该电路与图 3-22 中的电路基本相同，仅在控制电路中取消了时间继电器 KF 的线圈及其触点电路，而在电动机轴端安装了速度继电器 BS，并且用 BS 的常开触点取代了 KF 延时打开的常闭触点。

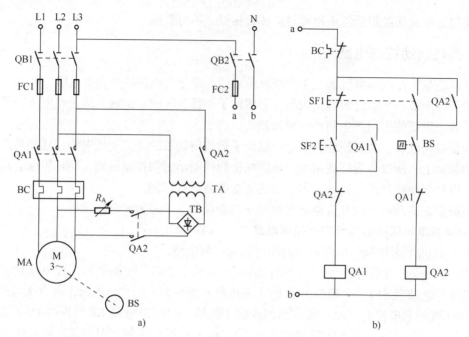

图 3-23 按速度原则控制的单向运行的能耗制动主电路及控制电路
a) 主电路 b) 控制电路

在电路中的电动机刚刚脱离三相交流电源时,由于电动机转子的惯性速度仍然很高,速度继电器 BS 的常开触点仍然处于闭合状态,所以接触器 QA2 的线圈能够依靠 SF1 按钮的按下通电自锁。于是,两相定子绕组获得直流电源,电动机进入能耗制动。当电动机转子的惯性速度低于速度继电器 BS 复位值时,BS 常开触点复位,接触器 QA2 线圈断电释放,能耗制动结束。

2. 电动机可逆运行的能耗制动控制电路

图 3-24 为按时间原则控制的电动机可逆运行的能耗制动主电路及控制电路。在电动机正常的正向运转过程中,需要停止时,可按下停止按钮 SF1,使 QA1 断电,QA3 和 KF 线圈通电并自锁。QA3 常闭触点断开;QA3 主触点闭合,使直流电压由 TB 加至定子绕组,电动机进行正向能耗制动。电动机正向转速迅速下降,当其 KF 计时结束时,时间继电器延时打开的常闭触点 KF 断开接触器 QA3 的线圈电源。由于 QA3 常开辅助触点的复位,时间继电器 KF 线圈也随之失电,电动机正向能耗制动结束。反向起动与反向能耗制动的过程与上述情况相同。

电动机可逆运行的能耗制动也可以采用速度原则,用速度继电器取代时间继电器,同样能达到制动的目的。

按时间原则控制的能耗制动,一般适用于负载转速比较稳定的生产机械。对于那些能够通过传动系统来实现负载速度变换或者加工零件经常变动的生产机械来说,采用速度原则控制的能耗制动比较合适。

与反接制动相比,能耗制动具有能量消耗少、制动准确、平稳、不会产生有害的反转、对电网的冲击小等优点。但能耗制动需要一个专门的直流电源,这使得制动电路变得复杂。另外,能耗制动因制动电流小、制动力较小而使制动速度慢,特别是在低速时尤为突出,转子速度越低,转子感应电流越小,制动力越小,制动效果越差。为了弥补转子速度低时制动力小的缺点,能耗制动常与电磁制动器联合使用,即转子速度低时切除能耗制动,投入电磁制动器制动,加强制动效果。能耗制动以其独特的优点常用于电动机容量较大和起动、制动频繁的场合。

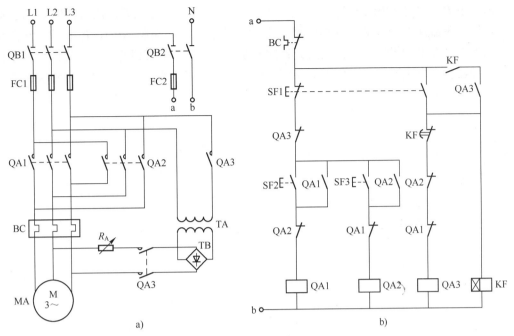

图 3-24 按时间原则控制的电动机可逆运行的能耗制动主电路及控制电路
a) 主电路 b) 控制电路

3.5 三相笼型异步电动机的变频调速控制电路

很多机械装置都要求三相笼型异步电动机的速度能够进行调节,以满足自动控制要求。电动机的调速方法可分为以下两大类:

1) 机械方式:定速控制的电动机与机械变速箱或电磁转差离合器配合的调速方式。
2) 电气方式:使用变极对数控制电路或变频器等电气装置直接对电动机调速的方式。

本节主要介绍使用变频器直接对电动机调速的变频调速控制电路。

3.5.1 变频器

变频器实物如图 3-25 所示,它是利用电力电子器件将工频交流电变换成各种频率的交流电以实现电动机变速运行的设备。它可对电动机进行无级调速,通过电子回路改变相序即可实现旋转方向的改变,而无须使用两个接触器进行相序切换。变频器的自身保护功能完善,如过电流保护、过电压保护、欠电压保护和过温保护等。随着工业自动化程度的不断提高,变频器得到了非常广泛的应用。

图 3-25 变频器实物图

图 3-26 为交-直-交型变频器工作原理示意图。图中上半部分为主电路,先将工频交流电源整流成直流电,逆变器在微控制器(如 DSP)的控制下,再将直流电逆变成不同频率的交流电。主电路中的 R_0 起限流作用,当电源输入端子 R、S、T 与三相电源接通时,R_0 接入电路,以限制起动电流。延时一段时间后,晶闸管 VT 导通,将 R_0 短路,避免造成附加损耗。R_t 为能耗制动电阻,当制动时,电动机进入发电状态,逆变器向电容 C 反向充电,当直流电路的

电压,即电阻 R_1、R_2 上的电压升高到一定值时(图中实际上测量的是电阻 R_2 的电压),通过泵升电路使开关器件 VT_b 导通,这样电容 C 上的电能就能消耗在制动电阻 R_t 上了。电容 C 除了参与制动外,在电动机运行时,主要起到滤波作用。一般由电容器起滤波作用的变频器称为电压型变频器,由电感器起滤波作用的变频器称为电流型变频器。常用的是电压型变频器。

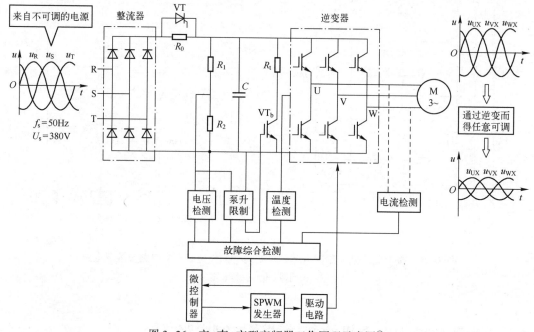

图 3-26 交-直-交型变频器工作原理示意图⊖

控制电路中的微控制器经运算输出控制正弦信号后,经过 SPWM(正弦脉宽调制)发生器调制,再由驱动电路放大信号,放大后的信号驱动 6 个功率晶体管(IGBT),产生三相交流电压以驱动电动机运转。

变频器都带有一定数量的数字量及模拟量输入/输出信号端子。通过这些端子,再配合一些其他电器,就可以组成变频器的外部控制电路。这种变频器的控制方式又称为端子控制。

变频器的数字量输入端子一般有 6 路(DIN1~DIN6),用于外部对变频器的控制。如按照出厂设置(不同变频器的出厂设置不同),DIN1 为正向运行起动、DIN2 为反向运行起动等,根据需要通过修改参数可以改变其出厂设置的功能。使用数字量输入端子可以完成对电动机的正反转、复位、多级速度设定、自由停车、点动等控制操作。

模拟量输入端子一般有 2 路,分别作为频率给定信号和闭环运行时反馈信号的输入。

数字量输出信号一般有 2~3 路,用于对变频器运行状态的指示,或向上位机传递这些状态信息。这些信息可以通过参数进行修改,一般为状态指示、故障报警等。

模拟量输出信号一般有 2 路,其传递的信息也可以通过参数进行修改,一般为变频器的实时运行频率、电压、电流以及电动机转速等。

除了端子控制方式之外,还可以通过变频器的操作面板控制变频器的运行,以及通过网络通信控制变频器的运行。其中通过网络通信控制变频器的方式将会越来越多地使用。通过网络通信控制变频器的实例可参考 9.2.3 节。

⊖ 图 3-26 为变频器内部工作原理图,并非外部的主电路/控制电路图,因此按照一般习惯给出了文字符号,而并未采用 GB/T 5094.2—2018。

扫描二维码 3-2 可观看常见品牌变频器的图片。

3.5.2 使用变频器的电动机可逆调速控制电路

3-2 常见品牌变频器图片

图 3-27 为使用变频器的电动机可逆调速主电路及控制电路，该电路实现了电动机的调速和正反转运行功能。需要修改变频器的相应参数才能实现上述功能。如输入电动机的相关额定运行数据、选定端子控制方式、选定运行频率设定值、信号源为模拟量输入信号、设置斜坡上升或下降时间（变频器的输出频率由 0 Hz 升至 50 Hz，或由 50 Hz 降至 0 Hz 的时间）等。更详细的参数设定方法可参见变频器的相关手册。

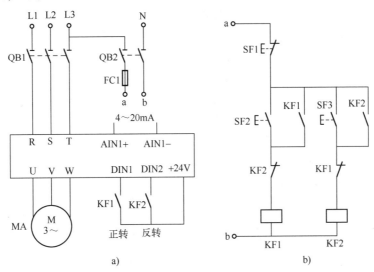

图 3-27 使用变频器的电动机可逆调速主电路及控制电路
a) 主电路　b) 控制电路

图 3-27 中，SF2、SF3 为正、反转运行控制按钮，运行频率由 4~20 mA 的模拟量给定，SF1 为停止按钮。

说明：

为与该电路的功能相适应，应将变频器的 DIN1 和 DIN2 端子通过参数分别设置为正转运行和反转运行功能。

三相电源应接到变频器的 R、S、T 端，如果误接到 U、V、W 端，通电后可能发生爆炸。

至此，本章涉及的各种控制电路全部介绍完毕，扫描二维码 3-3 可查看部分电路的仿真运行动画。另外，由于电气元器件文字符号的旧国标（GB/T 7159—1987）仍有一定的影响力，因此，本书也给出了以旧国标为基础的各电气控制电路，扫描二维码 3-4 可查看。

3-3 部分电路的仿真运行动画　　　3-4 以旧国标为基础的各电气控制电路

3.6 电气控制电路的设计方法

电气控制电路的设计是电气控制系统设计的重要内容之一。电气控制电路的设计方法有两种：经验设计法（又称一般设计法）和逻辑设计法。

对于简单的电气控制系统，出于对成本的考虑，一般还在使用类似 3.2~3.4 节中的继电-接触器控制系统，而对于稍微复杂的电气控制系统，目前都已采用 PLC 进行控制。PLC 系统中无须通过控制电路实现控制逻辑，因此电气控制电路的逻辑设计法已很少使用，本节仅简单介绍电气控制电路的经验设计法。

经验设计法从满足生产工艺要求出发，参考各种典型控制电路，直接设计出控制电路。这种设计方法比较简单，但要求设计人员熟悉常用的控制电路，具有一定的设计经验。该方法由于依靠经验进行设计，因而灵活性较大。

设计电气控制电路时必须遵循以下几个原则。

1. 应最大限度地实现生产机械和工艺对电气控制电路的要求

设计之前，电气设计人员要调查清楚生产工艺要求，每一道工序的工作情况和运动变化规律、所需要的保护措施等。

2. 在满足生产要求的前提下，控制电路应力求简单、经济

1) 尽量选取标准的或经过实践检验的电路和环节。

2) 尽量减少连接导线的数量和长度。将电气元器件触点的位置进行合理安排，可减少导线的数目和缩短导线的长度，以简化接线。如图 3-28a 所示，起动按钮和停止按钮放置在操作台上，而接触器放置在电气柜内，从按钮到接触器要经过较远的距离，因此，必须把起动按钮和停止按钮直接连接，才能减少连接导线，如图 3-28b 所示。

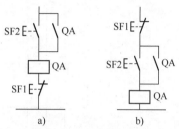

图 3-28 减少连接导线
a) 不合理 b) 合理

3) 尽量减少元器件的数量和采用标准化元器件，并尽可能选用相同型号。

4) 应减少不必要的触点以简化电路。

5) 控制电路在工作时，除必要的电器必须通电外，其余的尽量不通电以节约能源。

3. 应保证控制电路工作的可靠性和安全性

为了保证控制电路工作的可靠性，应尽量选用机械和电器寿命长、结构坚实、动作可靠、抗干扰性能好的元器件，同时在具体设计过程中应注意以下几点：

1) 在控制电路中不能串联接入两个器件的线圈，否则，总会有一个线圈由于达不到动作电压而不能正常吸合。因此，两个器件需要同时动作时，其线圈应该并联连接。

2) 控制电路在工作中出现意外接通的电路称为寄生电路。寄生电路会破坏电路的正常工作，造成误动作。图 3-29 是一个具有过载保护和指示灯显示的电动机可逆运行的控制电路，当电动机正转过载时，热继电器 BC 动作可能会出现寄生电路，如图 3-29 中虚线所示，使接触器 QA1 不能断电，不能起到保护作用。

3) 设计的电路应能适应所在电网的情况。根据电网容量的大小、电压、频率的波动范围以及允许的冲击电流数值等决定电动机的起动方式是直接起动还是减压起动。

4) 在控制电路中充分考虑各种联锁关系以及各种必要的保护环节，以避免因误操作而发生事故。

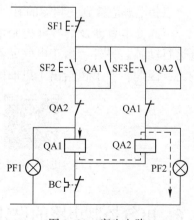

图 3-29 寄生电路

3.7 电气控制电路图的绘制工具

早期的电气控制电路图都是直接绘制在纸上，不便于修改或长期保存。现在的电气控制电路图都使用软件工具绘制，原则上讲能绘图的软件都能用来绘制电气控制电路图，如 Windows 自带的绘图工具、Word、Visio、在线的流程图绘制工具等。这些软件工具虽然可以用来绘制电路图，并且使用起来得心应手，但它们并不是专业的绘制工具。

使用专业的绘制工具会大大提高设计工作的效率。关于电气控制电路图的专用绘制工具本节主要介绍两种，一种是以 AutoCAD 软件为代表的适用于多种专业的工程制图软件；另一种是以电气自动化行业绘图为主的 EPLAN 软件。

1. AutoCAD 软件

AutoCAD（Autodesk computer aided design）是 Autodesk 公司开发的计算机辅助设计软件，用于二维绘图和基本三维设计，现已成为国际上广为流行的绘图工具。该软件适用于多种专业，常规版本在绘制电气控制电路图时，需要"一笔一笔"地构建出各元器件的图形符号、导线等，进而组成电路图，绘制效率很低。但同时该软件的上手也是最容易的，而且绘图非常灵活。本书的大部分电路图及示意图均使用 AutoCAD 绘制。

为了提高电气控制电路图的绘制效率，Autodesk 公司推出了电气版的 AutoCAD，即 AutoCAD Electrical。该软件自带了电气相关的元器件库及导线，不再需要"一笔一笔"地构建各元器件。

2. EPLAN 软件

EPLAN 是工程领域中的计算机辅助工程（computer aided engineering，CAE）软件，即利用计算机对电气产品或工程的设计、分析、仿真、制造等过程，进行辅助设计和管理。

EPLAN 的高效工程设计平台以 EPLAN Electric P8 电气设计软件为核心，同时将流体、工艺流程、仪表控制、柜体设计及制造、线束设计等多种专业的设计和管理统一扩展到此软件平台上，实现了跨专业、多领域的集成设计。在此平台上，无论进行哪个专业的设计，都使用同一个图形编辑器，调用同一个元器件库，使用同一个翻译字典，从而实现了数据的共享。

面向工厂自动化设计，通常是以工艺专业为牵头，以机械、电气、仪表的联合为一体的多专业的协同设计。EPLAN Electric P8 是面向电气及自动化系统集成的设计软件；EPLAN Fluid 是解决液压、气动、冷却和润滑设计的软件；EPLAN Preplaning 是用于项目前期规划、预设计及面向自控仪表过程控制的软件；EPLAN Pro Panel 是盘柜 3D 设计仿真软件，实现元器件的 3D 布局、线缆的自由布线、钻孔和线缆加工信息处理；EPLAN Harness Pro D 是解决线束设计的软件。这些产品是 EPLAN 高效工程平台的核心产品。

工程的设计和制造生产需要大量部件数据的有效支持。EPLAN Data Portal 是一个基于网页，内置于 EPLAN 软件平台上的在线的元器件库，它包含了来自 230 多个电气、仪表、流体的世界知名厂商的 100 多万个部件数据集，以方便在工程图纸中插入需要的宏（部分电路或符号），获取元器件的技术参数和商务参数，快速生成 BOM（物料清单）表。

EPLAN 平台支持多种工程设计的方法。面向图形的设计方法以图形要素为中心，继承了 CAD 的传统设计习惯，保证了 CAD 平台切换 CAE 平台的连贯性。面向对象的设计方法是基于数据库，以设备为中心来规划项目数据，体现了各个专业的逻辑性，从而实现以导航器为中央控制器的拖拉式设计。面向安装板和面向材料表的设计是根据实际业务场景衍生出来的。生产装配车间在没有得到详细设计图纸前，将元器件在安装底板上进行了大致的摆放,这些数据已经创建在 EPLAN 平台的设备导航器中,把导航器中的设备拖放到原理图上便实现了图纸的设计,这种面向安装板的设计方法体现了 EPLAN 并行设计的原则。面向材料表的方法可以基于甲方要求的初始材料表进行设计,或者使之与库存数据连接在一起,以控制元器件的库存量。

一个工程设计的发起往往是从市场客户的需求而来,企业的销售与客户沟通确认需求,反复沟通,在订单还没有签订前的报价阶段,工程师进行概念设计。在订单签订后,项目进入详细设计阶段,利用先进的技术,进行机械、电气、仪表等跨专业的协同设计。当设计完成,项目将移交到生产车间,由生产车间基于图纸对控制柜进行钣金加工、钻孔加工、安装板布局及元器件摆放。利用接线表的线缆长度进行线缆加工、切割、终端处理、打印线号及套线鼻子等,最后进行元器件的接线。控制柜安装完成,经过调试测试后,交付给最终客户。基于 EPLAN Data Portal 和 Rittal(与 EPLAN 同属于 LOH 集团的一家柜体生产公司)产品手册的数据,选用合适的元器件在 EPLAN Electric P8 和 EPLAN Fluid 平台上进行设计,并选用合适的 Rittal 控制柜、母线和冷却单元产品。通过 EPLAN Pro Panel 进行 3D 仿真,生成母线加工图、钻孔加工图及线缆长度等生产相关信息。这些数据无缝传输到生产加工设备和线缆切割机,实现了自动化加工和装配。这个过程传递了从虚拟设计到现实生产的"工业化 4.0"倡导的理念。EPLAN Pro Panel 的数据导入 EPLAN Smart Wiring 中,虚拟形象化指导现场作业人员的安装接线。EPLAN Smart Wiring 是一款基于互联网浏览器的软件解决方案,是面向机械工程、工厂建筑、盘柜制造行业的全新概念,用于优化和指导控制柜的手工接线工艺和提升控制柜的生产效率。

另外,EPLAN 还有用于链接 ERP(企业资源计划)/PDM(产品数据管理)系统的软件套件 EPIS(EPLAN ERP/PDM Intergration Suite),以及项目管理软件 EPLAN Experiences。

扫描二维码 3-5 可观看 EPLAN 的介绍视频。

扫描二维码 3-6 可了解现场控制柜实物。

3-5 EPLAN 的介绍视频

3-6 拓展阅读:现场控制柜实物图

思考题及练习题

1. 什么是电气控制电路图?电气控制电路图包括哪些?
2. 电动机为什么要设置失电压和欠电压保护?
3. 三相笼型异步电动机在什么条件下可直接起动?试设计带有短路保护、过载保护、失电压保护的三相笼型异步电动机直接起动的主电路和控制电路,对所设计的电路进行简要说明,并指出哪些元器件在电路中完成了哪些保护功能?
4. 图 3-12d 中,串联在 KF 线圈回路的 QA2 的常闭触点有何用途?
5. 结合图 3-12 和图 3-13,设计一个控制电路实现:起动时,只有在电动机 MA1 起动后 MA2 才能起动;停止时,正常情况下 MA2 停止后 MA1 才能停止。紧急情况下,可以使用急停按钮使 MA1 和 MA2 同时停止。
6. 根据图 3-14 的示意图及图 3-15 的电路,回答下面的问题:

(1) 如果工作台恰好停在压住 BG1 的位置,按下 SF2,工作台是否会动?为什么?

(2) 结合互锁控制电路的知识,为本题中的自动往复控制电路再加一重互锁保护。

7. 假设某设备的运行分为三步,分别使用行程开关 BG1、BG2、BG3 来检测每一步是否完成,每一步的执行电器分别为 MB1、MB2、MB3。请将如图 3-30 所示的电路补全,控制要求如下:

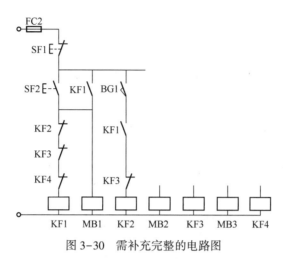

图 3-30 需补充完整的电路图

按下起动按钮 SF2,中间继电器 KF1 的线圈得电吸合且自锁,电磁阀 MB1 的线圈也得电吸合,开始执行第一步。执行完毕后,行程开关 BG1 动作,中间继电器 KF2 及电磁阀 MB2 线圈得电,开始执行第二步,同时中间继电器 KF1 及电磁阀 MB1 失电,依此类推,即正在执行步骤中的中间继电器及电磁阀的线圈得电,执行结束后,这些线圈失电,同时下一步的中间继电器及电磁阀的线圈得电,直到第三步执行结束。

8. 有时为防止电动机误操作,或防止非操作人员起动电动机,可设计加密的控制电路,即需要同时按下起动按钮和加密按钮,电动机才能起动。非操作人员由于不知道有加密按钮(可安装在隐蔽处),因此无法起动电动机。

图 3-31 为单向自锁控制电路,问加密按钮应该设计在①~③的哪处?

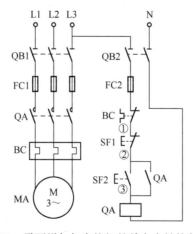

图 3-31 需要增加加密按钮的单向自锁控制电路

9. 请描述图 3-32 所实现的功能。

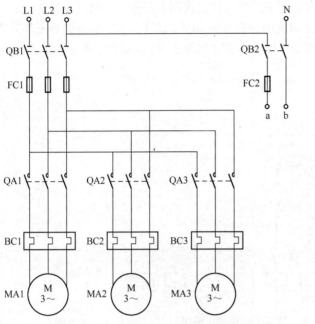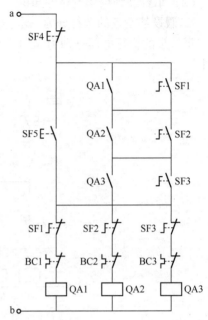

图 3-32　电路图

第二篇
S7-1200 PLC 应用技术

PLC 早已成为工业中不可或缺的硬件控制器。控制类相关学科的学生在毕业后都会或多或少地跟它打交道，如果能在在校期间掌握相关技术，将会对自己的职业生涯产生积极深远的影响。

PLC 早已成为工业中不可或缺的硬件控制器。想要学好 PLC 需注意以下几点。

1）PLC 的品牌种类很多，彼此之间有很多共性，只要能较全面深入地了解其中的一款，就很容易做到举一反三、触类旁通。本篇以西门子公司的 S7-1200 系列 PLC 为主介绍 PLC 应用技术。

2）PLC 是通过采集传感器信号，经过内部软件程序的运算后去控制各种设备的硬件控制器。学习 PLC 需要掌握与之相关的软硬件知识，其中硬件知识包括常用传感器及执行器（包括第一篇中提到的各种控制电器）的基本工作及接线原理，PLC 的工作原理，PLC 各种硬件模块的功能、性能及选用，PLC 控制电路的设计，PLC 通信网络选用等；软件知识包括 PLC 的数据类型，存储器资源，程序结构，代码块及数据块，常用指令、编程及仿真软件的使用等。

3）既然 PLC 系统是软硬件结合的系统，就需要大量、全面的实践训练才能真正将其掌握。对于软件知识部分，可以在个人计算机上安装软件进行编程及仿真练习，建议参考相关书籍及博途软件的帮助功能先对指令部分进行仿真学习，之后再考虑编写其他程序；对于硬件知识部分，应该充分利用学校的相关实验室，尽可能地进行硬件的全方位练习。

第4章

PLC 基础知识

4.1 PLC 的定义和分类

4.1.1 PLC 的定义

PLC 即可编程序逻辑控制器（programmable logic controller），是美国通用汽车公司（GM）于 1968 年由于生产的需要尝试将计算机技术引入生产线而提出的，主要用来取代继电-接触器控制系统。1969 年第一台 PLC 在美国的数字设备公司（DEC）制成，并成功地应用到美国通用汽车公司的生产线上。

最初的 PLC 只具备逻辑控制、定时、计数等功能。随着电子技术、计算机技术、通信技术和控制技术的迅速发展，已远远超出了最初的范围。有一段时间可编程序逻辑控制器 PLC 被称为可编程序控制器（programmable controller，PC），但为区别于个人计算机（personal computer，PC），故仍沿用 PLC 这个缩写。

由于 PLC 具有易学易用、操作方便、可靠性高、体积小、通用灵活和使用寿命长等一系列优点，很快就在工业中得到了广泛应用。同时，这一新技术也受到其他国家的重视，1971 年日本引进这项技术，很快研制出他们的第一台 PLC；欧洲于 1973 年研制出第一台 PLC；我国从 1974 年开始研制，1977 年国产 PLC 正式投入工业使用。

进入 20 世纪 80 年代以来，随着电子技术的迅猛发展，以 16 位和 32 位微处理器构成的微机化 PLC 得到快速发展，使得 PLC 在设计、性价比以及应用方面有了突破，不仅控制功能增强，功耗和体积减小，成本下降，可靠性提高，编程和故障检测更为灵活方便，而且随着通信网络、数据处理和图像显示的发展，PLC 已经普遍用于控制复杂的生产过程。PLC 已经成为工厂自动化的三大支柱之一。

国际电工委员会（IEC）曾先后于 1982 年 11 月、1985 年 1 月和 1987 年 2 月发布了可编程序控制器标准草案的第一、二、三稿。在第三稿中，对 PLC 做了如下定义：可编程序控制器是一种数字运算操作的电子系统，专为在工业环境下应用而设计。它采用可编程序的存储器，用来在其内部存储执行逻辑运算、顺序控制、定时、计数和算术运算等操作指令，并通过数字量和模拟量的输入和输出，控制各种类型的机械或生产过程。可编程序控制器及其有关的外围设备，都应按易于与工业控制系统形成一个整体、易于扩展其功能的原则设计。

PLC 的定义强调了以下几点：
1) PLC 是数字运算操作的电子系统——也是一种计算机。

2）PLC 专为在工业环境下应用而设计。

3）编程方便。

4）通过数字量和模拟量的输入和输出，与现场各设备连接成一体。

5）易于扩展。PLC 是一种特殊的工业计算机，其品牌种类繁多，不同品牌的产品有各自的特点，但作为工业标准设备，它们既有特性又有共性。特性主要在于不同品牌 PLC 的外观、性能、功能（创新）及配套操作软件等不同；共性在于功能（常规）、特点、系统组成、工作原理、编程语言（符合 IEC 61131-3 标准）、使用方法等相同。因此，不同品牌的 PLC 之间的共性大于特性。

4.1.2 PLC 的分类

PLC 通常可根据结构形式的不同和功能的差异等进行大致分类。

1. 按结构形式分类

根据 PLC 的结构形式，可将 PLC 分为整体式和模块式两类。

（1）整体式 PLC

整体式 PLC 是将电源、CPU、I/O 等部件都集中装在一个模块单元（又称基本单元、主机或 CPU 模块）内，具有结构紧凑、体积小、价格低的特点。小型 PLC 一般采用整体式结构。整体式 PLC 由不同 I/O 点数的基本单元和扩展单元组成。基本单元和扩展单元之间一般用扁平电缆或插针进行连接。整体式 PLC 的扩展单元一般是 I/O 模块（又称信号模块）、通信模块等。

（2）模块式 PLC

模块式 PLC 是将 PLC 各组成部分，分别做成若干个单独的模块，如电源模块、CPU 模块、I/O 模块、通信模块以及各种功能模块。模块式 PLC 由框架或基板和各种模块组成。模块装在框架或基板的插座上。模块式 PLC 的特点是配置灵活，可根据需要选配不同规模的系统，而且装配方便，便于扩展和维修。大、中型 PLC 一般采用模块式结构。

2. 按功能分类

根据 PLC 所具有功能的不同，可将 PLC 分为低档、中档、高档三类。

（1）低档 PLC

低档 PLC 具有逻辑运算、定时、计数、移位以及自诊断、监控等基本功能，还可有少量模拟量输入/输出、算术运算、数据传送和比较、通信等功能，主要用于逻辑控制、顺序控制或少量模拟量控制的单机控制系统。

（2）中档 PLC

中档 PLC 除具有低档 PLC 的功能外，还具有较强的模拟量输入/输出、算术运算、数据传送和比较、数制转换、远程 I/O、子程序、通信联网等功能，有些还可增设中断控制、PID 控制等功能，适用于复杂控制系统。

（3）高档 PLC

高档 PLC 除具有中档 PLC 的功能外，还增加了带符号算术运算、矩阵运算、二次方根运算及其他特殊功能函数的运算等。高档 PLC 具有更强的通信联网功能，可用于大规模过程控制或构成分布式网络控制系统，实现工厂自动化。

扫描二维码 4-1 可观看各常见品牌 PLC 的图片。

4-1 常见品牌的 PLC

4.2 PLC 的功能及特点

4.2.1 PLC 的主要功能

作为工业控制器，PLC 的主要功能如下。

1. 基本控制功能

PLC 基本控制功能主要包括逻辑控制、定时控制、计数控制和顺序控制等。

1) 逻辑控制：PLC 具有与、或、非、异或和触发器等逻辑运算功能（位逻辑、字逻辑运算指令），可以代替继电器进行逻辑控制。

2) 定时控制：PLC 为用户提供了若干个虚拟定时器（定时器指令），用户可自行设定接通延时、关断延时和定时脉冲等定时方式。该功能用以取代传统时间继电器的定时控制。

3) 计数控制：PLC 为用户提供了若干个虚拟计数器（计数器指令），可以实现增计数（每个脉冲使之加1）和减计数（每个脉冲使之减1）。

4) 顺序控制：可通过对 PLC 多种指令的综合运用，实现某生产线逐部分顺序启动与停止的控制。

2. 模拟量控制

PLC 的模拟量模块具有 A/D、D/A 转换功能，通过模拟量模块完成对模拟量的采集、转换和输出。PLC 能够使用闭环控制指令（PID）构成闭环控制系统，对温度、压力、流量、液位等连续变化的模拟量进行闭环过程控制，如对锅炉、冷冻机、水处理设备、酿酒装置等的控制。

3. 机械运动控制

PLC 可采用专用的运动控制模块，对伺服电动机和步进电动机的速度与位置进行控制，以实现对各种机械的运动控制，如对包装机械、普通金属切削机床、数控机床以及工业机器人等的控制。

4. 数据采集、存储与处理功能

现代 PLC 具有数字运算（含函数运算与逻辑运算等）、数据传送、数据转换、排序、查表、位操作等功能，可以完成数据的采集、分析及处理。这些数据可以与存储在存储器中的参考值比较，完成一定的控制操作，也可以利用通信功能传送到别的智能装置，或将它们打印制表。

5. 通信联网功能

PLC 可以与分布式 I/O、其他 PLC、变频器、触摸屏等设备之间进行通信，以构成较大的控制系统。

PLC 与计算机的通信，可实现计算机对 PLC 数据的采集、实时显示、长期存储、预测控制等。

6. 故障诊断功能

PLC 内部设置有故障诊断功能，可对系统构成、硬件状态、指令的正确性等进行诊断，当 PLC 自身发生异常时，可以读取相关的故障诊断信息。

目前，PLC 在国内外已广泛应用于机床、自动化楼宇、钢铁、石油、化工、电力、建材、汽车、纺织机械、交通运输、环保以及文化娱乐等各行各业。随着 PLC 性价比的不断提高，其应用范围还将不断扩大。

4.2.2 PLC 的主要特点

1. 使用灵活、通用性强

PLC 的产品早已系列化，模块品种多，可以灵活组成各种不同大小和不同功能的控制系统，应用于各行各业。

2. 可靠性高、抗干扰能力强

高可靠性是电气控制设备的关键性能。PLC 由于采用了现代大规模集成电路技术，以及严格的生产制造工艺，内部电路采取了先进的抗干扰技术，因此具有很高的可靠性。如三菱公司生产的 F 系列 PLC 平均无故障工作时间高达 30 万小时。一些使用冗余 CPU 的 PLC 的平均无故障工作时间则更长。从 PLC 外部电路来看，使用 PLC 构成的控制系统，与同等规模的继电-接触器系统相比，电气接线及开关接点已减少到数百甚至数千分之一，故障也就大大减少。此外，PLC 带有硬件故障自我检测功能，出现故障时可及时发出警报信息。在应用软件中，用户还可以编入外围器件的故障自诊断程序，使系统中除 PLC 以外的电路及设备也获得故障自诊断保护。

3. 采用模块化结构，体积小，重量轻

为了适应工业控制需求，除整体式 PLC 外，绝大多数 PLC 采用模块式结构。PLC 的各部件，包括 CPU、电源及 I/O 等都采用模块化设计。此外，PLC 相对于通用工控机及传统的继电-接触器控制系统，其体积与重量要小得多。

4. 具有丰富的 I/O 接口模块，扩展能力强

PLC 针对不同的工业现场信号（如交流或直流、数字量或模拟量、电压或电流、脉冲、强电或弱电等）有相应的 I/O 模块与工业现场的器件或设备（如按钮、行程开关、接近开关、传感器及变送器、电磁线圈、控制阀等）直接连接。为了组成工业局域网，PLC 有多种通信联网接口模块等。

5. 编程简单、容易掌握

PLC 是面向用户的设备，其设计充分考虑了现场工程技术人员的技能和习惯。大多数 PLC 的编程均提供了常用的梯形图方式和面向工业控制的简单指令方式。编程语言形象直观，指令少，语法简便，不需要懂太多的计算机知识，具有一定的电工和工艺知识的人员都可在短时间内掌握。

6. 项目设计和投运周期短

用继电器、接触器来完成一项控制工程，必须首先按工艺要求画出电气控制原理图、继电器屏（柜）的布置和接线图等，再进行安装调试，修改、维护十分不便。

改用 PLC 控制，由于其依靠程序实现控制，硬件线路非常简洁，并且其为模块化结构，加之已商品化，故仅需按性能、容量（输入、输出点数）等选用组装，而大量具体的程序编制工作可在 PLC 到货前进行，因而缩短了设计周期，使设计和施工可同时进行。由于用软件编程取代了硬件接线实现控制功能，大大减轻了繁重的安装接线工作，缩短了施工周期。另外，PLC 操作软件一般还具有强制和仿真的功能，故程序的调试可以在没有连接硬件设备甚至没有 PLC 时进行，这样可大大缩短设计和投运周期（除完全借助数字化建模、深层次的仿真等技术进行虚拟调试的项目外，仿真调试后仍需进行严格的现场调试，但仿真调试会缩短现场调试的时间）。

4.3 PLC 应用案例

PLC 可用于各行各业的自动控制系统中，主要用于工业领域中。

本节给出一个贴近生活、简单易懂的应用案例帮助读者更好地理解 PLC 系统。

说明如下:

1) 如图 4-1 所示为教室/会议室灯光及温度控制系统组成示意图,其中灯光为手动控制,温度为自动控制。

2) 在 PLC 控制系统中,一般通过程序实现控制逻辑,而不是通过电路实现控制逻辑,因此电路上都仅是每个器件对应连接至各自的输入/输出通道。

3) 由于 PLC 控制逻辑通过程序实现,因而很灵活。如本例通过程序可以实现 1 号开关点亮 1 号灯、2 号开关点亮 2 号灯的控制逻辑。在不改变电路的情况下,通过修改程序就可以实现 1 号开关点亮 2 号灯,或延时点亮等控制逻辑的改变。在实际工程中,控制逻辑根据控制要求而定。

4) 只要在程序中留有适当的接口(可通过人机界面实现,载体一般为触摸屏或 PC),就可以很方便地对设定值、限制值或报警值进行修改。

5) 当系统(PLC 自身或外部电路)出现故障时,PLC 可以提供诊断服务,以方便维护。如本例的输出模块损坏或连接温度传感器的电路接线断开等故障,PLC 可以很方便地提供出相关的诊断信息。

图 4-1 教室/会议室灯光及温度控制系统组成示意图

4.4 PLC 的发展

20 世纪 60 年代末,PLC 诞生于美国,MODICON084 即 MODICON 公司推出的 084 控制器是世界上第一种投入生产的 PLC。PLC 诞生不久立即显示出了其在工业控制中的重要性,在许多领域得到了广泛应用。

目前,世界上有 200 多个厂家生产 300 多种 PLC 产品,比较著名的厂家有德国的西门子、美国的罗克韦尔、法国的施耐德、日本的三菱和欧姆龙等。

1. PLC 的发展历程

从 PLC 的控制功能来分,PLC 的发展经历了以下 4 个阶段。

第一阶段:从第一台 PLC 问世到 20 世纪 70 年代中期,是 PLC 的初创阶段。

该阶段的 PLC 产品主要用于逻辑运算、定时和计数,它的 CPU 由中小规模的数字集成电路组成,控制功能比较简单,代表产品有 MODICON 公司的 084、AB 公司的 PDQ II、DEC 公司的 PDP-14 和日立公司的 SCY-022 等。

第二阶段:从 20 世纪 70 年代中期到末期,是 PLC 的实用化发展阶段。

该阶段 PLC 产品的主要控制功能得到了较大的发展。随着多种 8 位微处理器的相继问世,PLC 技术产生了飞跃。在逻辑运算功能的基础上,增加了数值运算、闭环调节功能,提高了运算速度,扩大了 I/O 规模。该阶段的代表产品有 MODICON 公司的 184、284、384,西门子公司的 SIMATIC S3 系列,富士电动机公司的 SC 系列等。

第三阶段:从 20 世纪 70 年代末期到 80 年代中期,是 PLC 通信功能的实现阶段。

与计算机通信的发展相联系，PLC 在通信方面也有了很大的发展，初步形成了分布式的通信网络体系。但是，由于生产厂家"各自为政"，通信系统自成系统，因此不同生产厂家的产品互相通信较困难。在该阶段，由于生产过程控制的需要，对 PLC 的需求大大增加，产品的功能也得到了发展，数学运算的功能得到了较大的扩充，产品的可靠性进一步提高。该阶段的代表产品有富士电动机公司的 MI-CREX 和德州仪器公司的 TI 530 等。

第四阶段：从 20 世纪 80 年代中期开始至今，是 PLC 的开放阶段。

由于开放系统的提出，使 PLC 得到了较大的发展。主要表现为通信系统的开放，使各生产厂家的产品可以互相通信，通信协议的标准化使用户得到了好处。在这一阶段，产品的规模增大，功能不断完善，大中型产品多数有 CRT 屏幕的显示功能，产品的扩展也因通信功能的改善而变得方便，此外，还采用了标准的软件系统，增加了高级编程语言等。该阶段的代表产品有西门子公司的 SIMATIC S5、S7 系列和 AB 公司的 PLC-5 等。

进入智能制造时代以来，多样化的人机交互功能成为控制产品发展的重要方向。其中 PLC 作为现场控制层中的主力，需要处理大量数据，并将结果反馈给更高层的控制系统。PLC 在先进自动化系统中扮演的角色日益重要，工业 4.0 制造自动化环境对 PLC 也提出了高性能的要求。我国力争从"中国制造"向"中国智造"转变，工业自动化作为智能制造的关键技术更是重中之重，也给 PLC 行业带来了一个千载难逢的发展良机。

2. PLC 的发展趋势

随着技术的进步和市场的需求，PLC 总的发展方向是向高速度、高性能、高集成度、小体积、大容量、标准化、信息化等方向发展，主要体现在以下几个方面。

1）向超大型、超小型两个方向发展。

2）过程控制功能不断增强，越来越多的先进控制算法被封装成指令，供用户编程时调用。

3）运动控制（对位置进行闭环控制）功能不断增强，一方面单站 PLC 能够控制越来越多的位置轴，另一方面可以通过标准化程度越来越高的运动控制指令实现运动控制的编程。

4）越来越多的 PLC 品牌遵循 IEC 61131 标准。

5）PLC 的操作软件越来越方便使用，使工程项目的实施更高效。

6）虚拟调试功能不断增强，越来越多的机械设备采用数字化虚拟调试的方式，大大缩短了调试周期，消除了在调试阶段因设备变更而造成的浪费。

7）PLC 通信联网能力不断增强，并逐渐具备融合 IT（information technology）与 OT（operation technology）的能力，成为智能制造中的边缘控制器。

8）维护更便捷，故障诊断功能更齐全，配合云端的大数据分析可以预判设备故障。

4.5 PLC 的结构与组成

PLC 系统主要由 3 部分组成：CPU、输入和输出。

PLC 实时采集输入信号，并通过程序的运算，自动判定是否需要通过改变输出信号实时调整被控器件（设备）的工作状态。

4.5.1 CPU 部分

在 PLC 系统中，CPU 模块相当于人的大脑，它不断地采集输入信号，执行用户程序，刷新系统的输出，如图 4-2 所示。

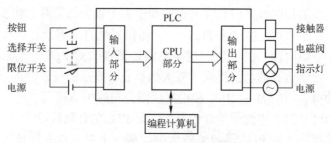

图 4-2 PLC 系统示意图

4.5.2 输入部分

输入（input）部分和输出（output）部分是系统的"眼""耳""鼻""手""脚"，是联系外部现场和 CPU 部分的桥梁。数字量输入（digital input，DI）模块用来采集从按钮、选择开关、数字拨码开关、限位开关、接近开关、光电开关、压力开关或其他设备的数字量输出模块等送来的信号；模拟量输入（analog input，AI）模块用来采集电位器、变送器、热电偶、热电阻或其他设备的模拟量输出模块等提供的连续变化的模拟量信号。

4.5.3 输出部分

PLC 通过数字量输出（digital output，DO）模块控制接触器、电磁阀、电磁铁、指示灯、数字显示装置、报警装置等输出设备，也可以将数字量状态输出给其他设备的数字量输入模块。模拟量输出（analog output，AO）模块用来将 PLC 内的数字转换为标准电流或电压信号，可用来控制电动调节阀、变频器等执行器，也可以将模拟量信号输出至其他设备的模拟量输入模块。

注意：连接输入/输出（I/O）时，需注意电源的类型、电压等级等，以免损坏元器件。

CPU 模块的工作电压一般是 5 V，而 PLC 的输入、输出信号的电压一般较高，如直流 24 V 和交流 220 V。由于从外部引入的尖峰电压和干扰噪声可能损坏 CPU 模块中的元器件，或使 PLC 不能正常工作，所以在 I/O 模块中，需要用光电耦合器、光控晶闸管、小型继电器等器件来隔离外部输入电路和负载。因此 I/O 模块除了传输信号外，还有电平转换与隔离的作用。

编程计算机通过编程软件来生成、编辑和检查用户程序，并监视用户程序的执行情况。程序可以存盘或打印，通过网络，还可以实现远程编程、调试及故障诊断。

4.6 PLC 的工作原理

PLC 的 CPU 一般有 3 种工作模式：RUN（运行）、STOP（停机）和 STARTUP（启动）。

在 STOP 模式下，CPU 仅处理通信请求和进行自诊断，不执行用户程序，不会更新输入/输出过程映像区（存储输入/输出信号状态的存储区）。

CPU 上电后或从 STOP 模式切换到 RUN 模式时，进入 STARTUP 模式，进行上电诊断和系统初始化。检查到某些错误时，将禁止 CPU 进入 RUN 模式，自动切换并保持在 STOP 模式。

PLC 启动和运行的主要阶段为：启动→输入采样→程序执行→输出刷新→自诊断和处理通信请求→输入采样……循环执行，如图 4-3 所示。

1. 启动阶段

在该阶段中，CPU 将按顺序执行以下操作。

1）复位输入过程映像区（I 区）。

2）用上一次 RUN 模式时最后的值或替换值来初始化输出。

3）执行启动组织块（在西门子 PLC 中为 OB100~OB102，将在 8.2 节介绍），将非断电保持性 M 存储区和数据块（DB）初始化为其初始值，并启用组态的循环中断事件和时钟事件。

4）将输入信号的状态存入输入过程映像区。

5）将输出过程映像区（Q 区）的值变成输出的电信号。

6）在整个启动阶段，如果有中断事件发生，则将其保存到队列中，等到 CPU 转为 RUN 模式后再进行处理。

PLC 的启动可分为暖启动、热启动及冷启动 3 种，扫描二维码 4-2 可查看相关知识。

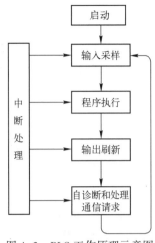

图 4-3 PLC 工作原理示意图

说明：

关于 I 区、Q 区、M 区及数据块（DB）的内容见第 7 章 7.2 节。

2. 输入采样阶段

在该阶段中，输入的电信号通过输入模块转变成数值存储到输入过程映像区，并在本次工作循环内保持该数值，直至下次执行输入采样。

数字量输入模块的电信号与过程映像区数值的转换关系如图 4-4 所示，当某通道触点闭合电路导通时，将转变为数值 1 并存储到对应的过程映像区；反之某通道触点断开电路不导通时，将转变为数值 0 并存储到对应的过程映像区。

4-2 拓展阅读：暖启动、热启动与冷启动

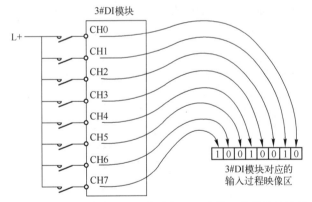

图 4-4 数字量输入模块的电信号与过程映像区数值的转换关系

说明：

本例的 3#DI 模块为 8 通道漏型直流输入模块。

模拟量输入模块的电信号与过程映像区数值的转换关系如图 4-5 所示，其输入信号按比例转换成一定范围的数值并存储到对应的输入过程映像区，对于西门子公司的 S7-1500/1200/300/400 PLC 以及 S7-200 SMART PLC，4~20 mA 的电流信号（或 0~10 V 的电压信号）将按比例转换为过程映像区的 0~27648 的内部数值。

说明：

本例的 4#AI 模块为 4 通道模拟量输入模块。

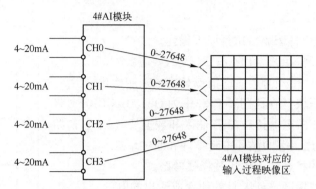

图 4-5 模拟量输入模块的电信号与过程映像区数值的转换关系

对于 S7-200 PLC，其与标准模拟量的转换关系为 0~32000 的内部数值对应 0~20 mA 的电流信号（或 0~10 V 的电压信号）。

注意：

不论 CPU 带了多少 DI/AI 模块，包括 CPU 框架、扩展框架及通信网络子站中的输入模块，在每一次输入采样阶段中，这些 DI/AI 模块都将被采样一遍。

3. 程序执行阶段

在该阶段中，CPU 从输入过程映像区中读取数值，这些数值经过程序的处理，最终写入到输出过程映像区，并在下次输出刷新阶段变成电信号输出。

4. 输出刷新阶段

在该阶段中，输出过程映像区的数值通过输出模块转变成电信号，并在本次工作循环内保持输出状态，直至下次执行输出刷新。

数字量输出模块的过程映像区数值与输出模块电信号的转换关系如图 4-6 所示。当某位为 0 时，其对应模块对应通道将输出低电平；为 1 时，其对应模块对应通道将输出高电平。

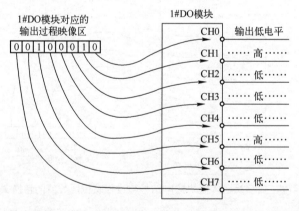

图 4-6 数字量输出模块的过程映像区数值与输出模块电信号的转换关系

说明：

本例的 1#DO 模块为 8 通道晶体管输出型输出模块。

模拟量输出模块的过程映像区数值与输出模块电信号的转换关系如图 4-7 所示，其对应的输出过程映像区的数值将按比例转换成一定范围的输出信号。对于西门子公司的 S7-1500/1200/300/400 PLC 以及 S7-200 SMART PLC，过程映像区的 0~27648 的内部数值将按比例转变为 4~20 mA 的电流信号（或 0~10 V 的电压信号）。

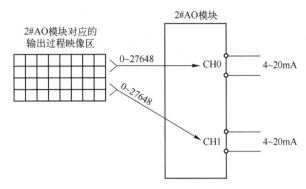

图 4-7　模拟量输出模块的过程映像区数值与输出模块电信号的转换关系

对于 S7-200 PLC，其过程映像区的 0~32000 的内部数值将按比例转变为 0~20 mA 的电流信号（或 0~10 V 的电压信号）。

说明：

本例的 2#AO 模块为 2 通道模拟量输出模块。

注意：

不论 CPU 带了多少 DO/AO 模块，包括 CPU 框架、扩展框架及通信网络子站中的输出模块，在每一次输出刷新阶段中，都将被刷新一遍。

5. 自诊断与处理通信请求阶段

在该阶段中，CPU 处理接收到的报文，并在适当的时候将报文发送给通信的另一方。另外，在该阶段中，CPU 还要进行固件、用户程序和 I/O 模块状态等的自诊断。

6. 中断处理阶段

中断（基于事件驱动）可以在 CPU 扫描循环的任何阶段发生。当有事件出现时，CPU 将中断正常的扫描循环，而去执行事件型中断处理程序。执行完之后，CPU 将在中断点恢复之前的执行阶段。中断功能可以提高 PLC 对事件的响应速度。

以上就是 PLC 的主要工作阶段及原理，可以简单概括为：在输入采样阶段存储的外部电信号状态，要在程序执行阶段被程序调用出来进行运算与存储，并在输出刷新阶段输出电信号。

4.7　PLC 操作软件概述

PLC 的操作软件一般是用来对 PLC 进行硬件组态、编程与调试的软件。不同品牌 PLC 使用的操作软件各不相同，部分品牌不同系列的 PLC 也使用不同的软件。不同操作软件主要步骤的操作思路类似。部分 PLC 操作软件需要购买软件或硬件授权才能使用。越来越多的 PLC 操作软件遵循 IEC 61131-3 标准，这使得不同 PLC 操作软件的编程功能几乎相同。绝大多数 PLC 的操作软件都配有仿真功能，可以在没有实际 PLC 的情况下仿真出 PLC，以进行程序的运行测试。

以西门子公司的产品为例：S7-200 PLC 的操作软件是 STEP 7 Micro/WIN；S7-200 SMART PLC 的操作软件是 STEP 7 Micro/WIN SMART；S7-300/400 PLC 的操作软件是经典的 STEP 7，2007 年 10 月 1 日后生产的 S7-300/400 PLC 也可以使用 TIA PORTAL（博途）软件进行操作。

PLC 操作软件的主要功能如下：

1. 硬件组态

在操作软件中按实际模块的安装顺序，添加相应的模块，并进行必要的参数设置。硬件组态信息下载到 CPU 后，CPU 才能知道需要控制哪些模块，以及它们的属性是什么。

2. 编程

在操作软件中使用专门的编程语言调用各种指令，搭建程序。程序信息下载到 CPU 后，CPU 才能知道该如何控制现场的设备。

3. 下载

将 PLC 操作软件中的硬件组态或程序等信息传输到 PLC 中。

4. 上载

将 PLC 中的硬件组态或程序等信息传输回 PLC 操作软件中。

5. 调试辅助

可进行在线监视，实时观察硬件组态中的硬件状态或程序中的逻辑运行状态，创建监控表，监视或修改变量的数值，也可通过曲线图功能，查看变量的瞬时或长期变化等。

6. 故障诊断

PLC 模块或外部信号出现故障时，可在联机状态下从操作软件中读取故障信号，以便诊断排除。

4.8　PLC 的编程语言

IEC 61131 是 IEC 制定的 PLC 国际标准。IEC 61131 由 5 部分组成：通用信息、设备与测试要求、编程语言、用户指南和通信。其中，第三部分（IEC 61131-3）是 PLC 的编程语言标准。该标准将现代软件的概念和现代软件工程的机制与传统的 PLC 编程语言成功地结合，又对当下种类繁多的工业控制器中的编程概念及语言进行了标准化。目前已有越来越多的 PLC 厂家遵循 IEC 61131-3 标准。

IEC 61131-3 详细地说明了句法、语义和如下 5 种编程语言。

1. 梯形图

梯形图（ladder diagram，LD）源于电气系统的逻辑控制（电气原理）图，它是历史最久远，也是目前 PLC 中采用最多的编程语言。大多数程序都可以使用梯形图语言来编写。

梯形图程序中某电气系统的控制逻辑，与不使用 PLC 而直接使用纯电路时的控制逻辑相同。所以，掌握了电气控制电路的设计，在此基础上使用 PLC 去设计实现相同功能时的程序，是逻辑控制问题的一种编程方法。

需要注意的是，只是纯电路实现时与 PLC 实现时的控制逻辑相同，而不是每个器件是否取反（常开/常闭关系，常开相当于不取反，常闭相当于取反）都相同，因为还需要考虑 PLC 实现时电路上使用的是常开还是常闭触点。关于这一点的阐述详见 7.4.1 节。

S7-1200 PLC 中的梯形图称为 LAD。图 4-8 为梯形图程序示例。图中 I0.0、I0.1、I0.2 是输入过程映像区的地址，Q0.0、Q0.1 是输出过程映像区的地址，它们与输入/输出信号通道的对应关系详见第 7 章。

图 4-8 中程序段 1 的含义为逻辑表达式 Q0.0=(I0.0+$\overline{\text{I0.1}}$)I0.2，即 I0.0 先与取反的 I0.1 进行或运算，再与 I0.2 进行与运算，逻辑运算的结果赋值给 Q0.0。程序段 2 的含义为当 Q0.0 为 1，延时 5 s 后（TON 为定时器指令，可实现通电延时通且断电立即断的逻辑功能），Q0.1 的值也为 1；然后 Q0.0 变为 0 时，Q0.1 立即变为 0。

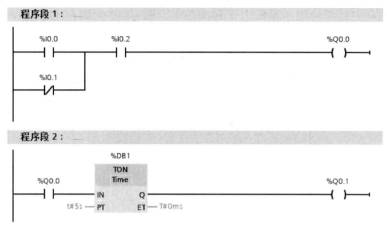

图 4-8　梯形图程序示例

2. 功能块图

功能块图（function block diagram，FBD）源于信号处理领域。功能块图编程语言是将各种功能块连接起来实现所需的控制功能。它具有图形符号，程序的编写过程就是图形的连接过程，操作方便。

图 4-9 为 S7-1200 PLC 中的功能块图程序示例，其实现的功能与图 4-8 中的梯形图程序相同。

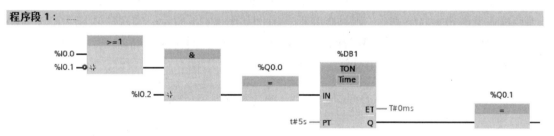

图 4-9　功能块图程序示例

说明：
除了 PLC，在西门子变频器手册中，各参数之间的关系也是使用 FBD 表达的。

3. 指令表

指令表（instruction list，IL）是用一系列指令组成程序组织单元本体部分。指令表编程语言是类似汇编语言的编程语言，它是底层语言，具有容易记忆、便于操作的特点，适合解决小型的容易控制的系统编程。

S7-1200 PLC 不支持指令表编程语言，S7-1500/300/400 PLC 支持该语言，在这些 PLC 中，指令表编程语言称为 STL。

4. 结构文本

结构文本（structured text，ST）是用一系列语句组成程序组织单元本体部分。结构化文本编程语言是高级编程语言，类似于高级计算机编程语言 PASCAL。它由一系列语句，如选择语句、循环语句、赋值语句等组成，用以实现一定的功能。它不采用面向机器的操作符，而采用能够描述复杂控制要求的功能性抽象语句，因此，具有清晰的程序结构，利于对程序的分析。它具有强有力的控制命令语句结构，适合解决复杂的控制问题。结构文本编程语言将会被广泛使用。

S7-1200 PLC 中，结构文本编程语言称为 SCL。图 4-10 为结构文本程序示例，实现 Y = 5X+4 的运算。

	名称	数据类型	默认值
1	▼ Input		
2	■ X	Int	0
3	▼ Output		
4	■ Y	Int	0

```
1 #Y := #X * 5 + 4;
```

图 4-10　结构文本程序示例

5. 顺序功能表图

顺序功能表图（sequential function chart，SFC）是采用文字叙述和图形符号相结合的方法描述顺序控制系统的过程、功能和特性的一种编程方法，特别适合编写设备的启动与停止有一系列顺序流程的程序。

S7-1200 PLC 不支持顺序功能表图编程语言，S7-1500/300/400 PLC 支持该语言，在这些 PLC 中，顺序功能表图编程语言称为 GRAPH。

除了 IEC 61131-3 的 5 种编程语言外，从博途的 V17 开始，S7-1200（≥V4.2）/1500 PLC 开始支持一种新的编程语言——因果矩阵 CEM（cause effect matrix，CEM），该语言更适合表达过程事件间的因果关系。因果矩阵程序示例如图 4-11 所示，实现的功能为#X1 与#X2 的与运算的结果置位#Y1，同时复位#Y2；而#X3 复位#Y1，同时置位#Y2。其中原因与结果之间交叉点的 S 表示置位，R 表示复位。

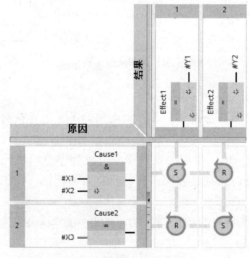

图 4-11　因果矩阵程序示例

思考题及练习题

1. 什么是整体式 PLC 和模块式 PLC？各有什么特点？
2. PLC 的基本结构有哪几部分？各部分的功能是什么？

第5章
S7-1200 PLC 的硬件系统

SIMATIC S7-1200 系列（简称 S7-1200）是德国西门子公司的一款 PLC 产品，其在西门子 PLC 家族中的定位如图 5-1 所示。它融合了紧凑型和模块化设计，拥有丰富的指令集，成本低廉但功能强大，可扩展性强，灵活度高，集成了 PROFINET 接口和高速运动控制功能，可以实现简单却高精度的自动化任务，可广泛应用于物料输送机械、包装机械、金属加工机械、水处理厂、石油/天然气泵站、电梯和自动升降机设备、农业灌溉系统等自动化系统。

图 5-1　S7-1200 PLC 在西门子 PLC 产品家族中的定位

S7-1200 的硬件组成具有高度的灵活性，用户可以根据自身需求进行模块选配，系统扩展十分方便。S7-1200 PLC 的硬件系统主要包括中央处理单元（CPU）、信号模块（SM）、通信模块（CM），以及信号板（SB）和通信板（CB）等，如图 5-2 所示。信号模块连接至 CPU 右侧，进一步扩展数字量和模拟量 I/O 的容量，最多可连接 8 个信号模块。通信模块连接至

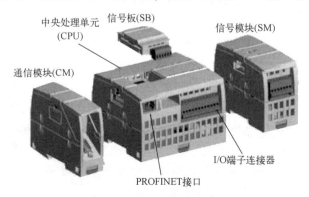

图 5-2　S7-1200 PLC 系统的硬件组成

CPU 左侧，最多可连接 3 个通信模块。各种模块均安装在标准（35 mm）DIN 导轨上。信号板和通信板为插入式板，可嵌入 CPU 内部，每个 CPU 上可以安装一块 SB 或 CB，用户可根据需求量身定制 CPU，而无须改变其体积。

扫描二维码 5-1 可查看实际 S7-1200 PLC 系统的安装拆卸操作视频。

5-1 实际 S7-1200 PLC 系统的安装拆卸操作视频

5.1　S7-1200 PLC 的 CPU 模块

S7-1200 将微处理器、电源、输入输出电路、PROFINET 接口和工艺功能都集成在 CPU 中。微处理器不断地采集输入信号，执行用户程序，刷新输出。存储器用来存储程序和数据。输入输出电路包括数字量和模拟量的输入输出信号传输接口，实现与外部设备的信息交互。带隔离的 PROFINET 以太网接口可用于与编程计算机、HMI（人机界面）、其他 PLC 或其他设备通信。工艺功能包括高速计数与频率测量（高速计数器）、高速脉冲输出（PTO）、PWM 控制、运动控制和 PID 控制功能。

（1）高速计数器

高速计数器用于对来自增量式编码器和其他设备的频率信号计数，或对过程事件进行高速计数。S7-1200 CPU 最多可组态 6 个使用 CPU 内置或信号板输入的高速计数器，最高计数频率可达 1 MHz。

（2）高速脉冲输出与 PWM 控制

S7-1200 CPU 集成了最多 4 路高速脉冲输出，组态为 PTO 时，可提供最高频率为 100 kHz、50% 占空比的高速脉冲信号，可用于步进电动机或伺服驱动器的开环速度和位置控制。组态为 PWM 时，可以输出一个脉宽调制（周期固定、占空比可变）信号，经滤波后得到与占空比成正比的模拟量，可用于控制电动机速度和阀门位置。

（3）运动控制

S7-1200 CPU 支持使用步进电动机和伺服驱动器进行开环速度控制和位置控制。CPU 的运动控制指令符合 PLCopen 国际认证的运动控制标准，可以实现运动轴的回零、点动、绝对位置控制、相对位置控制和速度控制，集成了调试面板，简化了步进电动机和伺服驱动器的入门调试。

（4）PID 控制

S7-1200 CPU 可用于 PID 闭环控制，建议 PID 控制回路的个数不超过 16 个，支持 PID 参数自动调整功能，可以自动计算比例增益、积分时间和微分时间的最佳调节值。

S7-1200 CPU 目前有五款产品：CPU 1211C、CPU 1212(F)C、CPU 1214(F)C、CPU 1215(F)C、CPU 1217C，其性能按序号递增，它们的电源电压和输入输出电压、本地集成的数字量 I/O 数量、信号模块可扩展数、内存空间、运算速度、内部资源（如计数器、定时器的个数）、PROFINET 接口等性能参数均有不同（详细参数对比可见《S7-1200 可编程序控制器产品样本》）。产品型号中带"F"的表示为故障安全型 CPU。故障安全型 CPU 允许在同一个 CPU 上处理标准程序和安全程序，以及在标准用户程序中对故障安全数据进行评估。故障安全型 CPU 除了拥有 S7-1200 PLC 所有特点外，还集成了安全功能，支持最高 SIL 3/PLe 安全完整性等级，将安全技术轻松与标准自动化无缝集成。

说明：

关于安全功能，感兴趣的读者可以参考作者的另一本教材——《电气控制与 S7-1500 应用技术》，其中有关于工业安全系统的内容可供学习参考。

S7-1200 系列的 CPU 面板介绍如图 5-3 所示。

第 5 章　S7-1200 PLC 的硬件系统

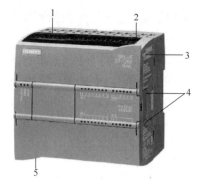

图 5-3　S7-1200 系列 CPU 面板介绍
1—电源接口　2—可拆卸用户接线连接器　3—存储卡插槽（上部保护盖下面）
4—板载 I/O 的状态 LED　5—PROFINET 连接器

5.2　S7-1200 PLC 的信号模块与信号板

信号模块是控制器与过程信号之间的接口，输入/输出模块（I/O 模块）统称为信号模块。通过输入模块（input）将输入信号传送到 CPU 进行计算处理，然后将结果通过输出模块（output）输出，以达到控制设备的目的。

信号模块主要分为两类：
1）数字量模块：数字量输入（DI）、数字量输出（DQ）、数字量输入/输出（I/O）模块。
2）模拟量模块：模拟量输入（AI）、模拟量输出（AQ）、模拟量输入/输出（I/O）模块。

S7-1200 PLC 信号模块作为 CPU 的集成 I/O 的补充，连接在 CPU 右侧，除 CPU 1211C 之外的所有 S7-1200 CPU 都支持与信号模块连接（不同型号 CPU 允许连接信号模块的最大数量不同，CPU 1212C 只能连接 2 个信号模块，其他 CPU 可连接 8 个信号模块）。用户可以使用 8 点、16 点的数字量模块和 2 路、4 路、8 路的模拟量模块来满足不同的控制需求，如图 5-4a 所示。

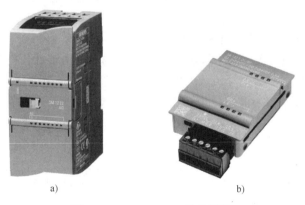

图 5-4　S7-1200 PLC 信号模块
a) SM 1232 模拟量输出模块　b) SB 1223 数字量输入/输出信号板

S7-1200 PLC 信号板可用于只需要少量附加 I/O 的情况，用户可以使用 4 点数字量信号板和 1 路模拟量信号板，如图 5-4b 所示。所有 S7-1200 CPU 的前端都可以最多插入 1 块信号板。

5.2.1　数字量输入模块

数字量输入（DI）模块（或 CPU 上集成的数字量输入点）可将现场过程送来的数字信号

电平转换成 PLC 内部电平信号，DI 模块连接的信号类型有按钮、接近开关、继电器触点等。

1. 数字量输入的接线

数字量输入类型有源型和漏型之分，西门子规定漏型指电流流入信号通道，源型指电流从信号通道流出。二者的硬件接线不同，外部连接的电子型开关类型（PNP 型或 NPN 型）也有所不同，因此实际连接外部电路时要考虑 DI 模块的类型与外部开关类型的匹配问题。

S7-1200 CPU 本地的数字量输入点（DC 24V）既支持漏型输入又支持源型输入。漏型输入时，CPU 公共端（M）接 DC 24 V 电源的负极，如图 5-5a 所示。源型输入时，CPU 公共端（M）接 DC 24 V 电源的正极，如图 5-5b 所示。

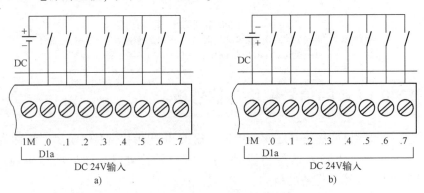

图 5-5　S7-1200 CPU 1212C 本地数字量输入接线
a) 漏型输入接线　b) 源型输入接线

注意：

其他品牌 PLC 的漏型和源型模块的定义可能与西门子 PLC 产品的定义不同，选择器件及设计电路时应以电流方向为准。

2. PNP 型和 NPN 型接近开关

接近开关有两线制和三线制之分，三线制根据信号线上电流（检测到物体接近时产生的电流信号）方向的不同，分为 PNP 型和 NPN 型。需要注意的是，一定要牢记 PNP 型和 NPN 型的输出电流方向，以便在设计控制电路时准确地找到相匹配的类型。

PNP 型的电流由接近开关的信号线流出，NPN 型的电流由接近开关的信号线流入。

若 PLC 的数字量输入模块需要流入的电流信号（即漏型输入），应选择 PNP 型接近开关；若 PLC 的数字量输入模块需要流出的电流信号（即源型输入），应选择 NPN 型接近开关，如图 5-6 所示。

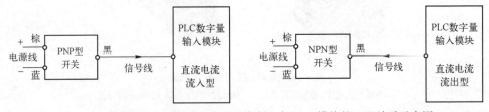

图 5-6　PNP、NPN 型接近开关（三线制）与 PLC 模块的匹配关系示意图

说明：

图 5-6 中的三线制接近开关棕色线为电源线，接电源正极；蓝色线为中性线，接电源负极；黑色线为信号线，接 PLC 的数字量输入模块。

从表 5-1 可以看出，NPN 型接近开关连接负载时，导通后电流的流向是从电源正极经过负载，从负载中流出，再经过 NPN 型晶体管再回到电源负极，如果负载是西门子 PLC 的 DI 模块，则必须选择电流从信号通道流出的源型模块，这样才可以形成有效的电流通路。同理，PNP 型接近开关连接负载时，导通后电流的流向是从电源正极经过 PNP 型晶体管，再经过负载回到电源的负极，如果负载是西门子 PLC 的 DI 模块，则必须选择电流从信号通道流入的漏型模块。

表 5-1 三线制 NPN 型和 PNP 型接近开关接线图对比

	接近开关接线图
NPN 型	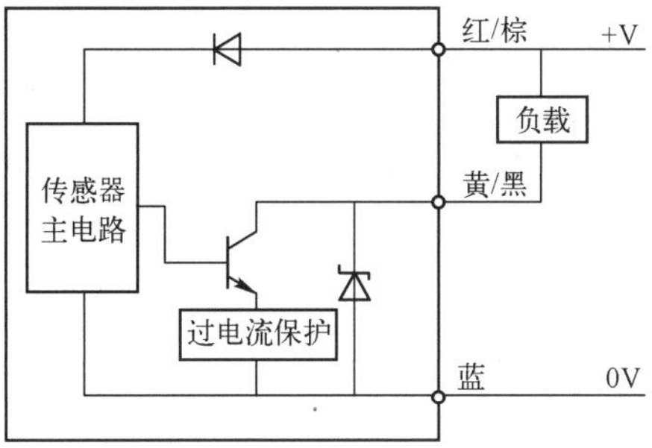
PNP 型	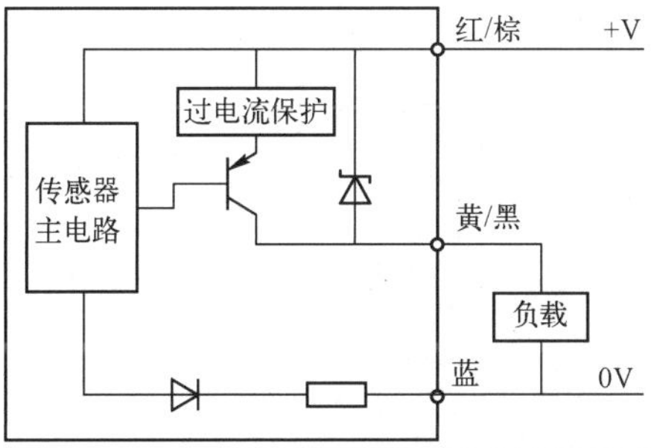

说明：

除接近开关外，压力开关（检测到的压力达到某一值时输出数字量信号）、流量开关（检测到的流量达到某一值时输出数字量信号）等电子型开关都有 PNP 型及 NPN 型之分。

【例 5-1】 某设备的控制器为 CPU 1212C，使用两个按钮控制三相交流电动机的起停，并由一个接近开关限位，请设计接线图。

答：根据题意，需要 3 个输入点（起动按钮、停止按钮、接近开关）和 1 个输出点（输出模块的驱动能力要与继电器线圈的额定电流相匹配）。由于 S7-1200 PLC 所有 CPU 集成的 DI 点源型和漏型均支持，所以接近开关的类型可以任意选择，若采用 PNP 型接近开关，则电气原理图如图 5-7 所示。

3. 输入滤波器

电气噪声或开关触点跳变等使输入信号发生意外快速变化的情况会造成程序误响应，数字量输入滤波器可以滤除输入信号中的干扰噪声和外接触点动作时产生的抖动等。根据不同的应用，可以设置不同的滤波时间，如可能需要较短的滤波时间来检测和响应快速传感器的输入（如编码器），或需要较长的滤波时间来防止触点跳变以及脉冲噪声。滤波时间表示输入信号从 0 变为 1，或从 1 变为 0 时必须持续的时间，短于这个时间的信号不会被检测到，默认滤波时间为 6.4 ms。数字量输入滤波器设置如图 5-8 所示。

4. 脉冲捕捉功能

脉冲捕捉功能可以捕捉高电平脉冲或低电平脉冲。脉冲出现的时间极短，CPU 在扫描周期开始读取数字量输入时,可能无法始终读取到这个脉冲。当某一输入点启用脉冲捕捉时,输入状态的改变被锁存,并保持至下一次输入循环更新。这样可以确保捕捉到持续时间很短的脉冲。由于脉冲捕捉功能在输入信号通过输入滤波器后对输入信号进行操作,必须调整输入滤波时间,以防滤波器过滤掉脉冲。数字量输入脉冲捕捉功能设置如图 5-9 所示。

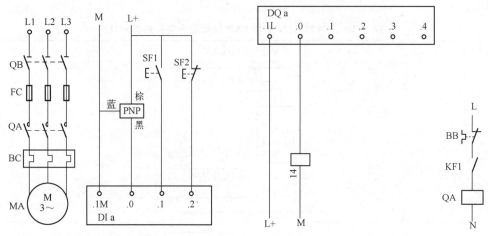

图 5-7 例 5-1 电气原理图

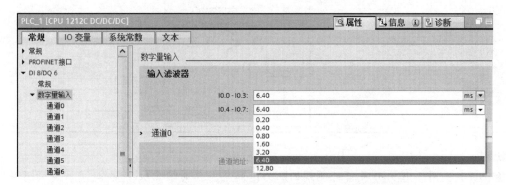

图 5-8 数字量输入滤波器设置

图 5-9 数字量输入脉冲捕捉功能设置

S7-1200 PLC 的数字量模块均不支持诊断功能,只有分布式 I/O 系统(ET 200SP)中的数字量模块才支持诊断功能。

5.2.2 数字量输出模块

数字量输出(DQ)模块(或 CPU 上集成的数字量输出点),将 PLC 内部信号的电平转换成现场过程所要求的外部信号电平,可直接用于驱动电磁阀、接触器、小型电动机、灯和电动机起动器等。

1. 数字量输出接线

S7-1200 的数字量输出有两种类型：晶体管输出和继电器输出。晶体管输出也有源型和漏型之分。S7-1200 的所有 CPU 集成的晶体管输出只支持源型输出，见表 5-2 中图 a，在直流电源作用下，信号的公共端是电源负极，当 DQa.0 号端子处的信号为高电平时，电流从该通道中流出，称为源型（source），此时负载要连接在 DQ 模块与地（M）之间。反之，如果信号的公共端是电源正极，电流会流入模块中，称为漏型（sink），此时负载要连接在 DQ 模块与 DC 24 V（L+）之间，如表 5-2 中图 b 所示，晶体管输出型数字量输出模块具有支持漏型输出的产品。而继电器输出可以接直流信号，也可以接 120V/240V 的交流信号，见表 5-2 中图 c。

表 5-2 两种数字量输出模块对比

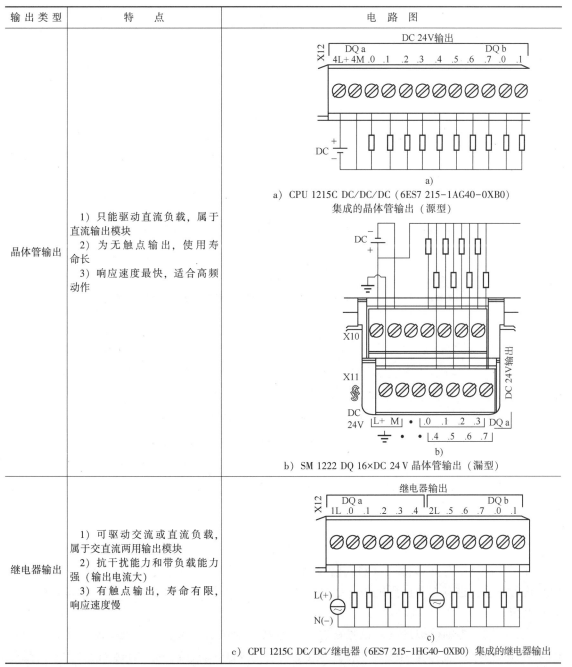

输出类型	特点	电路图
晶体管输出	1）只能驱动直流负载，属于直流输出模块 2）为无触点输出，使用寿命长 3）响应速度最快，适合高频动作	a）CPU 1215C DC/DC/DC（6ES7 215-1AG40-0XB0）集成的晶体管输出（源型） b）SM 1222 DQ 16×DC 24 V 晶体管输出（漏型）
继电器输出	1）可驱动交流或直流负载，属于交直流两用输出模块 2）抗干扰能力和带负载能力强（输出电流大） 3）有触点输出，寿命有限，响应速度慢	c）CPU 1215C DC/DC/继电器（6ES7 215-1HG40-0XB0）集成的继电器输出

2. 驱动感性负载

感性负载（如接触器、继电器线圈等）具有储能作用，当外部电路断开时，感性负载上会产生高于电源电压数倍甚至数十倍的反电动势，如果不将这部分能量释放掉，会导致在电子器件上产生浪涌电压而损坏模块。另外，触点接通时，因为触点的抖动而产生的电弧也会对系统造成干扰。因此在外接感性负载时需要加吸收保护电路，如图 5-10 所示，对于直流负载，可在负载两端反向并联续流二极管；对于交流负载（继电器输出），可在负载两端并联阻容电路，从而保护 PLC 的输出电路。

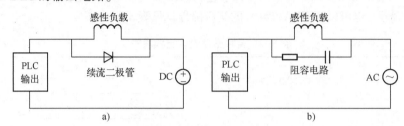

图 5-10 吸收保护电路
a) 并联续流二极管 b) 并联阻容电路

3. CPU 停止后的输出保持

有些现场设备，如抱闸和一些关键阀门等，不允许在 PLC 意外进入 STOP 模式时停止动作或回到初始状态，而必须保持动作或运转。如图 5-11 所示，在 DQ 模块的"属性"选项卡中可以设置对 CPU STOP 模式的响应为"保持为上一个值"或"使用替代值"（默认替代值为 0）。

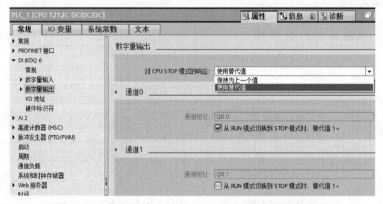

图 5-11 数字量输出的对 CPU STOP 模式的响应设置

若选择"保持为上一个值"，则 CPU 进入 STOP 模式时，数字量输出通道保持 STOP 前的最终值；若选择"使用替代值"，则 CPU 进入 STOP 模式时，数字量输出通道输出值为 0。若勾选"从 RUN 模式切换到 STOP 模式时，替代值 1"，则 CPU 进入 STOP 模式时，数字量输出通道输出值为 1。

5.2.3 模拟量输入模块

在工业控制中有许多模拟量输入信号（如流量、液位、压力、温度、成分等）需要输入 PLC 进行处理，也有许多执行机构（如电动调节阀和变频器等）要求 PLC 输出模拟量信号控制其动作。

现场不同类型的模拟量输入信号在经过传感器和变送器后都转换成统一的标准直流电压（如 -10 V~+10 V、1~5 V、0~10 V 等）或电流信号（如 0~20 mA、4~20 mA 等），PLC 的模拟量输入模块利用内部的 A/D 转换器再将标准的电信号转换为 PLC 内部能处理的数字量信号。

1. 模拟量输入接线

模拟量输入模块的接线要比数字量模块复杂很多，不同类型的输入信号的接线方式不同，主要分为 4 种：电压型、电流型、热电偶（TC）、热电阻（RTD）和电阻型。S7-1200 的所有 CPU 都集成 2 路模拟量输入通道（仅支持 0~10V 电压信号）。模拟量输入模块包括电压型或电流型（两种信号类型均支持）、热电偶、热电阻和电阻型。

变送器将温度、压力、流量、液位等物理量转换成统一标准的电压或电流信号。

从仪表的角度看，变送器接线有 3 种形式：2 线制、3 线制、4 线制。

1) 4 线制变送器：2 根线是电源线（电源+/-），2 根线是信号线（信号+/-）。
2) 3 线制变送器：2 根线是电源线，1 根线是信号线。
3) 2 线制变送器：2 根线既是电源线又是信号线。2 线制变送器都是电流型的。

从 PLC 的角度看，电流型测量只分为 4 线制和 2 线制。无论是 4 线制还是 2 线制，与模拟量输入模块的连接线都是 2 根，区别在于模块是否给变送器供电，如一个 4 线制变送器，变送器需要 24 V 供电，然后输出 0~20 mA 信号，那么需要电源线 2 根，信号线 2 根；如果是一个 2 线制变送器，需要模拟量输入模块提供 2 根信号线向变送器供电，如图 5-12 所示。

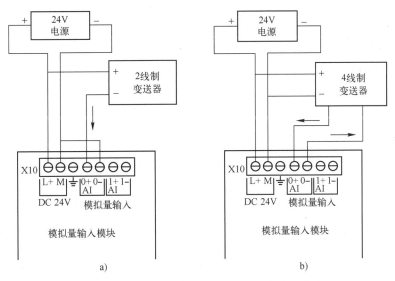

图 5-12 模拟量输入 SM 1231 电流测量接线方式
a) 2 线制连接 b) 4 线制连接

热电偶模拟量输入模块在使用时，未使用的通道要做出如下处理：

1) 短接未使用通道。使用导线短接通道的正、负两个端子，如短接 0 通道的 0+和 0-端子。
2) 禁用未使用通道。在模块的"属性"→"常规"→"AI 4xTC"→"测量类型"中选择"已禁用"，如图 5-13 所示。

热电阻温度传感器有 2 线、3 线和 4 线之分，其中 4 线制传感器测温值最准确。RTD 模块还可以测量电阻信号，电阻测量也有 2 线、3 线和 4 线之分。S7-1200 热电偶和热电阻型测量接线如图 5-14 所示。

2. 分辨率和精度

模拟量转换的分辨率是 A/D 转换芯片的转换精度，即用多少位的数值来表示模拟量。分辨率位数越多，转换分度值越小，转换误差就越小。

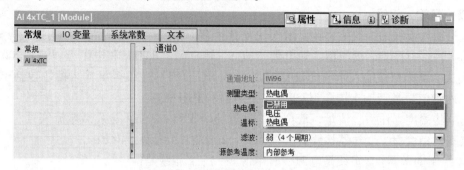

图 5-13　热电偶模块测量类型设置

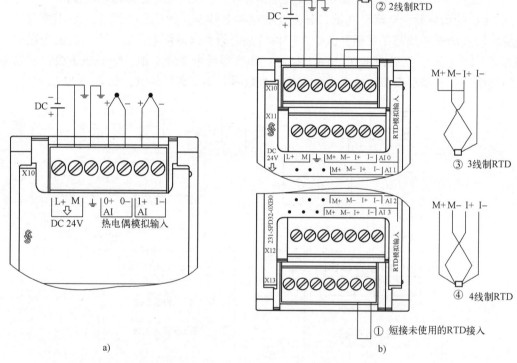

图 5-14　S7-1200 热电偶和热电阻型测量接线
a）SM 1231 热电偶模块接线　b）SM 1231 RTD 模块接线

S7-1200 PLC 模拟量模块提供的分辨率有 13 位（12 位+符号位）和 16 位（15 位+符号位）两种。如对 0~10 V 电压信号进行 A/D 转换，西门子规定能够达到的上溢范围为 11.851 V，16 位分辨率下有 $2^{15}-1=32767$ 个增量，则最小增量为 11.851 V/32767＝361.7 μV，见表 5-3。

表 5-3　对 0~10 V 电压信号进行 A/D 转换的测量范围（分辨率为 16 位）

增量值	电压测量范围	
十进制	0~10 V	范围
32767	11.851 V	上溢
32512		
32511	11.759 V	超出范围
27649		

(续)

增量值	电压测量范围	
27648	10 V	额定范围
20736	7.5 V	
1	361.7 μV	
0	0 V	

模拟量转换的精度体现了测量值采集和数据传输的整体误差，除了取决于 A/D 转换的分辨率之外，还受 A/D 转换芯片的外围模拟电路和测量值信号的波动、噪声干扰等影响。在实际应用中，测量值检测采集会存在一定误差，采集到的测量值输入 PLC 会有波动、噪声和干扰，进入模拟量输入模块中，模拟量模块内部 A/D 转换芯片的外围模拟电路也会产生噪声、漂移，这些都会对转换的最后精度造成影响，而且这些因素造成的误差要大于 A/D 转换芯片的转换误差。

注意：
高分辨率不代表高精度，但为达到高精度必须具备一定的分辨率。

3. 积分时间（干扰频率抑制）

交流电压电源频率可能会对测量值产生干扰，尤其是在低电压测量范围以及使用热电偶的情况下。积分时间根据干扰频率抑制的设定不同发生变化，设置的干扰频率越高，积分时间越短。用户要始终根据所用线路频率，选择干扰频率（如线路频率为工频，则选择 50 Hz）。

4. 滤波

模拟量输入值的滤波是指通过数字滤波过程产生稳定的模拟信号，滤波可以对测量值进行平滑处理，利用多次采样得到的测量值的平均值作为平滑处理后的稳定模拟信号，在处理变化缓慢的信号时非常有用，如温度测量。滤波分为 4 个级别：无、弱、中、强。

模拟量信号在不同滤波级别和抑制频率下，测量 0~10 V 阶跃信号到达最终值 95% 所需的时间见表 5-4。滤波级别越高，对应生成平均值基于的模块周期数越大，经过滤波处理的模拟值就越稳定，但获得滤波处理结果所需的时间也越长，无法反映快速变化的实际信号。

表 5-4 模拟量输入的采样时间和模块更新时间

滤波级别 （平滑化选项/采样平均）	噪声消减/抑制频率（积分时间）			
	400 Hz(2.5 ms)	60 Hz(16.6 ms)	50 Hz(20 ms)	10 Hz(100 ms)
无（1 个周期）：不求平均值	4 ms	18 ms	22 ms	100 ms
弱（4 个周期）：4 次采样	9 ms	52 ms	63 ms	320 ms
中（16 个周期）：16 次采样	32 ms	203 ms	241 ms	1200 ms
强（32 个周期）：32 次采样	61 ms	400 ms	483 ms	2410 ms

图 5-15 显示了弱、中、强 3 种滤波级别下的模拟量输入的阶跃响应曲线（模块到达变化信号最终值 100% 所需的周期数）。滤波级别值定义模块到达变化信号最终值 63% 所需的周期数。

5. 诊断功能

西门子的模拟量模块具备以下几种诊断功能：电源诊断、断路诊断、短路诊断、上溢诊断、下溢诊断。

1) 电源诊断：在电源电压 L+ 缺失或不足时启用诊断。

2) 断路诊断（仅限电流模式）：在模块无电流或电流过小，无法在所组态的相应输入处进行测量，或者所加的电压过低时，启用诊断（仅适用于测量范围大于 0 的输入信号）。

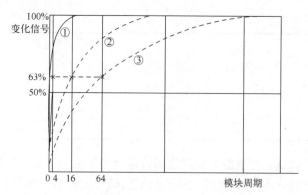

图 5-15　不同滤波级别下的模拟量输入的阶跃响应曲线
①—弱滤波级别　②—中滤波级别　③—强滤波级别

3）短路诊断（仅限电压模式）：执行机构电源接地短路时启用诊断。

4）上溢诊断：测量值超出上限时启用诊断。

5）下溢诊断：测量值超出下限时启用诊断。

S7-1200 PLC 的所有 CPU 集成的模拟量输入仅支持通道级的溢出诊断（上溢诊断），如图 5-16 所示。模拟量输入模块支持通道级的电源诊断、断路诊断、短路诊断、上溢诊断、下溢诊断功能。

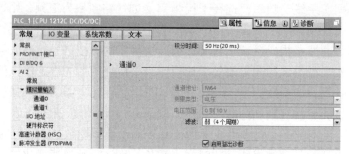

图 5-16　CPU 集成的模拟量输入诊断功能

5.2.4　模拟量输出模块

模拟量输出模块可将 PLC 内部处理用的数字量信号转换为标准的电压（±10 V）或电流信号（0~20 mA 和 4~20 mA），用于驱动电动调节阀、变频器等执行机构。

1. 模拟量输出接线

S7-1200 系列 CPU 中，只有 CPU 1215C 和 CPU 1217C 集成了 2 路模拟量输入和 2 路模拟量输出（仅可输出 0~20 mA 电流）。模拟量输出模块可以输出标准电压和电流信号，接线方式如图 5-17 所示。

2. CPU 停止后输出保持

与数字量输出模块相同，有些现场需要 PLC 在停止后仍保持动作，则需要设置 CPU STOP 响应。如图 5-18 所示，在"模拟量输出"模块中设置对 CPU STOP 模式的响应为"保持为上一个值"或"使用替代值"。

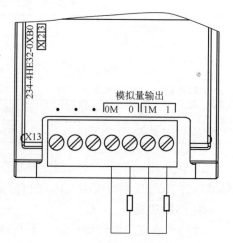

图 5-17　模拟量输出模块的接线方式

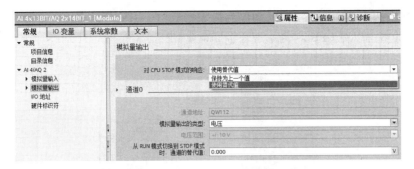

图 5-18 模拟量输出的对 CPU STOP 模式的响应设置

若选择"使用替代值",则从 RUN 模式切换到 STOP 模式时,通道的替代值参数设置有效,模拟量模块输出通道在 CPU 进入 STOP 模式时会输出替代值参数所设置的值。

3. 诊断功能

模拟量输出模块支持通道级的电源诊断、断路诊断、短路诊断、上溢诊断、下溢诊断功能,如图 5-19 所示。

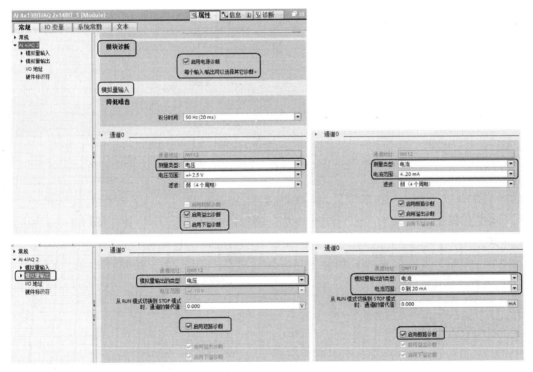

图 5-19 模拟量输出模块的诊断功能

5.3 S7-1500 PLC 的通信模块与通信板

S7-1200 PLC 的通信模块设计也充分体现了其可扩展性强、灵活度高的特点。S7-1200 PLC 提供了通信模块(CM)和通信处理器(CP)用于扩展 CPU 的通信接口,如图 5-20a 所示,主要产品型号与功能见表 5-5。CM 可以使 CPU 支持 PROFIBUS、RS232/RS485(适用于 PtP、Modbus、USS)以及 AS-i 主站,主要产品有 CM 1241、CM 1242、CM 1243。CP 可以提供其他类型的通信功能,如远程控制 GPRS 与以太网通信,主要产品有 CP 1242-7、CP 1243-1。S7-1200 PLC 最多可以在 CPU 左侧添加 3 个 CM 或 CP。

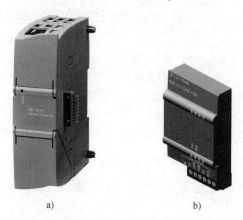

图 5-20 S7-1200 PLC 通信模块和通信板
a) CM 1243-5 PROFIBUS DP 主站通信模块 b) CB 1241 RS485 通信板

表 5-5 S7-1200 PLC 的 CM 与 CP 的型号与功能

型　号	功　能
CM 1241	提供点对点（PtP）通信,RS485/RS422/RS232
CM 1243-2	AS-i 主站
CM 1243-5	PROFIBUS DP 主站通信模块
CM 1242-5	PROFIBUS DP 从站通信模块
CP 1242-7	GPRS 模块,提供远程控制功能
CP 1243-1	以太网模块,用于连接至调度台,支持远程协议（DNP3、IEC 60870、TeleControl Basic）

S7-1200 PLC 的所有 CPU 模块都可以安装一块通信板（CB）,与信号板的连接类似,可以内嵌式安装在 CPU 上方。S7-1200 PLC 配套使用的通信板只有一种,即 CB 1241-RS485,如图 5-20b 所示。通过该信号板 S7-1200 CPU 可以与西门子传动设备进行 USS 通信连接,一个 CB 1241-RS485 接口最多可同时连接 16 台驱动器。CB 1241-RS485 模块还支持 Modbus RTU、PtP 等通信连接。

思考题及练习题

1. S7-1200 PLC 硬件系统由哪些模块组成?S7-1200 PLC 最多可以扩展几个信号模块和通信模块?
2. S7-1200 PLC 若与 NPN 型接近开关进行连接,应如何接线?请画出接线图。
3. 数字量输出模块具有哪些输出类型?它们的区别是什么?
4. 数字量输出模块接感性负载时,如何设计输出保护电路?
5. 模拟量输入模块如何与 3 线制传感器进行连接?请画出接线图。

第6章
S7-1200 PLC 的博途软件

S7-1200 PLC 的操作软件是 TIA 博途软件,它是当今国际上最先进的 PLC 操作软件之一。与其比肩的有罗克韦尔 PLC 的 Studio 5000 软件。

6.1 博途软件概述

TIA 博途(totally integrated automation Portal)简称博途,是面向工业自动化领域的新一代工程软件平台,它将全部自动化组态设计工具完美地整合在一个开发环境之中,主要包括博途 STEP 7、博途 WinCC 及博途 StartDrive 等部分。用户不仅可以通过博途 STEP 7 将组态和程序编辑应用于通用控制器(S7-300、S7-400、S7-1200 及 S7-1500 系列 PLC),也可以应用于具有 Safety 功能的安全控制器;还可将组态应用于可视化的 WinCC 的人机界面(HMI)操作系统和 SCADA 系统[⊖];另外还可以通过博途 StartDrive 软件对 SINAMICS 系列驱动产品(变频器及伺服驱动器)进行配置和调试,实现对电机的转速、转矩或位置的控制。

博途软件还具备一些特殊的功能:如支持智能拖拽功能,使操作更便捷;具有 Trace 功能,即变量数值的变化轨迹图功能;仿真器支持序列仿真功能,可以在顺序控制的仿真中自动模拟外部信号的顺序出现,使工程师在仿真调试时将注意力由顺序地手动模拟外部信号,转向程序逻辑本身等;全新的库概念,可以反复使用已存在的指令及项目的现有组件,避免重复性开发,缩短项目开发周期;系统诊断功能集成在 SIMATIC S7-1500、SIMATIC S7-1200 等 CPU 中,不需要额外资源和程序编辑,以统一的方式将系统诊断信息和报警信息显示于博途、HMI、Web 浏览器或 CPU 显示屏中。

6.1.1 博途 STEP 7

博途 STEP 7 是用于组态 SIMATIC S7-1200、SIMATIC S7-1500、SIMATIC S7-300/400 和 WinAC 控制器系列的工程组态软件,包含两个版本:博途 STEP 7 基本版(TIA Portal STEP 7 Basic),用于组态 SIMATIC S7-1200 控制器;博途 STEP 7 专业版(TIA Portal STEP 7 Professional),用于组态 SIMATIC S7-1200、SIMATIC S7-1500、SIMATIC S7-300/400 和 WinAC 控制器。

6.1.2 博途 WinCC

博途 WinCC 是用于 SIMATIC 面板、WinCC Runtime 高级版(Runtime 是指运行工程的软件)或 SCADA 系统 WinCC Runtime 专业版的可视化组态软件,还可组态 SIMATIC 工业 PC 以

⊖ SCADA 系统是数据采集与监视控制系统,一般表现形式为生产工艺的操作画面。

及标准 PC 等 PC 站系统，具体由博途 WinCC 的版本来确定。

博途 WinCC 包含以下 4 个版本：

1) 博途 WinCC 基本版（WinCC Basic），用于组态精简系列面板。

2) 博途 WinCC 精智版（WinCC Comfort），用于组态所有面板，包括精简面板、精智面板和移动面板。

3) 博途 WinCC 高级版（WinCC Advanced），用于组态所有面板及运行 WinCC Runtime 高级版的 PC。

4) 博途 WinCC 专业版（WinCC Professional），用于组态所有面板及运行 WinCC Runtime 高级版或 SCADA 系统博途 WinCC Runtime 专业版的 PC。

博途 WinCC 高版本的软件包含低版本软件的所有功能。

6.1.3　博途 StartDrive

博途 StartDrive 软件是适用于驱动装置及其控制器的工程组态平台，能够直观地将 SINAMICS 变频器集成到自动化环境中，并使用博途对它们进行调试。

博途 StartDrive 软件平台能够直观地进行参数设置，可根据具体任务实现结构化变频器组态，可对配套 SIMOTICS 电机进行简便组态；所有强大的博途功能都可支持变频器的工程组态，无须附加工具即可实现高性能跟踪，可通过变频器消息进行集成系统诊断。

博途软件的获取最直接有效的方式是购买。若要获取博途软件的试用版，可以登录西门子的官方网站去下载。

6.2　博途软件的常用功能

6.2.1　博途软件的视图结构

打开博途软件后，直接呈现的视图是博途视图，除此之外，还有项目视图。

图 6-1 为博途视图的界面结构示意图。标注序号为 1 的区域为登录选项，它为各个任务区提供基本功能；标注序号为 2 的区域为所选择登录选项对应的操作，可在每个登录选项中调用上下文相关的帮助功能；标注序号为 3 的区域为所选操作的选择面板，该面板的内容取决于操作者的当前选择；标注序号为 4 的区域为视图切换链接，可使用"项目视图"链接切换至项目视图，反之亦然。

图 6-2 为项目视图的界面结构示意图。标注序号为 1 的区域为菜单栏与工具栏，菜单栏包含工作所需的全部命令，工具栏提供常用命令的按钮，可以更方便地访问"保存""编译""上传""下载"等命令；标注序号为 2 的区域为项目树，项目中所有对象通过树形逻辑结构，合理整合在项目树中，使用项目树功能，可以访问所有组件和项目数据，可以执行添加新组件、编辑现有组件、扫描和修改现有组件的属性等任务；标注序号为 3 的区域为详细视图，单击项目树中的对象，可以在详细视图中显示所选对象的详细信息；标注序号为 4 的区域为工作区，双击项目树中的对象，可以在工作区打开该对象的编辑窗口，在工作区可以打开若干个对象，但每次工作中只能看到其中的一个，如果没有打开任何一个对象，则工作区是空的；标注序号为 5 的区域为资源卡，可以智能地根据编辑的元素选择当前所需的资源，如组态时资源卡中会出现硬件选择目录，编程时会出现指令，制作 HMI 画面时会出现工艺操作画面所需的对象等；标注序号为 6 的区域为巡视窗口，对象或执行操作的附加信息均显示在巡视窗口中。

第 6 章　S7-1200 PLC 的博途软件　91

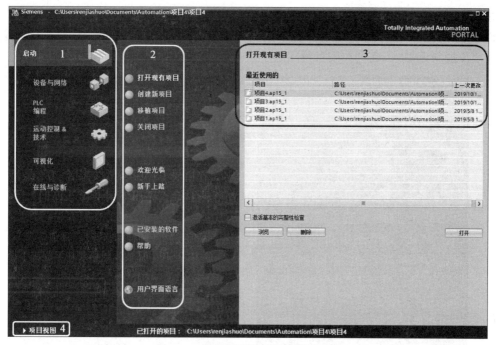

图 6-1　博途视图的界面结构示意图

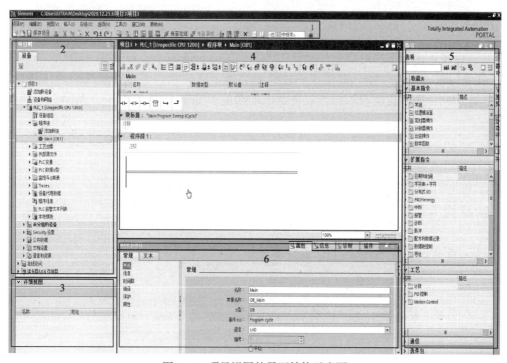

图 6-2　项目视图的界面结构示意图

扫描二维码 6-1 可观看博途软件基本操作的讲解视频。

6.2.2　硬件组态

在编写程序之前，先要进行硬件的组态。硬件组态的任务就是要通过软件设置以及下载的方式"告诉" CPU，它需要控制哪些模块，这些模块在哪个框架的

6-1 博途软件
基本操作的
讲解视频

哪些槽位上，以及这些模块有什么属性等信息。

如图6-3所示，在博途视图中"打开现有项目"或"创建新项目"后，选择"组态设备"→"添加新设备"；也可在项目视图的项目树中双击"添加新设备"进行组态。

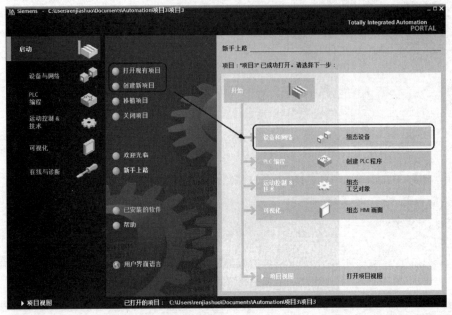

图6-3 在博途视图中选择组态

添加新设备首先要选择对应的控制器并添加，如图6-4所示。对于S7-1200，可以像经典STEP 7软件的组态方式一样，根据实际硬件的类型、订货号和型号在硬件目录中逐个添加；特别地，博途软件还有自动获取相连设备组态的功能，如图6-5和图6-6所示，在添加控制

图6-4 选择控制器

器时，选择"非特定的 CPU 1200"，然后在项目视图的工作区单击获取，这时所连接设备实际硬件将被自动组态，这种方式既保证了组态的准确性，又很方便、快捷。

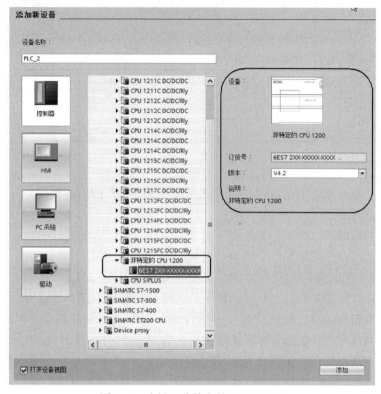

图 6-5　选择"非特定的 CPU 1200"

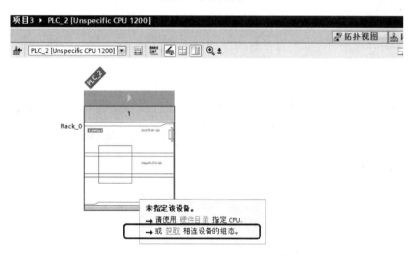

图 6-6　获取相连设备组态示意图

扫描二维码 6-2 可观看 S7-1200 PLC 自动组态的讲解视频。

6-2 S7-1200 PLC 自动组态的讲解视频

6.2.3　编程

在硬件组态完成后，需要根据项目的实际需要进行编程，如图 6-7 所示，在项目树中找到程序块，双击"Main[OB1]"即可在主程序中进行编程，当然也可以通过"添加新块"，在其他块中编写相应的程序。

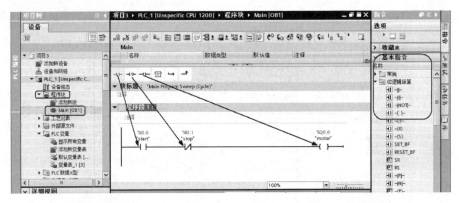

图 6-7 输入程序示例

扫描二维码 6-3 可观看博途软件中梯形图编程时基本操作的讲解视频。

1. 简单的编程举例

下面以一个简单的程序为例,说明程序的编写过程。项目所要完成的功能为由起动、停止两个开关去控制一台电动机的起停过程。

6-3 博途软件中梯形图编程时基本操作讲解视频

编写程序段 1,可以顺序用鼠标左键直接把常开触点(不取反)、常闭触点(取反)(具体用法详见 7.4.1 节)和线圈拖拽到相应的位置;也可以在窗口右侧的基本指令——位逻辑运算当中选择所需要的这三个位指令。然后给指令分配地址:I0.0、I0.1、Q0.0,博途软件将自动将其命名为 Tag_1、Tag_2、Tag_3。为了增强程序的可读性,可以通过选中指令并单击鼠标右键选择"重命名变量"来把变量名称改为符合项目需要的 start、stop 和 motor。

2. 变量表的使用

在博途软件中添加了 CPU 设备后,会在项目树中 CPU 设备下出现一个"PLC 变量"文件夹,该文件夹中有 3 个选项:"显示所有变量""添加新变量表"和"默认变量表",如图 6-8 所示。

"显示所有变量"包含全部 PLC 变量、用户常量和 CPU 系统常量,该表不能删除。

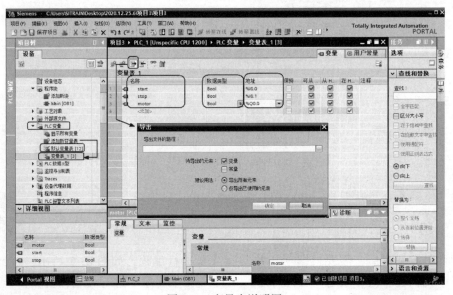

图 6-8 变量表说明图

"默认变量表"是系统创建的,项目的每个 CPU 均有一个标准变量表,该表不能删除、重命名或移动。

双击"添加新变量表"可以创建用户定义变量表(见图 6-8)。可以根据要求为每个 CPU 创建多个用户定义变量表。

博途软件强调符号编程,编程前最好创建好每个变量的符号名,符号名可以在默认变量表中创建,也可以在用户自行添加的新变量表中添加。图 6-8 变量表即为对应前文电机起停程序的用户定义变量表,此表当中包含变量的名称、数据类型和地址等信息。

变量表还可以进行导出和导入的操作,图 6-8 中,单击变量表工具栏中的"导出"按钮,弹出导出路径界面,选择适合路径,单击"确定"按钮即可将变量导出到默认名为"PPLCTag.xlsx"的 Excel 文件中;同样单击变量表工具栏"导出"按钮右侧的"导入"按钮可将变量导入变量表。

变量使用过程中若绝对地址与变量的数据类型不一致,或绝对地址被分配了两次,变量表中地址所在列会在相应的地址处出现背景颜色提示错误。

扫描二维码 6-4 可观看博途软件的变量表操作讲解视频。

3. 变量的拖拽

前文提到可以将指令直接拖拽到程序段上进行编程,而程序中的变量不仅可以输入进去,也可以直接拖拽。变量的自由拖拽是博途软件的一大特色,拖拽方式主要包括以下几种。

6-4 博途软件的变量表操作讲解视频

由变量表向程序拖拽如图 6-9a 所示;由硬件组态界面向程序进行拖拽如图 6-9b 所示,将硬件组态界面放大显示至可以显示出变量地址,然后直接从硬件组态界面下将该变量向程序中拖拽;图 6-9c 为由数据块向程序拖拽;程序之间的拖拽如图 6-9d 所示,同时打开多个程序块,程序之间可以自由拖拽变量。

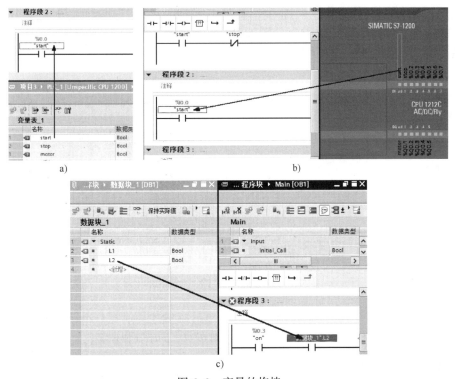

图 6-9 变量的拖拽

a) 由变量表向程序拖拽　b) 由硬件组态界面向程序拖拽　c) 由数据块向程序拖拽

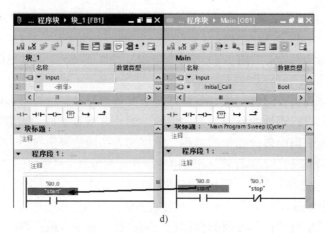

d)

图 6-9 变量的拖拽（续）

d）程序之间的拖拽

扫描二维码 6-5 可观看使用 SCL 语言的编程演示视频。

6-5 SCL 语言的
编程演示

6.2.4 下载

硬件配置和程序编写完成后便可进行下载工作。

1. 修改安装博途软件的计算机的 IP 地址

一般新购买的 S7-1200 PLC 的 X1 接口的 IP 地址默认为"192.168.0.1"，下载前必须保证安装了博途软件的计算机的 IP 地址与 S7-1200 PLC 的 IP 地址在同一网段。打开计算机的"控制面板"→"网络和 Internet"→"网络连接"（或"网络和共享中心"），选择"本地连接"，选中"属性"命令，弹出如图 6-10 所示界面，选择"Internet 协议版本 4（TCP/IPv4）"，并单击"属性"按钮，弹出如图 6-11 所示界面，把 IP 地址设为"192.168.0.10"，子网掩码设置为"255.255.255.0"，并单击"确定"按钮。本例中 IP 末尾的"10"可以被 2~255 中的任意一个整数替换。

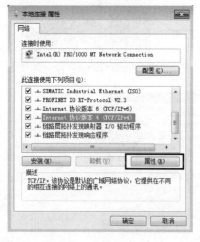

图 6-10 本地连接属性

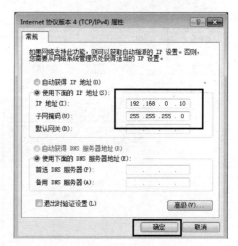

图 6-11 Internet 协议版本 4（TCP/IPv4）属性

2. 测试通信

在 Windows 系统的"运行"中键入"CMD"（或按键盘的〈Windows+R〉键），进入 DOS 界面，使用"IPCONFIG"命令查询本机的 IP 地址。使用"ping 192.168.0.1"（S7-1200 PLC

的 IP 地址），可以测试网络的通信情况。如果测试成功，将会弹出如图 6-12 所示的提示。

3. 下载操作

在项目视图中，单击"下载到设备"按钮，弹出如图 6-13 所示界面，选择 PG/PC 接口的类型为"PN/IE"，选择 PG/PC 接口为实际网卡的型号，不同的计算机实际网卡的型号可能不同。需要注意的是，若选择无线网卡，则容易造成通信失败。

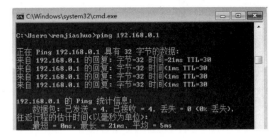

图 6-12　测试成功提示

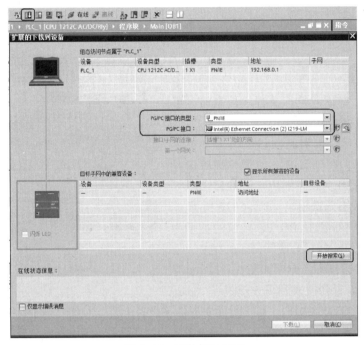

图 6-13　下载提示界面

单击"开始搜索"按钮，博途软件会搜索到可以连接的设备，选中找到的设备后，单击"下载"按钮会弹出图 6-14 所示界面，在此界面单击"下载"按钮会弹出如图 6-15 所示界面，在此界面单击"完成"按钮即可。

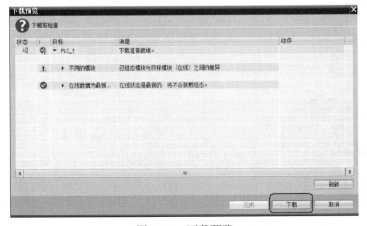

图 6-14　下载预览

图 6-15 下载完成

6.2.5 上传

当需要从 PLC 中读取组态及程序信息时，可执行上传（上载）操作。

首先要新建项目，本例的项目命名为"项目 X"，创建好项目后，在项目视图的菜单栏中选择"在线"→"将设备作为新站上传（硬件和软件）"（过低版本的博途没有该选项），如图 6-16 所示。

在弹出的界面中，选择 PG/PC 接口的类型为"PN/IE"，选择 PG/PC 接口为实际网卡的型号，单击"开始搜索"按钮，将会弹出如图 6-17 所示界面。在该界面中可以看到搜索到可连接设备"plc_

图 6-16 选择"将设备作为新站上传
（硬件和软件）"选项

1"，其 IP 地址为"192.168.0.1"。单击界面中的"从设备上传"按钮，当上传完成时，会弹出如图 6-18 所示界面，界面下方的"信息"选项卡中显示"从设备上传已完成（错误：0；警告：0）"。

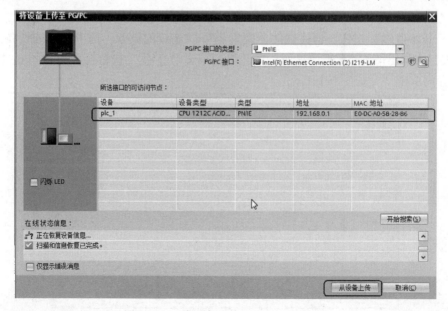

图 6-17 "将设备上传至 PG/PC"界面

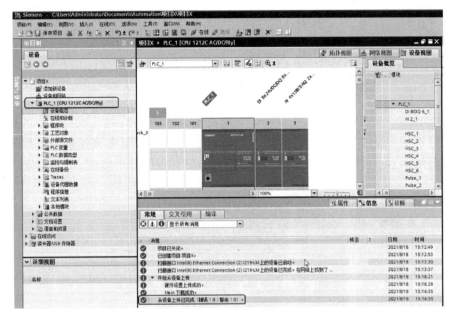

图 6-18　上传成功

6.2.6　监控

监控一般是用来辅助调试的功能。

1. 一般程序块的监控

打开一个程序后，在程序编辑窗口的工具栏中单击"监控"按钮（"眼镜"图标），便可以打开监控，如图 6-19 中所示。对于 DB 块，可以监控其中所有变量当前的值；对于 FC 块、FB 块和 OB 块，可以监控程序中变量的值及梯形图信号的通断状况。

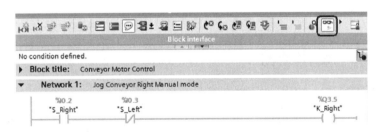

图 6-19　程序块中的"监控"按钮

2. 变量表中的监控

在变量表中，同样可以通过单击变量表中的"监控"按钮（"眼镜"图标）对变量的值进行监控。如图 6-20 所示，可以在监控值所在列看到 CPU 上变量的当前值。

3. 监控表的使用

在调试时，有时需要监控某些变量的值，有时需要更改程序中某些变量的值，这就需要使用到监控表。监控表也称为监视表，可以显示用户程序所有变量的当前值，也可以将特定的值分配给用户程序中的各个变量。

在博途软件的项目中添加了 PLC 设备后，系统会自动为该 PLC 的 CPU 生成一个"监控与强制表"文件夹，如图 6-21 所示，双击"添加新监控表"选项，即可创建新的监控表，默认名称为"监控表_1",需要在监控表中输入想要监控的变量。监控表的工具栏中有10个按钮,它们的功能如下:1为在所选行之前插入一行;2为在所选行之后插入一行;3为插入一个注释行;4为显示/隐藏所有修改列;5为显示/隐藏扩展模式的所有列;6为立即修改所有选定变量的地址一次;7为参考用户程序中定义的触发点,修改所有选定变量的地址;8为输出禁用指令;9为对激活监控表中的可见变量进行监控,在基本模式下,监控模式的默认设置是"永久",扩展模式下可以为变量监视设置定义的触发点;10为对激活监控表中的可见变量进行监控,立即执行并监控变量一次。单击"监控"按钮后,可以在监控表的监控值所在列看到变量的当前值,也可以在修改值所在列单击鼠标右键对该值进行修改。

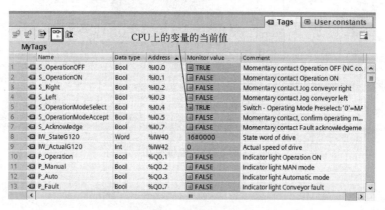

图 6-20　变量表中的监控

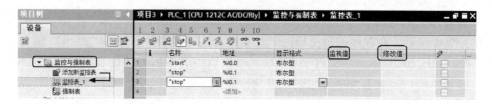

图 6-21　监控表示意图

扫描二维码6-6可观看博途软件的上传、下载和在线监控的讲解视频。

6.2.7　在线诊断

当CPU出现硬件或者软件故障时,可以通过博途软件进行在线诊断。如当系统中存在硬件故障时,若项目处于在线状态,项目树中有故障的部分会显示出一个红色扳手的图标 ,直接双击此图标,或单击项目树中的"在线和诊断"都可以打开诊断窗口,选择其中的"诊断缓冲区"就可以看到有关此故障的一些具体信息,还可以将这些信息保存。

6-6 博途软件的上传/下载和在线监控的讲解视频

若项目处于离线状态,可在项目树中较靠后的位置找到"在线访问" ▶ 在线访问 图标,将其展开找到实际使用的网卡后,双击"更新可访问的设备" 更新可访问的设备 图标,找到对应PLC站点,单击展开子菜单,选择"在线和诊断"选项,双击,同样可以打开上述诊断窗口。

关于PLC诊断的详细介绍见第10章。

6.2.8 库功能

博途软件还具有强大的库功能,可以将需要重复使用的对象存储到库中。此对象可以是博途软件中的硬件组态、变量表、程序块、用户自定义数据类型、一个分布式 I/O 站或者是一整套 PLC 系统,还可以是 HMI 的画面,或者画面上的几个元素组合,几乎所有的对象都可以成为库元素。掌握库功能能够显著提高工程开发的效率。

在博途软件中,单击右侧工具栏的"库",即可打开库界面,如图 6-22 所示。每个项目都连接一个项目库,项目库随着项目打开、关闭和保存。软件中还包含全局库,它独立于项目数据,一个项目可以访问多个全局库、一个全局库可以同时用于多个项目中。如果在一个项目中更改了某个库对象,则在所有打开该库的项目中,该库都会随之更改。如果项目库的库对象要用到其他对象中,可将该库对象移动或复制到全局库。

图 6-22 库任务栏

项目库和全局库中都包含以下两种不同类型的对象。

1. 主模板

基本上所有对象都可保存为主模板。主模板是用于创建常用元素的标准模板,可以创建所需元素并将其插入到基于主模板的项目中,这些元素都将具有主模板的属性。主模板既可以位于项目库中,也可以位于全局库中。项目库中的主模板只能在本项目中使用,全局库中的主模板可用于不同的项目中。

主模板没有版本号,也不能进行二次开发。

2. 类型

运行用户程序所需的元素(如程序块、PLC 数据类型和 HMI 画面等)可作为类型。类型有版本号(修改时将自动更新版本号),可以进行二次开发。

6.2.9 Trace

Trace 即趋势图、曲线图、轨迹图或跟踪功能,可以捕捉快速变化的信号,也可以在没有操作画面时观察变量的变化曲线;可以实时记录每个扫描周期数据,并可保存复制,帮助用户快速定位问题,提高调试效率。

变量的采样通过 OB 块触发,也就是说只有 CPU 能够采样的点才能被记录。

在项目树的"Trace"目录下通过"添加新 Trace"创建一个 Trace,其名称可自由定义。打开该 Trace,在"配置"→"信号"标签栏中添加需要跟踪的变量,如图 6-23 所示。

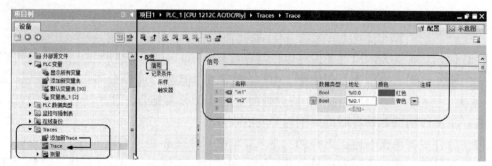

图 6-23　添加新 Trace 及配置 Trace 采样信号

在"记录条件"标签栏中设定采样和触发器参数，如图 6-24、图 6-25 所示。

图 6-24　配置采样参数

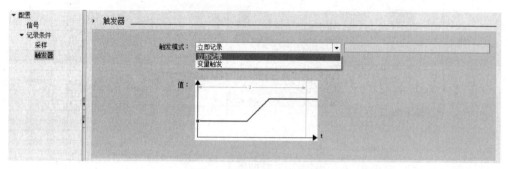

图 6-25　配置触发器参数

图 6-24 和图 6-25 中，测量点为使用 OB 块触发采样，处理完用户程序后，在 OB 块的结尾处记录所测量的数值。通常情况下，信号在哪个 OB 块处理就选择哪个 OB 块，如果是多个信号，则选择扫描周期最短的 OB 块；记录频率为选择多少个采样点记录一次数据；记录时长为定义测量点的个数或使用最大的测量点，测量点的个数与变量的个数和数据类型有关；触发模式分为立即触发（单击"记录"按钮后立即开始记录，到达记录的测量点后停止并将轨迹保存）和变量触发（单击"记录"按钮后，直到触发的变量满足条件才开始记录，到达记录的测量点后停止并将轨迹保存）。

信息配置完成后，可通过 Trace 工具栏中的按钮进行操作。如图 6-26 所示，各按钮功能如下：1 为在设备上安装轨迹；2 为上传到已设置的轨迹；3 为观察开/关；4 为激活记录；5 为禁用记录；6 为从设备中删除；7 为自动重复记录；8 为添加到测量；9 为导出轨迹配置；10 为导出具有当前可见设置的测量。

扫描二维码 6-7 可观看博途软件中 Trace 功能的讲解视频。

图 6-26　Trace 工具栏中的按钮

6-7 博途软件中 Trace 功能的讲解视频

6.2.10 其他功能

1. TIA Portal Openness

TIA Portal Openness 是 TIA Portal 软件平台上的一个组件。Openness API 为 TIA Portal 提供的开放性接口。

API（application programming interface，应用程序接口）是一些预先定义的接口（如函数、HTTP 接口），或指软件系统不同组成部分衔接的约定，用来提供应用程序与开发人员基于某软件或硬件得以访问的一组例程，而又无须访问源码或理解内部工作机制的细节。

简单地说，Openness 就是可以通过高级语言，调用某些 API，达到对 TIA Portal 工程的控制与操作，可以提高自动化工程效率。

TIA Portal Openness 可以替代 TIA Portal 的手动操作，使其自动执行相应的功能：

1) 使用 Microsoft Visual Studio 创建应用程序。
2) 使用 DLLs（动态链接库）访问 TIA Portal 的对象和相应功能。
3) 应用程序通过 Openness 控制 TIA Portal。

Openness 可提供两种数据接口，分别通过两种文件实现数据转换：

1) 通过 AML（自动化描述语言）文件，交换组态数据。
2) 通过 XML（可扩展标准语言）文件，交换程序文件。

Openness 可通过 Excel 文件制定生成程序的规格，如需要用到哪个 FB 块、背景数据块的名称等。

Openness 的应用场合如图 6-27 所示。如果一个系统内 PLC 站点的个数超过 30 个，或者功能块的个数超过 50 个，即可使用 Openness 功能；如果客户对一个项目的要求尚不确定，需要经常修改，修改次数可能超过 10 次，即可使用 Openness 功能；如果某个控制系统由多个相似度很高的设备构成，如多个传送带、多个泵或者多个阀门，即可使用 Openness 功能。

TIA Portal Openness 的安装需求如下：

1) TIA Portal V13 SP1 及以上版本才能够安装 Openness。

2) V15 之后的版本集成了 Openness，无须单独安装；V15 之前的版本需要单独安装 Openness。

3) 不需要授权，只要有 TIA Portal 的授权即可。

4) 开发环境需要 Microsoft Visual Studio 2015 Update 1 或以上版本。

图 6-27 Openness 的应用场合

5) 系统中的 .NET 框架需为 .NET Framework 4.6.2。
6) 需将系统登录的用户添加到 Siemens TIA Openness 用户组。

2. 通过 TIA Portal 进行团队工程组态

如果对项目有如下要求，可以进行团队工程组态：

1) 要求 1：公司范围的项目团队将项目创建任务进行拆分。
2) 要求 2：调试团队执行共享调试。

团队工程组态能够以团队的形式创建和调试项目。团队工程组态示意图如图 6-28 所示。TIA Portal 为此提供了以下工程组态选项：

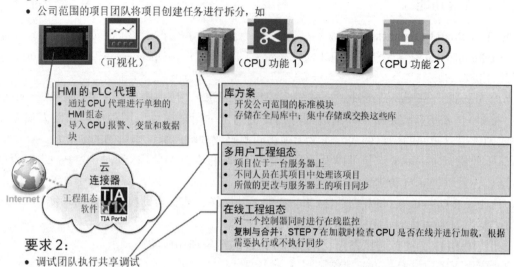

图 6-28 团队工程组态示意图

（1）HMI 的 PLC 代理

可在单独的项目中分别处理 HMI 和 CPU。

1) CPU 项目：提供符号（PLC 变量、数据块）和 CPU 报警文本（PROGRAM_ ALARM）作为导出内容。

2) HMI 项目：来自 CPU 项目的符号导入到一个 CPU 代理中，并如同在真实 CPU 项目中那样进行连接。CPU 报警的使用方式如同它们处于一个项目中。

（2）库方案

程序块、PLC 数据类型等存储在全局库中。这些库由整个团队使用（集中存储在一台公司服务器上，或作为一个库归档包提供）。

（3）多用户工程组态

多个员工在其自己的会话（项目副本）中针对项目中的同一项目开展工作，所做的更改与项目服务器中的项目同步并应用于所有其他会话。

（4）在线调试

最多 5 个人可同时在线访问 CPU。

复制与合并：STEP 7 在加载期间检查来自 CPU 上其他项目的更改（即使没有打开的会话），并在需要时提供同步。

6.3 博途的仿真器

博途软件集成了 SIMATIC S7-300/400 PLC 的仿真器，但 S7-1200/1500 PLC 的仿真器需要单独安装，安装之后就可以在编程器上直接仿真 S7-1200 系列 PLC 的运行和测试程序。PLC 仿真器完全由软件实现，不需要任何硬件，所以基于硬件产生的报警和诊断不能仿真。

博途软件有不同类型的仿真器，如 HMI 仿真器、SIMATIC S7-300/400 PLC 仿真器和 SIMATIC S7-1200 PLC 的仿真器，这些仿真器基于不同的对象。为了便于操作，在软件工具栏中有一个"启动仿真"按钮，选择仿真对象后，启动仿真器会与其自动匹配。

如图 6-29 所示，在项目树中通过鼠标单击选择 SIMATIC S7-1200 PLC 站点，然后再单击菜单栏中的"启动仿真"按钮，即可启动 SIMATIC S7-1200 PLC 仿真器并自动弹出下载窗口。在 PG/PC 接口栏中选择"PLCSIM"，程序下载完成后，仿真器运行，这时可以看到仿真器的精简视图。

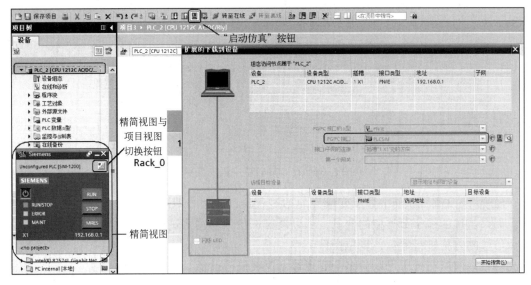

图 6-29　启动仿真器示意图

通过仿真器视图中的按钮可以切换仿真器的精简视图和项目视图，图 6-30 为仿真器项目视图，工具栏中也有精简视图与项目视图的切换按钮，在这里新建项目后，可以看到仿真器中包含了 SIM 表格（SIM tables）和序列（Sequences）。在博途软件中调试程序时，可以切换到精简视图；对仿真器的操作，如增加序列时，则可以切换到项目视图。

图 6-30　仿真器项目视图

6-8 S7-1200 PLC
仿真器使用的
讲解视频

扫描二维码 6-8 可观看 S7-1200 PLC 仿真器使用的讲解视频。

6.3.1 仿真器的 SIM 表格

S7-PLCSIM 中的 SIM 表格可用于修改仿真输入并能设置仿真输出，与 PLC 站点中的监控表功能类似。一个仿真项目可包含一个或多个 SIM 表格。鼠标双击打开项目视图中的 SIM 表格，在表格中输入要监控的变量，在名称所在列可以查询变量名称。除优化的数据块外，也可以在地址所在列直接键入变量的绝对地址，如图 6-31 所示。

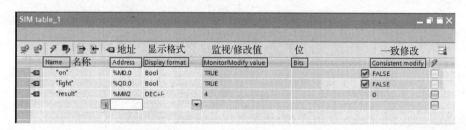

图 6-31 在 SIM 表格中添加变量

在监视/修改值所在列中显示变量当前的过程值，也可以直接键入修改值，按回车键确认修改。如果监控的是字节类型的变量，可以展开以位信号格式进行显示，单击对应位信号的方格进行置位、复位操作。

在一致修改所在列中可以为多个变量输入需要修改的值，并单击后面的方格使能。然后单击 SIM 表格中工具栏的"修改所有选定值"按钮，批量修改这些变量，以便更好地对过程进行仿真。

SIM 表格可以通过工具栏中的"导出"按钮导出，并以 Excel 格式保存；反之也可以从 Excel 文件导入。

扫描二维码 6-9 可观看博途软件中手动改变变量数值的操作讲解视频。

6-9 博途软件中手动改变变量数值的操作讲解视频

6.3.2 仿真器的序列

对于顺序控制，仿真时需要按照一定的时间去使能一个或多个信号，通过 SIM 表格进行仿真就比较困难，仿真器的序列功能可以很好地解决这个问题。

双击打开一个新创建的序列，按照控制要求添加修改的变量并定义设置变量的时间点，如图 6-32 所示。

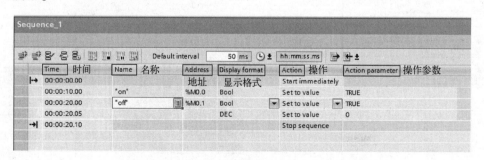

图 6-32 设定序列

在时间所在列中设置修改变量的时间点，时间将以时：分：秒．小数秒（00:00:00.00）格式进行显示；在名称所在列可以查询变量的名称，除优化的数据块外，也可以在地址所在列直接键入变量的绝对地址，只能选择输入（%I：P）、输出（%Q 或%Q：P）、存储器（%M）

和数据块（%DB）变量；在操作参数所在列填写变量修改值，如果是输入（%I：P）变量，还可以设置为频率信号。

思考题及练习题

1. 什么是硬件组态？组态有哪几种方法？简述自动获取相连设备组态的过程。
2. 博途软件的一大特色是在编程时可以对变量进行拖拽，变量的拖拽分为哪几种？
3. 在什么情况下会使用到上传功能？简述上传的基本步骤。
4. 简述博途软件中，实现监控功能的几种情况。
5. 若要利用博途的仿真器，仿真顺序控制的情况，应采取什么方法？

第7章 S7-1200 PLC 的软件编程

7.1 S7-1200 PLC 的数据类型

7.1.1 基本数据类型

对于 S7-1200 PLC，基本数据类型主要有以下几种。

1）位数据类型：Bool、Byte、Word、DWord。
2）算术数据类型：SInt、USInt、Int、UInt、DInt、UDInt、Real、LReal。
3）字符类型：Char、WChar。
4）定时器及日期时间类型：Time、Date、Time_of_day。

S7-1200 PLC 基本数据类型的名称、位数、常数范围及变量示例见表7-1。

表 7-1 基本数据类型的名称、位数、常数范围及变量示例

类型名称	符号名	位数	常数范围	变量示例（绝对地址）
位/点/开关量/数字量/布尔量	Bool	1	1 或 0 （TRUE/FALSE）	I0.0、Q0.0、M0.0、DB1.DBX0.0（非优化）
字节	Byte	8	16#00 ~ 16#FF	IB0、QB4、MB0、DB2.DBB6（非优化）
短整数	SInt		-128 ~ 127	
无符号短整数	USInt		0 ~ 255	
字符	Char		16#00 ~ 16#FF，如 'p'、'L' 或 'c'	
字	Word	16	16#0 ~ 16#FFFF	IW0、QW0、MW0、DB3.DBW0（非优化）
整数	Int		-32768 ~ 32767	
无符号整数	UInt		0 ~ 65535	
IEC 日期	Date		D#1990-01-01 ~ D#2169-06-06	
16 位宽字符	WChar		16#0 ~ 16#FFFF，如 WChar# '国'	
双字	DWord	32	16#0000_0000 ~ 16#FFFF_FFFF	ID0、QD0、MD0、DB4.DBD0（非优化）
长整数（双整数）	DInt		-2147483648 ~ 2147483647	
无符号长整数	UDInt		0 ~ 4294967295	
浮点数（实数）	Real		$-3.402823\times10^{38} \sim -1.17549435\times10^{-38}$，0，$1.17549435\times10^{-38} \sim 3.402823\times10^{38}$	
IEC 时间（32 位）	Time		T#-24D_20H_31M_23S_648MS ~ T#24D_20H_31M_23S_647MS	
实时时间 TOD	Time_of_day		TOD#00:00:00.000 ~ TOD#23:59:59.999	
长浮点数	LReal	64	$-1.7976931348623158\times10^{308} \sim -2.2250738585072014\times10^{-308}$，0，$2.2250738585072014\times10^{-308} \sim 1.7976931348623158\times10^{308}$	见后文

说明：

对于 S7-1500 PLC，除了支持表 7-1 中所列出的数据类型外，还支持 LWord、LInt、ULInt、S5Time、LTime 和 LTOD（LTime of Day）。

1. 位数据类型

位数据类型有 Bool、Byte、Word 和 DWord，其编码很简单，Bool 是 1 位二进制的数据，Byte 是 8 个 Bool 排列在一起，Word 和 DWord 分别是 16 和 32 个 Bool 排列在一起。因此，位数据以二进制显示时，几乎每一位都能解释出实际的意义。

【例 7-1】将 16 台电机的输出信号连接到一个 DQ16 模块上，如图 7-1 所示。假设为该模块分配的是 Q 区的 0 和 1 号字节，则这 16 台电动机输出信号的地址分别为 Q0.0~Q0.7，Q1.0~Q1.7，I/O 模块地址的分配规则详见本章 7.2.4 节。

Q0.0~Q0.7 这 8 位 Bool 放到一起其实就是 QB0，Q1.0~Q1.7 这 8 位 Bool 放到一起是 QB1，如图 7-2 所示。那么 QB0 和 QB1 显示为二进制时，或者说把它们分拆回 8 位的个体时，它的每一位都能解释出具体意义，都是某一台电机的输出信号，当某一位为 0 时，表示需要该电机停止；当某一位为 1 时，表示需要该电机起动。由于每一位都有实际意义，因此 QB0 和 QB1 就是 Byte，而不是 USInt 或者 SInt 等。

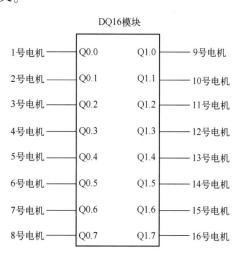

图 7-1 DQ16 模块输出信号连接示意图

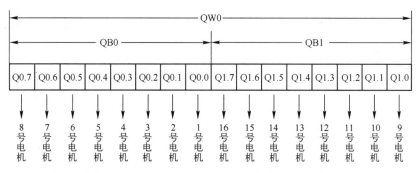

图 7-2 Bool、Word 与 DWord 的组成与对应关系

将上述 16 个 Bool 放到一起就是 QW0，同样当 QW0 显示为二进制时，它的每一位都能解释出具体意义，也都是某一台电机的输出信号，因此 QW0 就是 Word，而不是 UInt 或者 Int 等。32 位的 DWord 同理。

在监控变量时，Byte、Word 和 DWord 也可以显示为其他格式的数值，如十六进制或十进制，但这个数值的大或小是无法解释出实际意义的。

需要注意的是，图 7-2 中 QW0 右侧的最低位对应的是 9 号电机而非 1 号电机，左侧的最高位对应的是 8 号电机而非 16 号电机，即它并不是从右往左依次对应 1~16 号电机。这其实就是西门子 PLC 数据的底层存储规则，关于这个规则详见本章 7.1.2 节。

【例 7-2】假设例 7-1 中 QW0 的数值来源于 MW0 或 DB1.DBW0，如图 7-3 所示，则 MW0 或 DB1.DBW0 就是位数据 Word。

图 7-3 MW0 (DB1.DBW0) 对 QW0 的赋值示意图

本例还说明了另一个问题，就是除了 Q 区（I 区）以外，M 区和 DB 块也可以用作位数据类型。

2. 整数类型

整数类型有 USInt、SInt、UInt、Int、UDInt 和 DInt，主要用来存储不带小数的整数数据，其中由字母"U"为首的都是无符号整数，也就是都是 0 或正整数；不是由字母"U"为首的都是有符号整数，即除了存储 0 和正整数，还可以用来存储负整数。

整数的编码规则很简单。无符号整数（USInt、UInt 和 UDInt）的所有位都是数值位，其对应的十六进制和十进制数值，就是这些数值位直接进行二-十六进制及二-十进制转换得到的数值，如图 7-4 中的 USInt 的编码是 10101010，直接转换成十六进制的数值是 16#AA，直接转换成十进制的数值是 170。

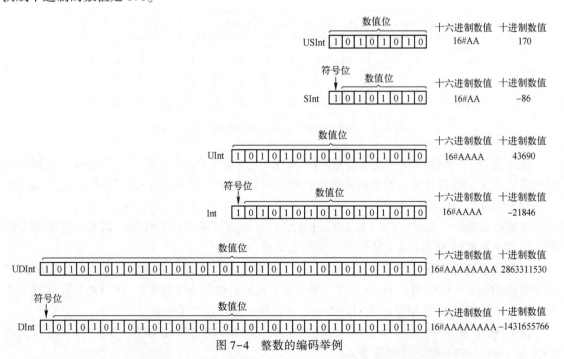

图 7-4 整数的编码举例

有符号整数（SInt、Int 和 DInt）最左侧的位（最高位）是符号位，当为 0 及正整数时该位为 0，为负整数时该位为 1。除此之外的其余位均为数值位，当为正整数时，数值位直接进行二-十进制转换即可得到十进制的数值；当为负整数时，数值位的补码（数值位逐个位取反再加 1）进行二-十进制转换，再加上负号即可得到十进制的数值。

了解了位数据和整数后，可能会遇到这样的一个困惑，就是当使用绝对地址时，相同位数的位数据和整数会存储到类似名称的绝对地址中，即 IB0（QB0、MB0、DB1.DBB0 或该存储区的其他字节）中可能是 Byte，也可能是 USInt 或 SInt；IW2（QW2、MW2、DB1.DBW2 或该存储区的其他字）中可能是 Word，也可能是 UInt 或 Int；ID4（QD4、MD4、DB1.DBD4 或该存储区的其他双字）中可能是 DWord，也可能是 UDInt、DInt 等。表 7-1 中也提到过，同是 8 位、16 位或 32 位的数据可以存储在同样的绝对地址中。

那么如何判断一个绝对地址中的数据是位数据，还是整数呢？

在介绍位数据类型时，提到它本质上是多个 Bool 排列在一起，因此它显示为二进制时，每一位都有实际意义。而整数显示为二进制时，除了符号位可以解释出实际意义外，其余数值位都不能按位来解释意义，整数的实际意义是按整体解释的。

【例 7-3】将 4 组量程为 0.0~5.5 m 的液位计信号接到一个 AI4 模块上，如图 7-5 所示。假设为该模块分配的是 I 区从 2 号开始的字节，则这 4 个液位计的地址分别为 IW2、IW4、IW6 以及 IW8，I/O 模块地址的分配规则详见 7.2.4 节。

图 7-5 液位计与 AI 模块连接关系示意图

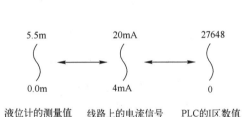

图 7-6 成比例的 PLC 内外部数据

对于模拟量输入，4~20 mA 的电流信号（或 0~10 V 的电压信号）将按比例转换为过程映像区对应地址的 0~27648。如图 7-6 所示，液位计的测量值、线路上的电信号以及 PLC 中相应过程映像区的数值是成比例的。当某液位计测量到的液位值增加，线路上的电信号就会升高，其相应过程映像区 IW2、IW4、IW6 或者 IW8 中的数值就会变大，反之亦然。因此，此处 IW2~IW8 这四个数据（范围均为 0~27648）是按整体解释实际意义的，即整体的数值变大说明了液位值在增加，整体的数值变小说明了液位值在减小。而如果把这 4 个数据显示为二进制，将无法按位解释实际意义。

这样的数据就是整数，而不是位数据。

3. 浮点数类型

浮点数是带小数的数，它可以用很小的存储空间表示非常大和非常小的数值，因此其编码与整数有很大差异。32 位浮点数 Real 在 IEEE 754 标准中的格式表示为

$$32 \text{ 位浮点数} = (\text{符号位}) \times (1+f) \times 2^{e-127}$$

32 位浮点数的最高位（第 31 位）是符号位，为 0 时为正数，为 1 时为负数；8 位指数 e 占第 23~30 位；23 位尾数的小数部分 f 占第 0~22 位。

【例 7-4】利用 Real 的格式公式，验证常数 7 的 Real 编码。

答：如图 7-7 所示为常数 7 的 Real 编码。

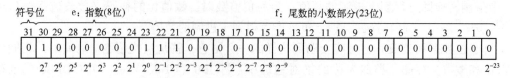

图 7-7　常数 7 的 Real 编码

其中 $f=2^{-1}+2^{-2}=0.75$，$e=2^0+2^7=129$，则 $(1+0.75)\times 2^{129-127}=1.75\times 4=7$。

64 位浮点数 LReal 在 IEEE 754 标准中的格式表示为

$$64\text{ 位浮点数}=(\text{符号位})\times(1+f)\times 2^{e-1023}$$

64 位浮点数最高位（第 63 位）是符号位，为 0 时是正数，为 1 时是负数；11 位指数 e 占第 52~62 位；52 位尾数的小数部分 f 占第 0~51 位。

【例 7-5】利用 LReal 的格式公式，验证常数 7 的 LReal 编码。

答：图 7-8 为对某变量赋值常数 7 的程序，也可以用该方式得到例 7-4 常数 7 的 Real 编程。

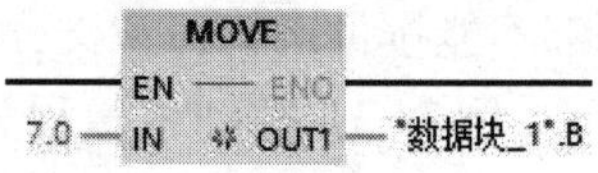

图 7-8　对某变量赋值常数 7 的程序

如图 7-9 所示为常数 7 的 LReal 编码。

名称	地址	显示格式	监视值
"数据块_1".B		二进制	2#0100_0000_0001_1100_0000_0000_0000_0000_0000_0000_0000_0000_0000_0000_0000_0000
	<添加>		

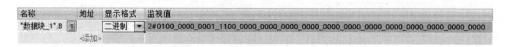

图 7-9　常数 7 的 LReal 编码

其中 $f=2^{-1}+2^{-2}=0.75$，$e=2^0+2^{10}=1025$，则 $(1+0.75)\times 2^{1025-1023}=1.75\times 4=7$。

如果把常数 7 的 Real 编码显示为十进制的整数则为 1088421888，如果把常数 7 的 LReal 编码显示为十进制的整数则为 4619567317775286272。可见由于编码不同，浮点数如果显示为整数，会变成与实际数值毫无关系的数。

有时由于程序的需要，要把整数转变成浮点数（如对模拟量输入的处理，如图 7-10 所示）或把浮点数转变成整数（如对模拟量输出的处理，如图 7-11 所示）等，就需要用到数据类型的转换。

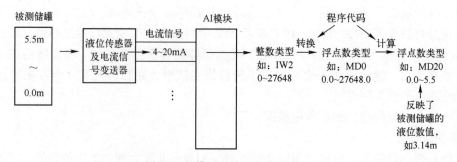

图 7-10　模拟量输入处理示意图

数据类型的转换有两种主要方式：显式转换和隐式转换。显式转换是指必须借助专门的转换指令实现的数据类型转换；而隐式转换是指无须借助专门的转换指令，其转换操作隐含在其他指令中。

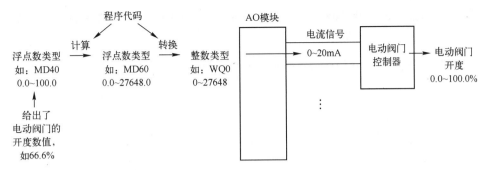

图 7-11 模拟量输出处理示意图

例如，对于整数转换成浮点数，S7-300/400 PLC 只能使用显式转换的方法，而 S7-1200/1500 PLC 除了可使用显式转换外，也可在加减乘除时隐式地完成该转换。

4. 定时器类型

定时器类型数据是定时器指令专用的数据类型。定时器指令可以实现延时控制，在工程中很常用。关于定时器指令的讲解详见 7.5 节，本节只介绍定时器的数据类型。

S7-1200 PLC 的定时器类型只有 Time。Time 是 IEC 定时器的专用数据类型，IEC 定时器是国际标准定时器。

Time 的编码可以分别理解为 DInt 的编码。Time 的单位是毫秒（ms），因此该类型的最大定时时间就是 DInt 最大值对应的毫秒时间。

5. 时间日期类型

基本数据类型中的时间日期类型有 Date 和 Time_of_day（TOD）。

Date 类型将包含年、月的日期，以无符号整数 UInt 的形式保存。当显示为无符号整数并且数值为 0 时，切换回 Date 类型会显示 1990_01_01（1990 年 1 月 1 日），当数值为 1 时，Date 的显示日期为 1990_01_02。因此，Date 类型所能表达的日期范围为 1990_01_01（0）~2169_06_06（65535），即包含 1990 年 1 月 1 日的 65536 天内的任一天。

Time_of_day 是一天中的时间（32 位），它将包括小时、分钟、秒及毫秒的时间，以无符号长整数 UDInt 的形式保存。由于最小单位是毫秒，因此 TOD 所能表示的时间范围是 0 小时 0 分 0 秒 0 毫秒（0）~23 小时 59 分 59 秒 999 毫秒（86399999），即包含 0 小时 0 分 0 秒 0 毫秒的 86400000（一天内的毫秒数）毫秒内的任一毫秒。

6. 字符类型

字符 Char 主要为 ASCII 中除控制字符以外的大小写字母、阿拉伯数字、标点符号及运算符号等字符，具体查阅 ASCII 码表。

【例 7-6】表 7-1 中的'p''L'及'c'的数值分别为 16#70、16#4C 及 16#63，在 ASCII 码表中，是区分大小写字母的。

16 位宽字符 Wchar 为全球文字统一编码 Unicode 字符，具体请自行查阅码表。

【例 7-7】表 7-1 中的 Wchar#'国'，它的数值为 16#56FD。

7.1.2 绝对地址的访问

上述绝对地址的布尔量、字节、字（整数）、双字（长整数或浮点数）的地址之间是有组成关系的，如图 7-12 所示。可见，字节号、字号或双字号是从左至右由小变大的，即低地址在其左侧。而在每个字节中的布尔量地址从左至右却是由大变小的，即低地址在其右侧。西门子 S7 系列 PLC，包括 S7-300/400/1200/1500/200/200 SMART PLC 的绝对地址组成都是这个规律。

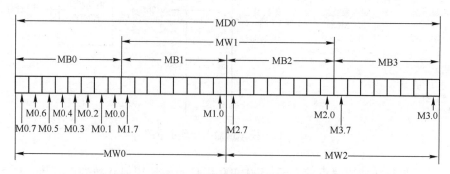

图 7-12 M 区不同长度的地址组成关系举例

另外，图 7-12 中只表示了位存储器 M 地址区的一小段，在 M 区的另外一段，如 4 个字节分别是 MB40、MB41、MB42、MB43，上述组成关系仍然成立。如果是其他的地址区，如输入过程映像区 I、输出过程映像区 Q、数据块 DB 等，其组成关系也是如此。

由图 7-12 可知，西门子 S7 系列 PLC 中数据的基本单位是字节。当需要用到布尔量地址时，由于字节中包含了 8 个布尔量，所以 MB0 中的 8 个布尔量是 M0.0~M0.7，QB16 里的 8 个布尔量是 Q16.0~Q16.7。

当需要用到字或整数等的 16 位地址时，就需要用 2 个相邻的字节组合在一起，如 MB0 和 MB1 组合成 MW0，MB2 和 MB3 组合成 MW2，由于字或整数在存储空间上是 2 个字节的组合。所以当使用了 MW0 这个字地址时，就相当于同时使用了 MB0 和 MB1 这两个字节地址。那么 M 区的下一个字或整数的地址就不要使用 MW1 了（除非相应的程序代码是对其进行读操作）。MW1 是 MB1 和 MB2 的组合，其中 MB1 已经被前面的 MW0 用到了。如果同时编写了对 MW0 和 MW1 的写操作的程序，由于 CPU 在程序执行阶段，每个扫描周期内都会执行这两个写操作，所以两个写操作相当于同时作用在 MB1 上，这样的运算结果一定有误！I 区、Q 区、DB 块及局部数据区的数据也是一样。

当需要用到双字、长整数或浮点数等的 32 位绝对地址时，就需要将相邻的 4 个字节组合在一起，如果使用了 MD0，就相当于同时使用了 MB0、MB1、MB2 和 MB3，那么下一个可以使用的双字、长整数或浮点数地址便为 MD4 了。

7.1.3 复杂数据类型

S7-1200 PLC 的复杂数据类型包括 DTL、String、WString、Array、Struct。

1. 日期和时间

DTL 是相对复杂的日期和时间类型，因此被划分到了复杂数据类型中，其位数和常数范围见表 7-2。

表 7-2 DTL 的位数及常数范围

类型名称	位数	常数范围
DTL	96	DTL#1970-01-01-00:00:00.0 ~ DTL#2262-04-11-23:47:16.854775807

说明：

S7-1500 PLC 还支持 DT（Date and Time）及 LDT（Date and LTime）类型。

DTL 是占用 12 字节的时间日期类型，它存储的是 1970 年 1 月 1 日 0 时 0 分 0 秒 0 纳秒以来的纳秒值，尽管 UInt 的最大值为 65535，但官方对其最大值的定义参考了 S7-1500 PLC 的 LDT 类型，即与 LDT 的最大值相同。如图 7-13 所示，第 0、1 字节整体以 UInt 类型存储年信息；第 2~7 字节分别以 USInt 类型存储月、日、星期、小时、分钟及秒信息，其中星期信息中，为 1 时表示周日，为 2~7 时依次表示周一~周六；第 8~11 字节整体以 UDInt 类型存储纳秒信息。

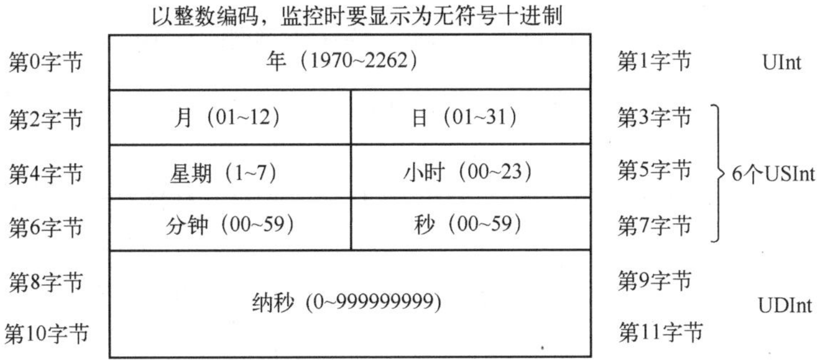

图 7-13　DTL 的存储格式

【例 7-8】 查看 DTL 中的各时间元素。

由图 7-14 可见，创建完 DTL 变量后，其各时间元素都会自动生成对应的变量（监控时仍需逐条添加）。DTL 的各时间元素都需要显示为无符号十进制，而不能显示为十六进制。

本例中 DTL 的时间值可以来自系统的时间，可以通过程序赋值，也可以在监控表中直接修改。

	i	名称	地址	显示格式	监视值
1		"数据块_2"."DTL#1"	P#DB2.DBX70.0	DATE_AND_TIME	DTL#2020-10-01-08:47:16.854775807
2		"数据块_2"."DTL#1".YEAR	%DB2.DBW70	无符号十进制	2020
3		"数据块_2"."DTL#1".MONTH	%DB2.DBB72	无符号十进制	10
4		"数据块_2"."DTL#1".DAY	%DB2.DBB73	无符号十进制	1
5		"数据块_2"."DTL#1".WEEKDAY	%DB2.DBB74	无符号十进制	5
6		"数据块_2"."DTL#1".HOUR	%DB2.DBB75	无符号十进制	8
7		"数据块_2"."DTL#1".MINUTE	%DB2.DBB76	无符号十进制	47
8		"数据块_2"."DTL#1".SECOND	%DB2.DBB77	无符号十进制	16
9		"数据块_2"."DTL#1".NANOSECOND	%DB2.DBD78	无符号十进制	854_775_807

图 7-14　DTL 的监控示例

2. 字符串

S7-1200 PLC 中的字符串共有 String 和 WString 两种类型。

（1）String 类型

String 是指包含特殊字符的 ASCII 字符串，每个 String 中可存储 0~254 个 Char 字符，每个字符占 1 个字节。除了字符占用存储空间以外，每个 String 还需要额外占用 2 个字节，用来记录该 String 中的最大长度以及当前已使用的实际长度。

【例 7-9】 在全局 DB 块中创建 String 变量。

答：创建 String 时，如果只是将变量的数据类型选择为“String”，博途软件则会为该变量预留出 256 个字节的空间。

如果在创建 String 时，在数据类型处加入最大字符数，则会为该变量预留出最大字符数+2 个字节的空间。

如图 7-15 所示，变量 STRING#1 的数据类型为 String[4]，它占用 4+2=6 个字节，因此下一个变量从该 DB 块的 6 号字节开始；变量 STRING#2 的数据类型为 String，它占用 254+2=256

个字节,因此下一个变量从该 DB 块的 262 号字节开始;变量 STRING#3 的数据类型为 String[8],它占用 8+2=10 个字节。

名称	数据类型	偏移量	起始值	保持
▼ Static				
STRING#1	String[4]	0.0	占用4+2=6个字节	
STRING#2	String	6.0	占用254+2=256个字节	
STRING#3	String[8]	262.0	占用8+2=10个字节	

图 7-15 在 DB 块中创建 3 个字符数不同的 String

本例及后文的 WString 例子中均使用非优化 DB 块,目的是方便呈现字节的占用情况。

【例 7-10】监控含有 4 字符串的 STRING#1。

答:首先来看 STRING#1 的存储结构,它占用了 6 个字节,如图 7-16 所示。

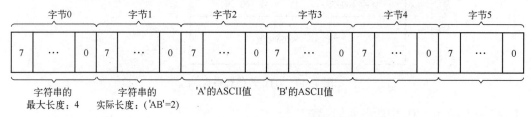

图 7-16 含有 4 字符串 STRING#1 的存储结构

其中,字节 0 以 USInt 类型存储了该字符串的最大字符长度数值,字节 1 以 USInt 类型存储了该字符串当前已使用的实际长度,字节 2~5 提供了 4 个字符的存储空间,并以字符串从左至右的顺序依次存储字符。如果为其赋值'AB',则字节 0 的数值为 4,字节 1 的数值为 2,字节 2 中的字符为'A',字节 3 中的字符为'B'。图 7-17 为在监控表中进行 STRING#1 的赋值验证。

	i	名称	地址	显示格式	监视值	修改值
1		"数据块_4"."STRING#1"	P#DB4.DBX0.0	字符串	'AB'	'AB'
2			%DB4.DBB0	无符号十进制	4	
3			%DB4.DBB1	无符号十进制	2	
4		"数据块_4"."STRING#1"[1]	%DB4.DBB2	字符	'A'	
5		"数据块_4"."STRING#1"[2]	%DB4.DBB3	字符	'B'	
6		"数据块_4"."STRING#1"[3]	%DB4.DBB4	字符	'$00'	
7		"数据块_4"."STRING#1"[4]	%DB4.DBB5	字符	'$00'	

图 7-17 STRING#1 的赋值验证

在监控表中添加 STRING#1 时,应选择图 7-18 中"无"的那一行。添加某一个字符时,应选择该字符对应的 Char 变量,如添加第一个字符时,应选择"STRING#1"[1]。

"数据块_4"."STRING#1"[]	<添加>		
无			
"STRING#1"[1]	Char		
"STRING#1"[2]	Char		
"STRING#1"[3]	Char		
"STRING#1"[4]	Char		

图 7-18 STRING#1 在监控表中的添加方法

(2) WString 类型

WString 是由多个数据类型为 WChar 的 Unicode 字符组成的字符串,每个 WString 中可存储 0~254 个字符(特殊的应用中,最多可存储 16382 个字符)。

每个 WString 的字符占 1 个字,除了字符占用存储空间以外,每个 WString 还需要额外占用 2 个字,用来记录该 WString 中的最大长度以及当前已使用的实际长度。

【例 7-11】在全局 DB 块中创建 WString 变量。

答：与 String 类似，创建 WString 时，如果只是将变量的数据类型选择为"WString"，博途软件则会为该变量预留出 256 个字（512 个字节）的空间。

如果在创建 WString 时，在数据类型处加入最大字符数，则会为该变量预留出最大字符数 +2 个字的空间。

如图 7-19 所示，变量 WSTRING#1 的数据类型为 WString["FOUR"]，它占用 4+2=6 个字，因此下一个变量从该 DB 块的 284 号字节开始；变量 WSTRING#2 的数据类型为 WString，它占用 254+2=256 个字，因此下一个变量从该 DB 块的 796 号字节开始；变量 WSTRING#3 的数据类型为 WString[8]，它占用 8+2=10 个字。

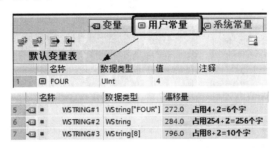

图 7-19　在 DB 块中创建 3 个字符数不同的 WString

本例中的 WSTRING#1 的数据类型为 WString["FOUR"]，说明最大字符数除了常数也可以使用常量，本例就是在定义 WSTRING#1 之前，先在变量表中定义了值为 4 的用户常量"FOUR"。

【例 7-12】监控含有 4 字符串的 WSTRING#1。

答：首先来看 WSTRING#1 的存储结构，如图 7-20 所示。它占用了 12 个字节，由于篇幅所限，只画出了前 8 个字节。

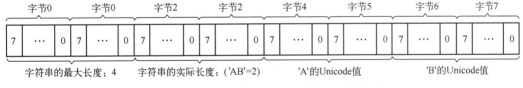

图 7-20　含有 4 字符串 WSTRING#1 的存储结构

其中，字节 0 和 1 整体以 UInt 类型存储了该字符串的最大字符长度数值，字节 2 和 3 整体以 UInt 类型存储了该字符串当前已使用的实际长度，字节 4~11 提供了 4 个字符的存储空间，并以字符串从左至右的顺序依次存储字符。如果为其赋值'AB'，则字节 0 和 1 的数值为 4，字节 2 和 3 的数值为 2，字节 4 和 5 中的字符为'A'，字节 6 和 7 中的字符为'B'。图 7-21 为在监控表中进行 WSTING#1 的赋值验证。

	名称	地址	显示格式	监视值	修改值
1	"数据块_4"."WSTRING#1"	P#DB4.DBX272.0	Unicode 字符串	WSTRING#'AB'	WSTRING#'AB'
2		%DB4.DBW272	无符号十进制	4	
3		%DB4.DBW274	无符号十进制	2	
4	"数据块_4"."WSTRING#1"[1]	%DB4.DBW276	Unicode 字符	WCHAR#'A'	
5	"数据块_4"."WSTRING#1"[2]	%DB4.DBW278	Unicode 字符	WCHAR#'B'	
6	"数据块_4"."WSTRING#1"[3]	%DB4.DBW280	Unicode 字符	WCHAR#'$0000'	
7	"数据块_4"."WSTRING#1"[4]	%DB4.DBW282	Unicode 字符	WCHAR#'$0000'	

图 7-21　WSTRING#1 的赋值验证

3. 数组

数组（Array）是由一定数目的同种数据类型元素组成的复杂数据类型，它不可以使用 Array 类型作为数组元素，即数组的元素不能是一个数组。在编程中合理使用数组，可使程序的结构比较规整。

【例 7-13】 创建一个包含 5 个 Int 元素的一维数组。

答：如图 7-22 所示，创建数组时可以直接在数据类型中选择"Array[0..1] of Int"，再修改下标中的上、下限值。本例中需要 5 个元素，因此下标为 [0..4]。需要注意的是，有些情况要求下标从非 0 的数值开始。

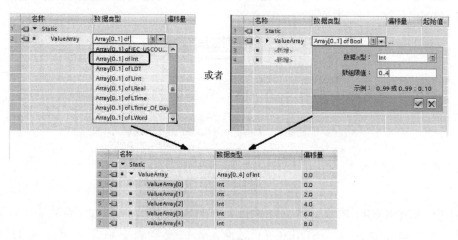

图 7-22 一维数组的创建

创建数组时也可以先随意选择一种元素类型，然后再修改数据类型和下标的上、下限，见图 7-22 的右上部分。

【例 7-14】 创建一个包含 2×5 个 Real 元素的二维数组。

答：二维数组的创建与一维数组的创建方法类似，只是二维数组的下标中有两组上、下限范围，两组范围之间用逗号隔开，如图 7-23 所示。

	名称	数据类型	偏移量
1	▼ Static		
2	ValueArray	Array[0..1, 0..4] of Real	0.0
3	ValueArray[0,0]	Real	0.0
4	ValueArray[0,1]	Real	4.0
5	ValueArray[0,2]	Real	8.0
6	ValueArray[0,3]	Real	12.0
7	ValueArray[0,4]	Real	16.0
8	ValueArray[1,0]	Real	20.0
9	ValueArray[1,1]	Real	24.0
10	ValueArray[1,2]	Real	28.0
11	ValueArray[1,3]	Real	32.0
12	ValueArray[1,4]	Real	36.0

图 7-23 二维数组示例

数组的维数最多为 6。除常数外，数组的下标还可以用常量代替。

4. 结构

结构（Struct）是由固定数目的不同数据类型元素组成的复杂数据类型。在 Struct 中除基本数据类型外，还可嵌套 Struct 和 Array。

在编写程序时，如果出现多个类似的不同数据类型的数据组合，而这些数据组合之间恰好有着同样类型及数目的数据，就可以把有关数据统一组织在一个 Struct 中，将它作为一个数据单元来使用，而不是使用大量的单个元素，这样就为统一处理不同类型的数据或参数提供了方便。

【例 7-15】假设程序中需要用到联想、惠普和苹果等品牌计算机的一些数据，且每种品牌都需要用到相同的数据元素，对比使用和未使用 Struct 时的区别。

答：按照本例条件中给出的情况，未使用 Struct 时在全局 DB 块中创建的变量如图 7-24a 所示，可见创建出的变量十分零散。

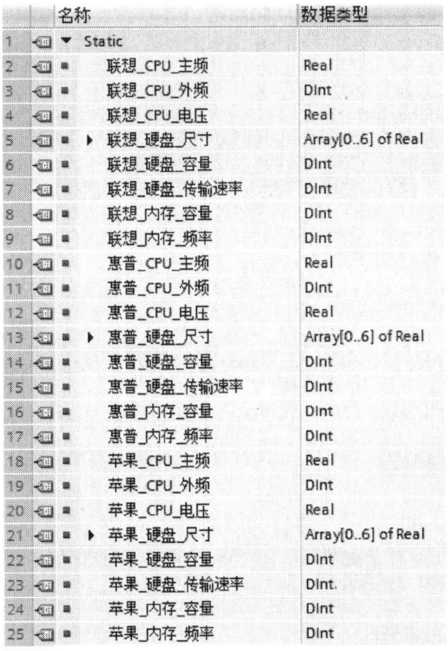

图 7-24　使用 Struct 与否的对比
a）未使用 Struct　b）使用 Struct

由于本例中不同品牌计算机用到了相同的数据元素——CPU、硬盘和内存，而这些数据元素里面又包含了一些相同的数据元素，如 CPU 中又包含了主频、外频和电压。因此，能够以计算机品牌为基础整合为一级 Struct，再以不同的计算机硬件整合出一级 Struct。

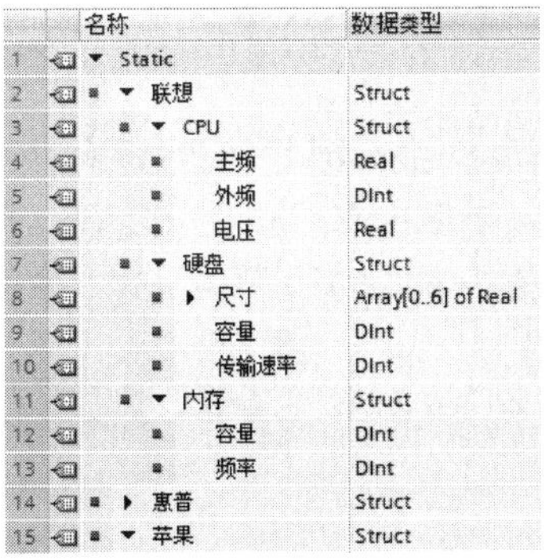

图 7-24b 为使用 Struct 的示例，由于使用了 Struct，本例中 CPU 的主频、外频、电压，硬盘的尺寸、容量、传输速率，内存的容量、频率等数据就能通过联想、惠普和苹果等 Struct 进行统一处理。

但是 Struct 也有一定的局限，它不太适合进行太多组数据组合的整合。以图 7-24b 为例，创建联想 Struct 时，创建了 CPU、硬盘和内存 3 个 Struct。在创建惠普和苹果这两个 Struct 时，每个 Struct 中的 CPU、硬盘和内存 3 个 Struct 都需要手动再创建一遍（键入或复制粘贴），如果本例涉及的计算机品牌较多就会很烦琐（当然，如果用图 7-24a 的方式会更烦琐）。

因此，可以理解为 Struct 虽然优化了类似本例中的情况，但是多个数据组合中的每个 Struct 都要单独创建。

下面将要介绍的 PLC 数据类型就完美地解决了这个问题。

7.1.4　PLC 数据类型

PLC 数据类型又称为用户自定义数据类型（user data type，UDT），它可以理解为一种可以用来快速创建 Struct 的数据模板。类似于 Struct，组成 UDT 的数据元素除了基本数据类型外，还可以是 Array、Struct 以及其他的 UDT，需要注意的是，UDT 最大的嵌套深度为 8 级。

【例 7-16】将例 7-15 中的 Struct 改成 UDT。

答：如图 7-25 所示，添加新 PLC 数据类型，命名为"计算机"，并创建 CPU、硬盘和内存这几个每个计算机品牌都要用到的 Struct，但是在 UDT 中并没有涉及联想、惠普和苹果等品牌信息的数据。

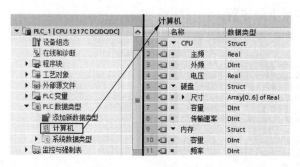

图 7-25　UDT 的添加

在全局 DB 块中，创建联想、惠普和苹果 3 个变量，数据类型为上一步创建的 UDT——"计算机"。选定该数据类型后，联想、惠普和苹果的下一级就会自动出现 CPU、硬盘和内存 3 个 Struct，无须另行创建，十分方便，如图 7-26 所示。

1		▼ Static		
2		▼ 联想	"计算机"	
3		▼ CPU	Struct	
4		主频	Real	
5		外频	DInt	
6		电压	Real	
7		▼ 硬盘	Struct	
8		▶ 尺寸	Array[0..6] of Real	
9		容量	DInt	
10		传输速率	DInt	
11		▼ 内存	Struct	
12		容量	DInt	
13		频率	DInt	
14		▼ 惠普	"计算机"	
15		▼ CPU	Struct	
16		主频	Real	
17		外频	DInt	
18		电压	Real	
19		▶ 硬盘	Struct	
20		▶ 内存	Struct	
21		▼ 苹果	"计算机"	
22		▶ CPU	Struct	
23		▶ 硬盘	Struct	
24		▶ 内存	Struct	

图 7-26　UDT 示例

因此，UDT 特别适合用来创建有着相同数据元素的多组结构数据。

当 UDT 中某个变量需要修改时，只需在 UDT 模板中进行修改，然后再进行编译，即可自动更新程序中所有类似数据组合中的该数据元素。添加和删除 UDT 中的变量时亦是如此。

7.1.5 指针类型

指针是一个内存中的数据，它仅包含地址指向信息，而没有实际的数值。改变指针的指向，就相当于指向了另一个变量，因此可以通过它灵活地访问变量。

S7-1200 PLC 指针类型仅支持 VARIANT 指针。

说明：

S7-1500 PLC 还支持 References、POINTER 和 ANY 指针。

VARIANT 指针类型是一种全新的数据类型，仅适用于 S7-1200/1500 PLC，它被设计用来取代 ANY、POINTER 指针类型。VARIANT 指针类型是一种安全的类型，它不会出现运行时指向一个不存在的内存区域的情况。

VARIANT 指针类型的意义在于作为块的接口传递参数（在 FC 块和 FB 块的形参和实参之间），该类型的引入极大地提高了 PLC 编程的灵活性。

【例 7-17】使用 VARIANT 指针类型可以传递的绝对地址。

答：P#DB8.DBX6.0 INT 10

这种表达方式相当于 ANY 指针类型，VARIANT 指针类型可以传递这种连续区域的地址。P#DB8.DBX6.0 INT 10 表达的是从 DB8.DBW6 开始的 10 个 Int 变量。

另外，由于 VARIANT 指针类型很灵活，使用普通的绝对地址表达方式用来传递单一的一个变量是可行的，因此，如%MW8 这样的绝对地址也可以被传递。

【例 7-18】使用 VARIANT 指针类型可以传递的符号地址。

答：配方数据块 1. 联想. CPU. 主频

"配方数据块 1"是数据块的符号地址，"联想. CPU"是一个带嵌套的 Struct 的符号地址，"主频"是 Struct 元素的符号地址。

了解了指针类型，就可以学习前文留下的问题——64 位绝对地址的表达方式了。64 位的变量在定义好数据类型后，在程序中会表达为"P#地址"的形式。

【例 7-19】在变量表中，以 M100.0 为起始地址，创建一个 LReal 变量。

答：在变量表中以"X"为符号名创建一个 LReal 变量，将地址修改为"M0.0"，它在程序中使用时会显示成"P#M0.0"，如图 7-27 所示。

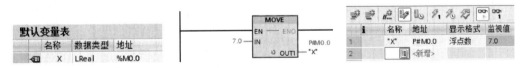

图 7-27　64 位变量的创建、调用与监控示例

除上述数据类型外，还有一些不常用的数据类型，感兴趣的读者可以查阅相关手册。

7.1.6 变量的解析访问

变量的解析访问是指为了程序的需要去访问某一个变量内的一部分。

如果一个变量是 Array 和 Struct，或者一些类似 Struct 的类型，如复杂数据类型中的 DTL 类型，那么它们内部的一部分可能就是另一个独立的变量，因此读取它们内部的一部分很简单。

本节要讨论的是除 Array 和 Struct 以外的数据类型的解析访问。下面分两种情况进行讨论：绝对地址解析访问和符号地址解析访问。

1. 基本数据类型的绝对地址解析访问

基本数据类型的绝对地址解析访问，需要首先掌握 32 位及以内的基本数据类型的绝对地址组成关系，可以参考 7.1.2 节的图 7-12。

【例 7-20】如果程序需要使用**非优化 DB 块**中的变量 DB3.DBD6 的最高位、最低位和最低字节，它们分别是什么？

答：最高位是 DB3.DBX6.7，最低位是 DB3.DBX9.0，最低字节是 DB3.DBB9，如图 7-28 所示。

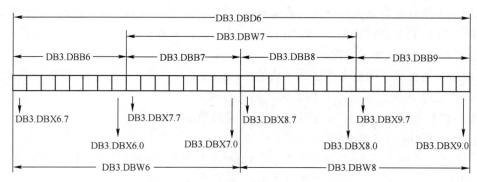

图 7-28 非优化 DB 块中双字的组成结构示例

【例 7-21】如果程序需要使用变量 MD0 的最高和最低字节，它们分别是什么？

答：最高字节是 MB0，最低字节是 MB3。

2. 符号地址解析访问——片段访问

在博途软件中，有一些变量仅有符号地址，如优化 DB 块中的变量，如果要访问这些变量内部的一部分，需要使用片段访问（slice access）的方法。

片段访问的方法很简单，如图 7-29 所示。

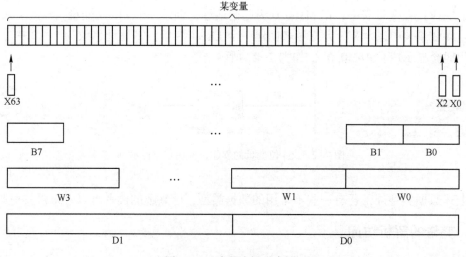

图 7-29 片段访问示意图

当需要访问某变量内部的一个布尔量时，就在变量名后加上".X0"，表示访问它的第 0 位（最低位）；若加上".X63"，则表示访问它的第 63 位（即 64 位变量的最高位）。

当需要访问某变量内部的一个字节时，就在变量名后加上".B0"，表示访问它的第 0 字节（最低字节）；若加上".B7"，则表示访问它的第 7 字节（即 64 位变量的最高字节）。

当需要访问某变量内部的一个字时，就在变量名后加上".W0"，表示访问它的第 0 字（最低字）；若加上".W3"，则表示访问它的第 3 字（即 64 位变量的最高字）。

当需要访问某变量内部的一个双字时，就在变量名后加上".D0"，表示访问它的第 0 双字（最低双字）；若加上".D1"，则表示访问它的第 1 双字（即 64 位变量的最高双字）。

【例 7-22】假设**优化 DB 块**的名称为"Motor_Control_DB"，如果程序需要使用其中的 DWord 变量 Motor_Status 的最高位、最低位和最低字节，它们分别是什么？

答：最高位是"Motor_Control_DB".Motor_Status.%X31；最低位是"Motor_Control_DB".Motor_Status.%X0；最低字节是"Motor_Control_DB".Motor_Status.%B0。

其中，"%"会自动生成。

注意：

片段访问地址不是一个独立的变量，虽然可以在程序中直接使用，但不能直接在监控表中监控。

以上就是 S7-1200 PLC 的数据类型，用这些数据类型构成的数据都存储在 PLC 的存储区中。

7.2　S7-1200 PLC 的存储区

PLC 的组成结构与计算机相似，因此 PLC 是一种特殊的计算机。

普通计算机（单机版）的数据都是存储在硬盘中，在需要执行某个程序时，计算机会把它复制到内存中执行。PLC 也类似，它也有"硬盘"和"内存"之分。S7-1200 PLC 中的物理存储区主要有装载存储器、工作存储器、保持性存储器和系统存储器。

7.2.1　装载存储器

装载存储器相当于计算机的"硬盘"。

S7-1200 PLC 的装载存储器分为两种：

1）集成在 S7-1200 PLC 内部的装载存储器。

2）基于特制 SD 存储卡（SIMATIC 存储卡）的装载存储器。

由于有集成在内部的装载存储器，S7-1200 PLC 也可以不插入存储卡。

装载存储器主要用来存储以下数据：

1）程序块，包括 OB、FB 以及 FC。

2）数据块，即 DB。

3）变量符号与注释。

4）硬件组态信息。

5）模块的工艺对象信息等。

S7-1200 PLC 内置的装载存储器的存储空间大小有 1 MB、2 MB 和 4 MB。一般地，PLC 的型号越高，存储空间越大。

注意：

1）SIMATIC 存储卡可以插入计算机的 SD 插槽，并使用 Windows 浏览其文件，但是千万不能在 Windows 中对其进行格式化。

2）S7-1200 PLC 可以在没有存储卡的情况下运行，但 S7-1500 PLC 由于无内部装载存储器，因此离开存储卡将无法工作。

3) S7-1200/1500 PLC 的存储卡是通用的，使用前需要插入 CPU 中，并利用博途软件将其格式化。

4) S7-1200 PLC 的存储卡除了可以用作装载存储器（即用作程序卡）以外，还可以用作传送卡，用来作为向多个 S7-1200 PLC 传送项目文件（而无需博途软件）的介质，还可以用作 S7-1200 CPU 的固件更新卡等。

7.2.2 工作存储器

工作存储器相当于计算机的"内存"。S7-1200 PLC 的工作存储器是易失性存储器 RAM，它集成在 PLC 中，无法进行扩展。

S7-1200 PLC 的工作存储器被划分成两个区域：

1) 代码工作存储器：存储运行时相关的程序（OB、FB 及 FC）代码。
2) 数据工作存储器：存储运行时相关的数据块的当前值，以及工艺对象的数据。

S7-1200 PLC 的工作存储器的存储空间大小有 50 KB、75 KB、100 KB、125 KB 及 150 KB。

7.2.3 保持性存储器

S7-1200 PLC 的保持性存储器是非易失性存储器，用于在失去电源供电时（如电源故障）保存有限的数据，因此该存储器又称作断电保持存储器或掉电保持存储器。

S7-1200 PLC 的保持性存储器可以用来保存位存储器 M、全局及背景数据块以及工艺对象的数据。

S7-1200 PLC 的保持性存储器的存储空间大小均为 10 KB。

7.2.4 系统存储器

S7-1200 PLC 系统存储器的资源主要有 I 区（输入过程映像区）、Q 区（输出过程映像区）、M 区（位存储器）、DB 区（数据块）以及临时数据区。

1. 输入输出过程映像区 I/Q

第 4 章 4.5 节提到的关于输入输出的工作原理为：在输入采样阶段，输入的电信号通过输入模块转变成数值存储到输入过程映像区——I 区中，并在本次工作循环内保持该数值，直至下次执行输入采样；在输出刷新阶段，输出过程映像区——Q 区的数值通过输出模块转变成电信号，并在本次工作循环内保持输出状态，直至下次执行输出刷新。

由输入输出的工作原理可知，PLC 的输入输出信号，或者说 PLC 的信号模块离不开它们的存储区。下面介绍信号模块与 I 区、Q 区的对应关系，即 I/O 地址的表达方式。

对于数字量输入地址，写法为：I$x.y$；对于数字量输出地址，写法为：Q$x.y$。其中，x 为存储区（输入或输出过程映像区）的字节号，y 为在该字节中的位编号。如 I0.0 是指输入过程映像区中，0 号字节的第 0 位；Q3.7 是指输出过程映像区中，3 号字节的第 7 位。

注意：

在西门子 PLC 中，y 的范围只能是 0~7，因此像 Q3.8 这种写法就是错误的。

对于模拟量输入地址，写法为：IWx；对于模拟量输出地址，写法为 QWx。其中，x 为存储区的起始字节号。如 IW12 是一个模拟量输入地址，QW20 是一个模拟量输出地址。

以上提到的仅是 I/O 地址的写法，而要确定某 I/O 模块上某通道的地址，就需要查看硬件组态中的 I/O 地址设置。

图 7-30 所示为一套 S7-1200 PLC 系统，除了 CPU 模块，它还有 4 个 I/O 模块，这套 PLC 系统的 I/O 地址范围明细如图 7-31 所示，其 1 号槽 CPU 自带的 DI 和 AI 对应的 I 地址为 0~5 号字节（或称为 IB0~IB5），其自带的 DQ 和 AQ 对应的 Q 地址为 0~5 号字节（或称为 QB0~QB5），其 2 号槽 16 通道的 DI 模块对应的 I 地址为 6、7 号字节（或称为 IB6、IB7），3 号槽 8 通道的 DQ 模块对应的 Q 地址为 6 字节（或称为 QB6）等。本例 S7-1200 PLC 与过程映像区的对应存储（占用）关系如图 7-32 所示。

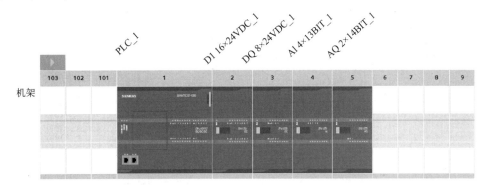

图 7-30 4 个 I/O 模块的 S7-1200 PLC 系统

设备概览

模块	插槽	I 地址	Q 地址	类型	订货号	固件
▼ PLC_1	1			CPU 1217C DC/DC/DC	6ES7 217-1AG40-0XB0	V4.4
DI 14/DQ 10_1	1 1	0...1	0...1	DI 14/DQ 10		
AI 2/AQ 2_1	1 2	2...5	2...5	AI 2/AQ 2		
	1 3					
HSC_1	1 16	1000...10...		HSC		
HSC_2	1 17	1004...10...		HSC		
HSC_3	1 18	1008...10...		HSC		
HSC_4	1 19	1012...10...		HSC		
HSC_5	1 20	1016...10...		HSC		
HSC_6	1 21	1020...10...		HSC		
Pulse_1	1 32		1000...1001	脉冲发生器 (PTO/PWM)		
Pulse_2	1 33		1002...1003	脉冲发生器 (PTO/PWM)		
Pulse_3	1 34		1004...1005	脉冲发生器 (PTO/PWM)		
Pulse_4	1 35		1006...1007	脉冲发生器 (PTO/PWM)		
OPC UA	1 254			OPC UA		
▶ PROFINET 接口_1	1 X1			PROFINET 接口		
DI 16x24VDC_1	2	6...7		SM 1221 DI16 x 24VDC	6ES7 221-1BH32-0XB0	V2.0
DQ 8x24VDC_1	3		6	SM 1222 DQ8 x 24VDC	6ES7 222-1BF32-0XB0	V2.0
AI 4x13BIT_1	4	8...15		SM 1231 AI4	6ES7 231-4HD30-0XB0	V1.0
AQ 2x14BIT_1	5		7...10	SM 1232 AQ2	6ES7 232-4HB30-0XB0	V1.0

图 7-31 图 7-29 PLC 系统的 I/O 地址范围明细

综合图 7-31 和图 7-32，可以看到所有的输入模块一共占用了输入过程映像区中的 16 个字节，即 IB0~IB15；所有的输出模块一共占用了 11 个字节，即 QB0~QB10。

本例中 IB16~IB1023、QB11~QB1023 并没有被占用，这些区域可以给将来增加的 I/O 模块预留，还可以用作部分类型通信（如 PROFIBUS-DP 通信中主站与智能从站之间的通信，或 PROFINET IO 通信中 IO 控制器和智能设备 I-DEVICE 之间的通信）的数据发送或接收区。

除此之外，剩余的 I/Q 区也可以用作程序的中间变量，暂存程序中的一些数值，但这么做并不规范，很容易引起混淆，将来增加 I/O 模块时还容易出现地址的冲突。程序的中间变量建议使用 M 区、DB 块。

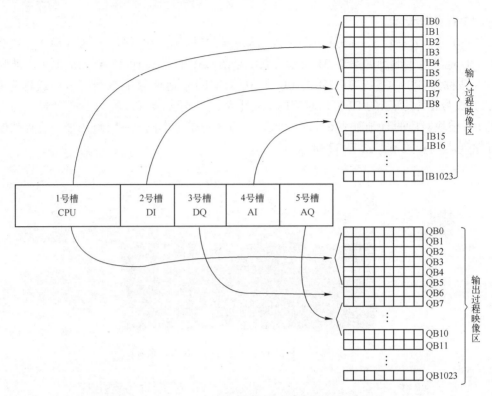

图 7-32 图 7-29 PLC 系统与过程映像区的存储关系

说明：

西门子不同系列 PLC 的输入输出过程映像区的存储空间大小不同，S7-1200 PLC 是 1 KB，S7-1500 PLC 是 32 KB，S7-300 PLC 是 1~8 KB，S7-400 PLC 是 4~16 KB。不同型号的 S7-1500/1200 PLC 的过程映像区存储空间大小相同，而不同型号的 S7-300/400 PLC 的过程映像区存储空间大小不同。

通过组态查到各个 I/O 模块的存储字节号后，根据前文提到的 I/O 地址写法 $Ix.y$（$Qx.y$），就可以确定这些模块每个通道的地址。

对于数字量输入模块，如 CPU 自带的 DI 14，它的 x 为 0~1，因此它的 14 通道的地址分别为 I0.0~I0.7 和 I1.0~I1.5，如图 7-33 所示；2 号槽的 DI 16，它的 x 为 6~7，因此它的 16 通道的地址分别为 I6.0~I6.7 和 I7.0~I7.7，如图 7-34 所示。

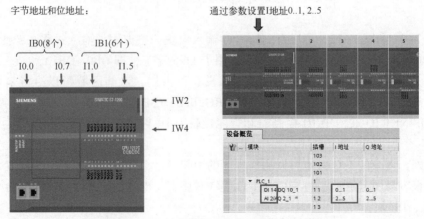

图 7-33 CPU 自带 DI/AI 各通道地址的确定

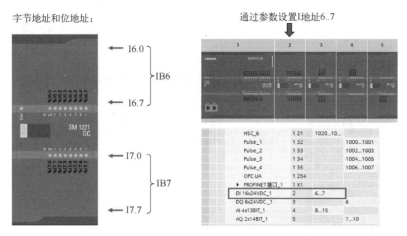

图 7-34 数字量输入模块各通道地址的确定

对于数字量输出模块，如 CPU 自带的 DQ 10，它的 x 为 0~1，因此它的 10 通道的地址分别为 Q0.0~Q0.7 和 Q1.0~Q1.1，如图 7-35 所示；3 号槽的 DQ 8，它的 x 为 6，因此它的 8 通道的地址分别为 Q6.0~Q6.7，如图 7-36 所示。

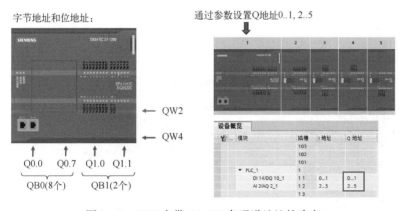

图 7-35 CPU 自带 DQ/AQ 各通道地址的确定

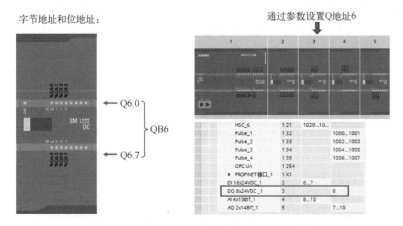

图 7-36 数字量输出模块各通道地址的确定

对于模拟量输入模块，如 CPU 自带的 AI 2，它的 x 为 2，其 2 通道的地址分别为 IW2 和 IW4，见图 7-33；4 号槽的 AI 4，它的 x 为 8，其 4 通道的地址分别为 IW8、IW10、IW12 和

IW14，如图 7-37 所示。

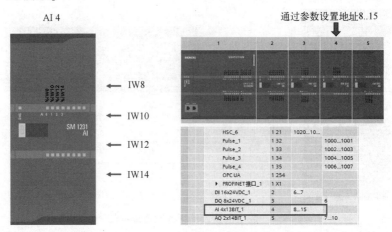

图 7-37 模拟量输入模块各通道地址的确定

对于模拟量输出模块，如 CPU 自带的 AQ 2，它的 x 为 2，因此它的 2 通道的地址分别为 QW2 和 QW4，见图 7-35；5 号槽的 AQ 2，它的 x 为 7，因此它的 2 通道的地址分别为 QW7 和 QW9，如图 7-38 所示。

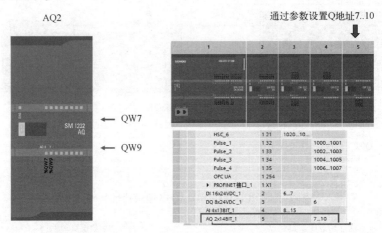

图 7-38 模拟量输出模块各通道地址的确定

说明：

本节中 AQ 模块的地址分配为 QB7~QB10，一般工程上会将字或双字数据的起始地址定义为偶数。

西门子 S7-1200 PLC 的 I/O 模块的 I 地址和 Q 地址是可以修改的，具体操作方法就是直接在 I 地址或 Q 地址对应的字节号处双击鼠标左键，即可使用键盘输入新的起始字节号。在同一 CPU 下，要保证字节号的唯一性，即若 0~5 的字节号被 CPU 占用，则 2 号槽的 I 地址的字节号就不能修改到 0~5 的范围内，修改 Q 地址时同理。

可以这样理解，I/O 模块地址的起始字节号的改变，就是该 I/O 模块存储区的改变，相当于 I/O 模块和过程映像区的对应关系发生了改变，如图 7-39 所示。

如果 I/O 模块的地址被修改，该模块的 x 就会改变，所以每个通道的地址都会改变，程序中为了与其对应，就要对这些地址都进行修改。如图 7-39 中组态 1 修改为组态 2 后，程序中所有的 I6.0~I7.7，就应该改变为 I20.0~I21.7。这时如果去程序中逐个查找地址并修改，不仅烦琐且容易遗漏。对于博途软件来说，I/O 模块地址更改时，会出现如图 7-40 所示的提示，

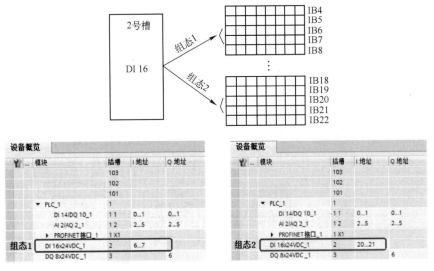

图 7-39　不同组态下 I/O 模块与过程映像区的对应关系

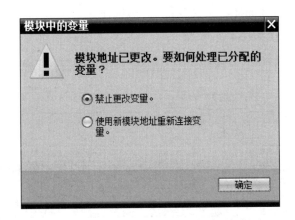

图 7-40　博途软件的 I/O 地址自动更新提示

如果选择"使用新模块地址重新连接变量",程序中的相关地址都会自动更新,这样就无须人工逐个查找并修改了。

西门子 S7-1200/1500/300/400 PLC 的 I/O 模块地址能够修改,而很多品牌 PLC 的 I/O 模块地址是不可以更改的,而且不同 PLC 有着不同的 I/O 地址表达方式。

2. 位存储区 M

M 区称为位存储区(bit memory address area),它不能像输入输出过程映像区那样可以通过组态与输入输出信号通道直接对应,因此 M 区一般作为中间存储区使用。该区域不同长度绝对地址的表达方式见表 7-3。

表 7-3　M 区不同长度绝对地址的表达方式

长　度	地址举例	可用范围(CPU 1211、1212)	可用范围(CPU 1214、1215、1217)
1 位	M0.0	M0.0 ~ M4095.7	M0.0 ~ M8191.7
8 位	MB4	MB0 ~ MB4095	MB0 ~ MB8191
16 位	MW10	MW0 ~ MW4094	MW0 ~ MW8190
32 位	MD22	MD0 ~ MD4092	MD0 ~ MD8188

说明：

1）表 7-6 中 CPU 1211 和 1212 的 16 位可用范围至 MW4094，是因为 MW4094 是由 MB4094、MB4095 组成，同理 32 位的可用范围至 MD4092，是因为 MD4092 是由 MB4092、MB4093、MB4094 及 MB4095 组成。

2）西门子 S7 系列 PLC 中 M 区存储空间最大的是 S7-1500 PLC，具体请参阅相关手册。

M 区的优点是可以很方便地使用，它可以先在变量表中创建，然后再到程序中使用，这种方式 M 区的地址需要手动指定，如图 7-41 所示。由于博途软件的变量表支持 Excel 导入，因此这种创建方式也可以在 Excel 中完成。

图 7-41　在变量表中创建 status_01 并占用 M0.0

另外，M 区也可以在编程时直接定义，即在编程时先输入一个期望的变量名（不能是系统的关键字），然后单击右键选择"定义变量"，再选择存储区"Global Memory"，软件会自动分配地址 M0.1，如图 7-42 所示。

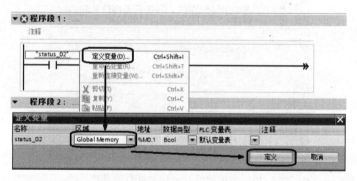

图 7-42　在编程时直接定义 status_02 并占用 M0.1

如果软件自动指定 M 区地址，就能帮助用户避免出现新地址与旧地址冲突使用的意外情况，所以使用 M 区时更加推荐使用后一种方法。特殊情况是，当使用了包含指针类型的复杂地址时，软件就可能无法避免与旧地址出现冲突。如 P#M1.0 BYTE 4，它是指从 M1.0 开始的 4 个字节。此时使用软件自动指定 M 区的 Bool 地址时，软件可能会分配 M1.1。所以使用此类地址时，应格外注意可能出现的地址冲突。

如果在未创建变量的情况下，在程序中直接输入 M 区的绝对地址，软件也会自动为该地址分配变量名，如 Tag_1。

M 区是可以在变量表中设置断电保持。

除了作为程序的中间存储区之外，M 区还可用作系统存储器位和时钟存储器位。如需使用，要在 CPU 的属性中启用该项功能（默认为不启用），如图 7-43 所示。启用时需要指定分配给这两种特殊存储器位的 M 区字节号，可分配的范围是 0~8191（CPU 1217 的 M 区有 8192 个字节）。本例中对系统存储器位分配了 MB1，对时钟存储器位分配了 MB0。某字节若被该功能占用，则不能再用作程序的中间存储区，否则将出现地址冲突。

按照图 7-43 所示，如果启用了系统存储器位并分配 MB1 为其存储区，则 M1.0 仅在 CPU

启动后第一个程序循环中变为 1，M1.1 当诊断状态变化时为 1，M1.2 始终为 1，M1.3 则始终为 0。

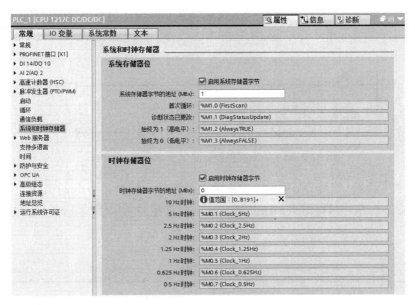

图 7-43　系统和时钟存储器的启用

如果启用了时钟存储器位并分配 MB0 为其存储区，则 M0.0~M0.7 的每一位都将按特定的频率闪烁，见表 7-4。

表 7-4　时钟存储器各位的周期及频率

位	7	6	5	4	3	2	1	0
周期/s	2	1.6	1	0.8	0.5	0.4	0.2	0.1
频率/Hz	0.5	0.625	1	1.25	2	2.5	5	10

时钟存储器每一位的占空比都是 1:1，如周期为 0.8s 的第 4 位，通 0.4s，断 0.4s。

时钟存储器中各位的频率是固定的，无法更改。若将其分配到 M 区的 16 号字节，则周期为 1s 的位为 M16.5。

如果使用系统或时钟存储器的功能，必须在设置后重新将组态信息编译并下载，这样程序中使用到的相应功能位才能生效。

M 区除了能便利地作为程序的中间变量，以及系统和时钟存储器这些优点外，由于它不支持数组和结构体，因此不适合在较大规模程序中作为多组同类结构数据的存储区，如多组加工配方的数据。这种场合需要用到 S7-1200 PLC 的另一个中间存储区——DB 块。关于 DB 块内容的介绍，见 8.4 节。

7.3　博途软件梯形图的新特征

在博途软件中，梯形图的画法及指令的使用和选择变得更加灵活，程序的编辑更加方便、高效，具体主要体现在以下几个方面。

7.3.1 灵活的梯形图表达

博途软件中，一个程序段下可支持多个独立分支的结构（**仅 S7-1200/1500 PLC 支持**，这在之前的编程软件中是不允许的），如图 7-44 所示。采用这种结构，可以使得程序更加紧凑。

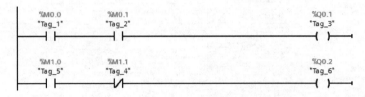

图 7-44　一个程序段下多个独立分支的结构

在输出指令（线圈）后，程序还可以继续进行编辑，即输出指令的出现，不再是一条信号分支结束的标志，信号可继续向后方传递，该节点的信号可以继续在同一条通路上使用，如图 7-45 所示。

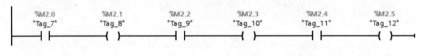

图 7-45　输出指令后继续编辑的结构

图 7-45 中，M2.1 的值即为 M2.0 的值；M2.3 的值是 M2.0 和 M2.2 相与的值；M2.5 的值是 M2.0、M2.2 和 M2.4 相与的值。这种结构的出现，说明梯形图这种编程语言来源于电路触点逻辑，又超越了电路逻辑。

7.3.2 灵活的指令选择和参数配置

博途软件中，所有的指令都可以在该指令显示的地方就地选择替换为其他类似的指令。如图 7-46 所示，选择需要更改的指令，在这个指令的右上角会出现一个橙色三角形，用鼠标单击这个小三角形，就会出现一个可替换指令的选择列表。

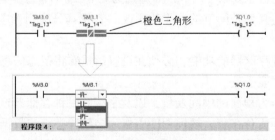

图 7-46　指令就地更改选择

不仅指令本身可以就地选择和替换，指令内参数的数据类型也可以进行选择和切换。如图 7-47 所示为标定指令，当加入该指令后，指令上就会出现两个橙色三角形。只要是橙色三角形都是供用户单击选择的标志，单击左侧三角形选择原变量的类型，单击右侧三角形选择目的变量的类型。

还有一些指令通过其本身参数的选择完成指令的转换，如计算器指令，可以选择加、减、乘、除等运算，然后指令会变为相应的运算指令。

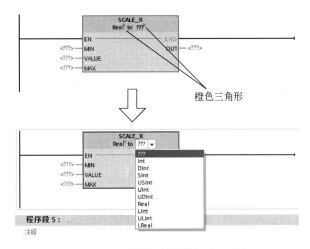

图 7-47　指令内参数的数据类型选择

7.4　位逻辑运算指令

7.4.1　常开、常闭、取反、线圈和"与""或"逻辑

图 7-48 中分别出现了常开触点、常闭触点和输出线圈。依照电气元器件命名法，如图 7-49 所示，程序段中左边第一个指令在项目视图的右侧的资源卡中依然称作常开触点。在程序中该符号的上方需要标注一个布尔量作为操作数，表示是哪个变量的常开触点，在程序运行该指令时，当变量为 1，这个触点为导通状态（信号可通过）；当变量变为 0，这个触点为断开状态（信号不可通过）。

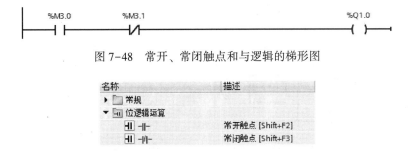

图 7-48　常开、常闭触点和与逻辑的梯形图

图 7-49　资源卡中电气元器件的描述

程序段中的第二个指令在资源卡中被称作常闭触点，逻辑上与常开触点相反。在程序中该符号的上方需要标注一个布尔量作为操作数，表示是哪个变量的常闭触点，在程序运行该指令时，当变量为 1，这个触点为断开状态；当变量变为 0，这个触点为导通状态。

从图 7-48 来看，当 M3.0 为 1 时，信号通过 M3.0，当 M3.1 为 0 时，信号会通过 M3.1 抵达 Q1.0，此时线圈 Q1.0 赋值为 1，也就是说这段梯形图的逻辑是：仅当 M3.0 为 1，M3.1 为 0 时，Q1.0 为 1，否则均为 0，Q1.0 是 M3.0 和 M3.1 取反值的"与"结果，这种串联结构相当于"与"运算。

下面分析 PLC 数字量输入信号与常开、常闭触点指令的关系。PLC 的数字量输入模块可以外接按钮、开关或者继电器、接触器、时间继电器等的辅助触点，以及其他 PLC 或变频器等设备的数字量输出信号。这些外部元器件都可以等效为触点。图7-50为DI模块接线示意图的一部分,可见DI模块外部连接的都是触点。

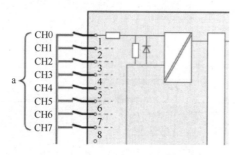

图7-50 某DI模块的接线示意图

图7-50中所画的都是常开触点,其实也可以外接常闭触点。常开触点因为动作而闭合和常闭触点未动作时的闭合,对于PLC来说并没有什么区别,都是使该输入通道导通。所以当编写有关数字量输入的程序时,考虑某输入通道在某些情况下是否导通,将会更加便捷与准确(某输入通道若外接常开触点,未动作时断电,动作时通电;若外接常闭触点,未动作时通电,动作时断电)。

图7-49中的常开触点和常闭触点,是梯形图中最基本的两个指令,然而在西门子PLC中,它们的名称很容易让初学者产生这样的理解——输入模块外接常开触点,程序中对应地选用常开触点指令;外接常闭触点,程序中对应地选用常闭触点指令。这样的理解是错误的!其实常开触点指令可以理解为:该指令引用输入过程映像区的地址,并且对其数值不取反,再传递下去;常闭触点指令可以理解为:该指令引用输入过程映像区的地址,然后对其数值取反,再传递下去。

因此,输入模块外接常开触点,程序中可能会选用常开触点指令,也可能会选用常闭触点指令,外接常闭触点时亦是如此。主要取决于是否需要对所引用的输入过程映像区的地址的数值进行取反处理。

如图7-51所示,方框中的指令为专门的取反指令,在程序运行时,当取反符号左侧有信号时,其右侧的输出则无信号;当取反符号左侧无信号时,其右侧的输出则有信号。

图7-51 包含取反和或逻辑的梯形图

图7-51程序运行的逻辑是:M4.0和M4.1两个变量任意一个为1,则信号可以流通到|NOT|指令之前的A点。A点处是否有信号就是变量M4.0和M4.1做"或"逻辑运算的结果。通过|NOT|指令后,将这个结果进行取反,然后将结果赋值给Q1.1。由这段程序可以看出,梯形图中的并联结构就是在做"或"逻辑运算。

注意:

应将|NOT|指令与|/|指令加以区分,|NOT|指令是将前面得到的结果进行取反,而|/|是将它所对应的变量(布尔量)进行取反。

在博途软件中,输出指令其实有两种,一种为上文提到的线圈—( )—,另一种为取反线圈指令(赋值取反)—(/)—。取反线圈指令是将逻辑运算的结果进行取反,然后将其赋值给指定操作数。

7.4.2 置位与复位类型指令

置位指令和复位指令在梯形图中的图标如图 7-52 所示。

图 7-52 包含置位和复位指令的梯形图

（1）置位指令

在程序中，置位指令上方需要标注一个布尔型变量，作为操作数。在程序运行该指令时，当置位指令左侧有信号时，将该变量赋值为 1，该过程称为对这个变量的置位；当置位指令左侧没有信号时，不对该变量进行任何操作。

（2）复位指令

在程序中，复位指令上方需要标注一个布尔型变量，作为操作数。在程序运行该指令时，当复位指令左侧有信号时，将该变量赋值为 0，该过程称为对这个变量的复位；当复位指令左侧没有信号时，不对该变量进行任何操作。

在程序中，通常对一个变量的置位指令和复位指令会成对出现（不一定写在一个程序段中或两个相邻的程序段中）。

变量置位和复位的逻辑类似于数字电子电路中 RS 触发器的逻辑，在 PLC 程序中其实也有类似的触发器——置位优先触发器（RS）和复位优先触发器（SR）。

置位优先触发器如图 7-53 所示。该指令有两个入口参数 R 和 S1，这两个入口参数各自均需要连接一个布尔型变量，在指令上方需要填写一个布尔型变量作为操作数。根据输入 R 和 S1 的信号状态，复位或置位指定操作数的位。如果输入 R 的信号状态为 1，且输入 S1 的信号状态为 0，则将指定的操作数复位为 0；如果输入 R 的信号状态为 0，且输入 S1 的信号状态为 1，则将指定的操作数置位为 1。当输入 R 和 S1 的信号状态均为 1 时，将指定操作数的信号状态置位为 1，输入 S1 的优先级高于输入 R。如果两个输入 R 和 S1 的信号状态都为 0，则不会执行该指令，操作数的信号状态保持不变。操作数的当前信号状态被传送到输出 Q。

图 7-53 包含置位优先触发器的梯形图

复位优先触发器如图 7-54 所示。该指令逻辑上与置位优先触发器类似，只是当入口参数 S 和 R1 端的信号状态均为 1 时，将指定操作数的信号状态复位为 0，输入 R1 的优先级高于输入 S。

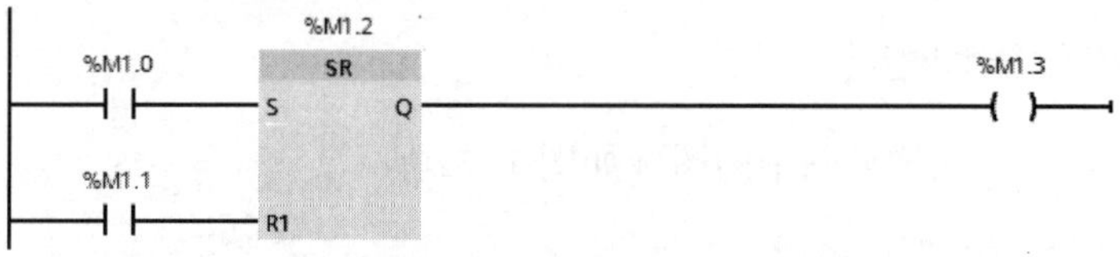

图 7-54 包含复位优先触发器的梯形图

在置位与复位类型指令中，还有置位位域指令和复位位域指令，对于置位位域指令，当输入条件为 1 时，将连续多位置位；对于复位位域指令，当输入条件为 1 时，将连续多位复位。

如图 7-55 所示，置位位域与复位位域指令的上方和下方都要有相应的操作数，指令上方的操作数为位变量，指出要置位或复位区域的起始位，指令下方的操作数为 UInt 类型常数，指出置位或复位的区域长度（位的个数）。如图程序段 1 中，当 I0.0 为 1 时，将 Q0.0~Q0.7 及 Q1.0 这连续 9 个位均置位为 1 并保持；程序段 2 中，当 I0.1 为 1 时，将 Q2.0~Q2.4 这连续 5 个位均复位为 0 并保持。

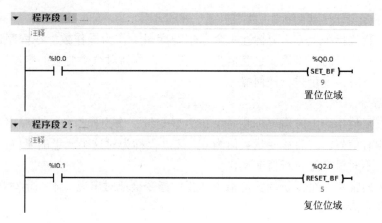

图 7-55 置位位域与复位位域指令的使用

7.4.3 边沿检测指令

边沿检测指令（上升沿检测与下降沿检测）包含了扫描操作数的信号边沿指令，如扫描操作数的信号上升沿指令 -|P|- 和扫描操作数的信号下降沿指令 -|N|- ；还包含扫描 RLO（逻辑运算结果，当前时序逻辑都导通时或者能流都通过时，RLO=1，否则为 0）的信号上升沿指令 P_TRIG 和扫描 RLO 的信号下降沿指令 N_TRIG ；以及检测信号上升沿指令 R_TRIG 和检测信号下降沿指令 F_TRIG ；在信号上升沿置位操作数指令 -(P)- 和在信号下降沿置位操作数指令 -(N)- 。

如图 7-56 所示，-|P|- 指令的上方和下方各有一个操作数，这里分别为 I0.0 和 M0.0，该指令将比较 I0.0 的当前信号状态与上一次扫描的信号状态（上一次扫描的信号状态保存在边沿存储器位 M0.0 中,）。当 I0.0 从 0 变为 1 时，说明出现了一个上升沿，该指令输出为 1，并且只保持 1 个周期（监视时肉眼观测不到），即 CPU 下次扫描到该指令时，由于 I0.0 不再是上升沿状态，故该指令输出值变为 0。图 7-57 为上升沿检测时序图。

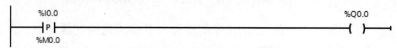

图 7-56 扫描操作数信号上升沿

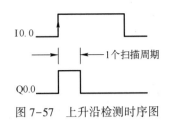

图 7-57 上升沿检测时序图

如图 7-58 所示，-|N|- 指令功能与 -|P|- 指令类似，区别在于该指令将比较 I1.0 的当前信号状态与上一次扫描的信号状态（保存在 M1.0 中），当 I1.0 由 1 变为 0，则说明出现了一个下降沿，此时输出值为 1，并且只保持 1 个循环扫描周期。图 7-59 为下降沿检测时序图。

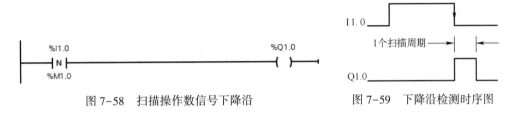

图 7-58　扫描操作数信号下降沿　　　　图 7-59　下降沿检测时序图

如图 7-60 所示，P_TRIG 指令的下方有一个操作数（M2.0），为边沿存储位，还有一个 CLK 输入端和一个 Q 输出端。该指令比较 CLK 输入端的 RLO 的当前信号状态与保存在边沿存储位中上一次查询的信号状态，如果该指令检测到 RLO 从 0 变为 1，则说明出现了一个信号上升沿，该指令的输出 Q 值变为 1，且只保持 1 个循环扫描周期。

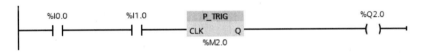

图 7-60　扫描 RLO 的信号上升沿指令的使用

图 7-60 梯形图说明，当 I0.0 与 I1.0 同时为 1 时，该指令会检测到 RLO 从 0 变为 1，则输出为 1。

N_TRIG 指令与 P_TRIG 指令类似，不同的是该指令检测的是 RLO 的下降沿，当 RLO 出现下降沿时，该指令的输出 Q 值变为 1，且只保持 1 个循环扫描周期。

检测信号上升沿指令 R_TRIG 和检测信号下降沿指令 F_TRIG，与 P_TRIG 和 N_TRIG 指令类似，不同的是前者使用背景数据块（因为该指令本质上是 FB，FB 调用时需要分配背景数据块，IEC 定时器与计数器也是这种情况）存储上一次扫描的 RLO 的值及输出值。使用时，要将 R_TRIG 指令插入程序，将自动打开"调用选项"对话框，如图 7-61 所示。

如图 7-62 所示，R_TRIG 指令有一个 CLK 输入端和一个 Q 输出端，将输入 CLK 处的当前 RLO 的值与保存在指定背景数据块中上次查询的 RLO 的值进行比较，如果 I0.0 和 I1.0 有一个值变为 1，则该指令会检测到 RLO 的值从 0 变为 1，则说明出现了一个信

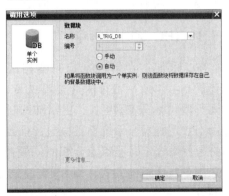

图 7-61　"调用选项"对话框

号上升沿，背景数据块中变量的信号状态将置位为 1，同时输出 Q 端输出 1，且只保持 1 个循环扫描周期。

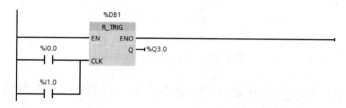

图 7-62　检测信号上升沿指令的使用

F_TRIG 指令与 R_TRIG 指令相似，不同的是当检测到 RLO 的值从 1 变为 0，即出现了一个信号下降沿，则背景数据块中的变量将置位为 1，同时输出 Q 端输出 1。

如图 7-63 所示，-(P)- 指令的上方和下方各有一个操作数，该指令将当前 RLO 的状态与保存在边沿存储位 M2.2 中的上一周期的 RLO 结果进行比较，如果 RLO 从 0 变为 1，则说明出现了一个信号上升沿，此时 Q3.1 的信号状态将置位为 1，并保持 1 个循环扫描周期。

图 7-63　信号上升沿置位操作数指令的使用

-(N)- 指令与 -(P)- 指令相似，不同的是当 RLO 出现下降沿时，指令上方操作数的信号状态将置位为 1。

在使用边沿检测指令时，用于存储边沿的存储器位的地址在程序中最多只能使用一次，否则该存储器位的内容被覆盖，将影响到边沿检测，从而导致结果不准确。

7.5　定时器/计数器操作指令

在博途软件中，定时器/计数器两类操作指令都放在了"基本指令"目录的"定时器操作""计数器操作"指令中，如图 7-64 所示。

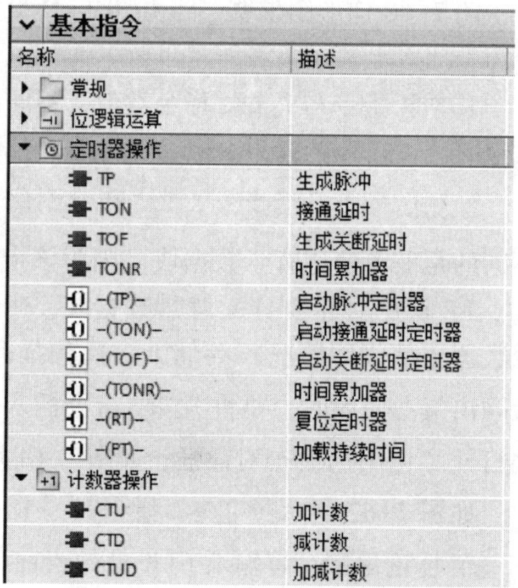

7.5.1　IEC 定时器指令

IEC 标准定时器与 S5 定时器相比，具有以下主要优点：①使用 IEC 时间类型的变量，相比 S5 时间类型，可以表示更长、更精准的时间；②每次使用 IEC 定时器，系统自行分配背景数据块，用户不必考虑系统定时器资源分配的问题；③IEC 定时器采用正向计时的方式，而 S5 定时器是采用倒计时的方式。

图 7-64　定时器、计数器指令集

1. 生成脉冲定时器（TP）

IEC 定时器是一个具有特殊数据类型（IEC_TIMER、TP_TIME）的结构，可声明一个系统数据类型为 IEC_TIMER 的数据块，或声明块中"Static"部分的 TP_TIME、IEC_TIMER 类型的局部变量。

在程序中插入 TP 指令时，将打开"调用选项"对话框，类似于图 7-61。

TP 指令为生成脉冲定时器指令，可以输出一个脉冲，脉宽由预设时间决定。该指令包含 IN、PT、ET 和 Q 参数，当输入端 IN 的逻辑运算结果（RLO）从 0 变为 1，启动该指令，开始计时，计时时间由预设时间参数 PT 设定，同时输出 Q 的状态在预设时间内保持为 1，即 Q 输出一个宽度为预设时间参数 PT 的脉冲，达到预设时间后，输出端 Q 将停止输出。在计时时间内，即使检测到 RLO 新的信号上升沿，输出 Q 的信号状态也不会受影响，或者说 IN 端信号的振荡不影响定时器 Q 端的输出。但如果 IN 端在脉冲输出过程中提前变为无信号状态 0，定时器在脉冲输出完成后立刻将计时恢复为 0。TP 指令的时序图如图 7-65 所示。

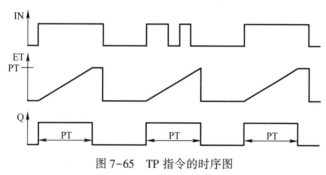

图 7-65　TP 指令的时序图

可以在输出参数 ET 处查询当前时间值，该时间值从 T#0S 开始，在到达持续时间 PT 后保持不变；如果已到达预设时间 PT 且输入 IN 变为 0，则输出 ET 将复位为 0。

【例 7-23】使用生成脉冲定时器指令实现顺序循环控制。

答：顺序循环控制是指在控制过程中，被控对象按照动作顺序完成起动、停止等动作，且往复循环。如图 7-66 所示，如果要使 Q0.0、Q0.1、Q0.2 执行顺序循环控制程序，可以借助多个生成脉冲定时器来完成。

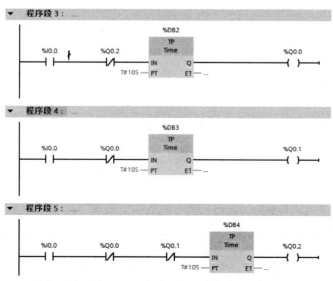

图 7-66　利用 TP 指令实现顺序循环控制的梯形图

2. 接通延时定时器（TON）

接通延时定时器指令包含 IN、PT、ET 和 Q 参数，当输入端 IN 的逻辑运算结果（RLO）从 0 变为 1 时，启动该指令，开始计时，计时时间由预设时间参数 PT 设定，当计时时间到达后，输出 Q 的信号状态为 1。此时只要输入 IN 仍为 1，输出 Q 就保持为 1，直到输入 IN 的信号状态从 1 变为 0，输出 Q 复位。当输入 IN 检测到新的信号上升沿时，该定时器将再次启动。

可以在输出参数 ET 处查询当前时间值，该时间值从 T#0S 开始，在到达持续时间 PT 后保持不变，只要输入 IN 的信号状态变为 0，输出 ET 就复位。TON 指令的时序图如图 7-67 所示。

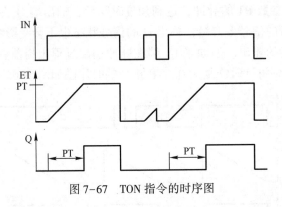

图 7-67　TON 指令的时序图

【例 7-24】使用接通延时定时器指令实现顺序控制。

答：顺序控制是指多个被控对象相隔一定时间，有次序地依次启动或停止。实现这种控制的程序有很多种，图 7-68 为利用多个 TON 指令完成控制要求的梯形图。

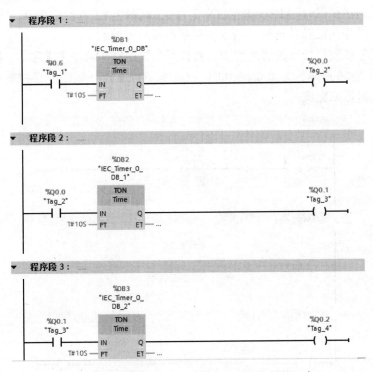

图 7-68　利用多个 TON 指令实现顺序控制的程序

由图 7-68 可知，当输入 I0.6 从 0 变为 1 并保持时，程序段 1 中的定时器开始计时，10 s 后计时结束，程序段 2 中的定时器开始计时，同时输出 Q0.0 变为 1；又过了 10 s，程序段 2 中的定时器计时结束，程序段 3 中的定时器开始计时，同时输出 Q0.1 变为 1；再过 10 s，程序段 3 中的定时器计时结束，Q0.2 变为 1。

3. 关断延时定时器（TOF）

关断延时定时器指令包含 IN、PT、ET 和 Q 参数。当输入端 IN 的逻辑运算结果（RLO）从 0 变为 1 时，输出 Q 变为 1；当输入端 IN 的信号状态变为 0 时，开始计时，计时时间由预设时间参数 PT 设定，当计时时间到达后，输出 Q 的信号状态变为 0。如果输入 IN 的信号状态在计时结束之前再次变为 1，则复位定时器，而输出 Q 的信号状态仍将为 1。

可以在输出参数 ET 处查询当前时间值，该时间值从 T#0S 开始，到达 PT 时间值时结束。当持续时间 PT 计时结束后，输入 IN 变回 1 前，ET 输出仍保持置位为当前值。在持续时间 PT 计时结束之前，如果输入 IN 的信号状态切换为 1，则将 ET 输出复位为值 T#0S。TOF 指令的时序图如图 7-69 所示。

4. 时间累加器（TONR）

时间累加器能够实现累计定时功能，该指令包含 IN、PT、ET、Q 和 R 参数，当输入端 IN 的逻辑运算结果（RLO）从 0 变为 1 时，将执行该指令，同时开始计时（计时时间由预设时间参数 PT 设定）。在计时过程中，累加的是输入 IN 信号状态为 1 时所持续的时间值，累加的时间由 ET 输出。当持续时间到达 PT 设定时间后，输出 Q 的信号状态才会变为 1。即使 IN 参数的信号状态从 1 变为"0"，Q 仍将保持为 1。输入 R（复位）端信号为 1 时，将复位输出 ET 和 Q。TONR 指令的时序图如图 7-70 所示。

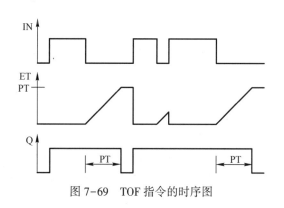

图 7-69　TOF 指令的时序图

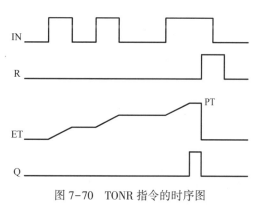

图 7-70　TONR 指令的时序图

5. 定时器直接启动、复位和加载持续时间指令

对于 IEC 定时器指令，还有简单的指令形式，具体见表 7-5。

表 7-5　IEC 定时器简单指令形式列表

LAD	操作数	数据类型	存储区	说明
操作数1 ―(TP)― 操作数2	1：IEC 定时器	IEC_TIMER、TP_TIME	D、L	要启动的 IEC 定时器
	2：持续时间	TIME	I、Q、M、D、L 或常数	IEC 定时器运行的持续时间

(续)

LAD	操作数	数据类型	存储区	说明
操作数1 〈???〉 —[TON]— ??? 〈???〉 操作数2	1：IEC 定时器	IEC_TIMER、TON_TIME	D、L	要启动的 IEC 定时器
	2：持续时间	TIME	I、Q、M、D、L 或常数	IEC 定时器运行的持续时间
操作数1 〈???〉 —[TOF]— ??? 〈???〉 操作数2	1：IEC 定时器	IEC_TIMER、TOF_TIME	D、L	要启动的 IEC 定时器
	2：持续时间	TIME	I、Q、M、D、L 或常数	IEC 定时器运行的持续时间
操作数1 〈???〉 —[TONR]— ??? 〈???〉 操作数2	1：IEC 定时器	IEC_TIMER、TONR_TIME	D、L	要启动的 IEC 定时器
	2：持续时间	TIME	I、Q、M、D、L 或常数	IEC 定时器运行的持续时间
操作数 〈???〉 —(RT)—	IEC 定时器	IEC_TIMER、TP_TIME、TON_TIME、TOF_TIME、TONR_TIME	D、L	要复位的 IEC 定时器
操作数1 〈???〉 —(PT)— 〈???〉 操作数2	1：IEC 定时器	IEC_TIMER、TP_TIME、TON_TIME、TOF_TIME、TONR_TIME	D、L	设置了持续时间的 IEC 定时器
	2：持续时间	TIME	I、Q、M、D、L 或常数	IEC 定时器运行的持续时间

表 7-5 中的前 4 个指令与生成脉冲定时器（TP）、接通延时定时器（TON）、关断延时定时器（TOF）和时间累加器（TONR）相对应，每个指令括号里的"???"位置可选为"TIME"。

表 7-5 中的第 5 个指令（RT）为复位定时器指令，可将 IEC 定时器复位为 0。仅当输入的逻辑运算结果（RLO）为 1 时，才执行该指令。

表 7-5 中的第 6 个指令（PT）为加载持续时间指令，可为 IEC 定时器设置时间。如果该指令输入的 RLO 的信号状态为 1，则每个周期都执行该指令。该指令将指定时间写入指定 IEC 定时器的结构中。如果在该指令执行时指定 IEC 定时器正在计时，指令将覆盖该指定 IEC 定时器的当前值，从而更改 IEC 定时器的定时状态。

7.5.2 IEC 计数器指令

IEC 计数器集成在 CPU 的操作系统中。IEC 计数器最大可支持 64 位无符号整数（ULInt）型变量作为计数值。

在程序中插入 IEC 计数器指令时，将打开"调用选项"对话框，类似于图 7-61。可以使用其背景数据块进行状态记录，用户可以选择让博途软件自行创建和分配背景数据块，免去管理系统计数器资源的工作。

1. 加计数指令（CTU）

如图 7-71 所示，可以选择加计数器是基于何种类型的整型变量进行计数，图中选择"Int"。根据加计数指令所选择的整型变量类型，在 PV 和 CV 端填写相应类型的变量，调用该指令时，PV 端需要填写的变量用于该计数器的预设值（此处必须填写，否则程序错误），在

CV 端需要填写的变量用于显示当前的计数值。

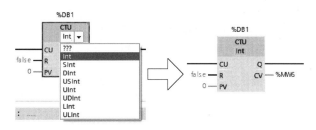

图 7-71 CTU 指令的梯形图形式

在程序运行且该指令输入端 R 为 0 时，每当 CU 端出现一次上升沿，该指令就将其计数值加 1，当计数值大于等于预设值时，指令 Q 端开始输出信号；当 R 端为 1 时，计数器停止工作，计数值恢复为 0。

在 IEC 计数器变量内部（或背景数据块内），有两个值得关注：QU 和 QD，二者均为布尔量，如图 7-72 所示。

"IEC_Counter_0_DB".QU：当计数器的计数值大于等于预设值时为 1，否则为 0。可见其输出逻辑与 Q 端是一致的。在程序任意地方引用变量"IEC_Counter_0_DB".QU，就可以将该计数器的 Q 端输出信号引到任意地方。

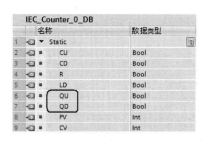

图 7-72 IEC 计数器的背景数据块截取

"IEC_Counter_0_DB".QD：当计数器的计数值小于等于 0 时为 1，否则为 0。

【例 7-25】某自动灌装生产线中，利用两个接近开关分别对空瓶和成品进行检测，请使用计数器指令实现数量的统计。

答：应用 CTU 指令实现该功能的梯形图程序如图 7-73 所示。

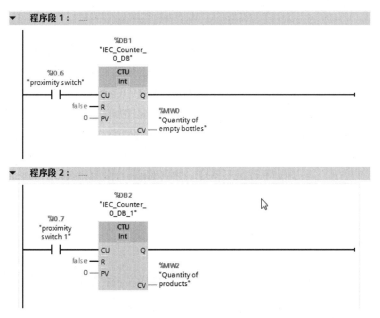

图 7-73 利用 CTU 指令统计空瓶与成品数量的梯形图程序

图 7-72 中,程序段 1 对空瓶数量进行统计,程序段 2 对成品数量进行统计,I0.6 和 I0.7 分别为检测空瓶和成品的接近开关。

2. 减计数指令（CTD）与加/减计数器指令（CTUD）

减计数指令与加/减计数器指令的参数和相关说明见表 7-6。

表 7-6 减计数指令与加/减计数器指令的参数和相关说明

LAD	参 数	数据类型	说 明
%DB7 CTD Int (CD Q, LD CV, PV)	CD	Bool	计数器输入
	LD	Bool	装载输入
	PV	Int	预设值,使用 LD = 1 置位输出 CV 的目标值
	Q	Bool	计数器状态
	CV	整数、Char、WChar、Date	当前计数值
%DB8 CTUD Int (CU QU, CD QD, R CV, LD, PV)	CU	Bool	加计数器输入
	CD	Bool	减计数器输入
	R	Bool	复位输入
	LD	Bool	装载输入
	PV	Int	预设值
	QU	Bool	加计数器状态
	QD	Bool	减计数器状态
	CV	整数、Char、WChar、Date	当前计数值

减计数指令：当 LD 端无信号时,若 CD 端出现上升沿,则计数器减 1（初始为 0,取决于背景数据块中的相关变量值）,如果计数值小于等于 0,则输出 Q 为 1；当 LD 端有信号时,将预设值（PV 端）载入计数器作为当前计数值。减计数器同样也有 IEC 计数器变量内部（或背景数据块内）的两个变量——QU 和 QD,其输出逻辑与加计数器一致,显然,变量 QD 的状态与减计数器的 Q 端逻辑一致。

加/减计数器指令：当 LD 端和 R 端均无信号时,若 CU 端出现上升沿,该指令就将其计数值加 1（计数初始值为 0）,若 CD 端出现上升沿,则计数器减 1（初始值为 0,它取决于背景数据块中的相关变量值）；当 LD 端有信号时,将预设值（PV 端）载入计数器作为当前计数值；当 R 端有信号时,重置计数器,计数值清零；当 LD 端和 R 端都有信号时,按重置计数器进行操作。如果计数值大于等于预设值,则 QU 端输出信号；如果计数值小于等于 0,则 QD 端输出信号。加/减计数器同样也有 IEC 计数器变量内部（或背景数据块内）的两个变量——QU 和 QD,变量 QD 等同于 QD 端的输出,变量 QU 等同于 QU 端的输出。

7.6 比较器操作指令

博途软件提供了丰富的比较器指令,可以满足用户的各种需要,列表如图 7-74 所示。

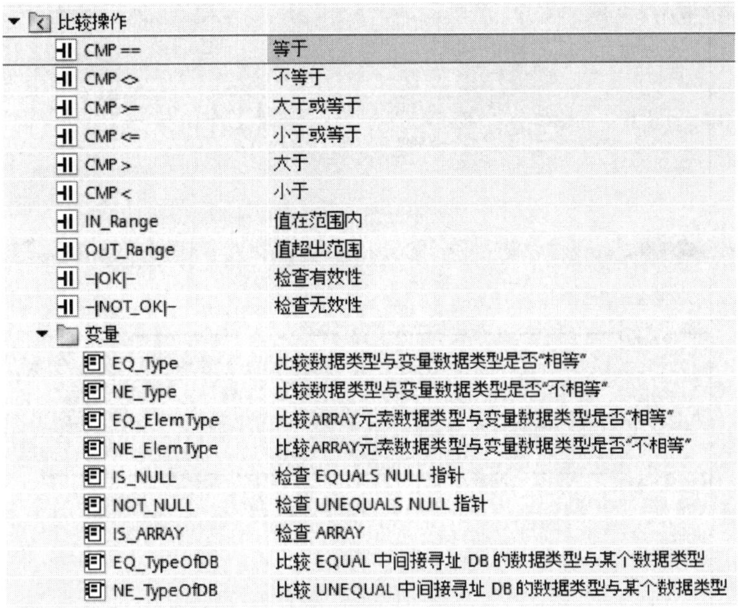

图7-74 比较器操作指令集

7.6.1 普通比较指令

普通的比较指令包括等于==、不等于<>、大于等于>=、小于等于<=、大于>及小于<。下面以等于指令为例，说明普通比较指令的具体用法。其余指令的用法都类似，在此不再赘述。

如图7-75所示，A为指令上方的操作数1，D为指令下方的操作数2，B说明所选择的比较类型，C选择参与比较的两个变量的类型。当用户连接完成两个操作数后，软件会自动填写变量类型。如果参与比较的两个变量类型相同，C处即填写此种变量类型；若两个变量的类型不同，那么此处填写（或软件自动填写）较复杂一方的变量类型。

图7-75 普通比较指令说明

在普通比较指令运行时，永远是操作数1与操作数2作比较（操作数1是否等于操作数2），若比较结果成立，则指令后方有信号输出，否则没有。

【例7-26】使用计数器和比较器实现例7-23中的顺序循环控制。

答：如图7-76所示，当I0.6每次产生上升沿时，切换Q0.0、Q0.1、Q0.2。

7.6.2 范围比较

范围比较包括值在范围内（IN_RANGE）和值超出范围（OUT_RANGE）指令，梯形图形式分别如图7-77a、b所示。

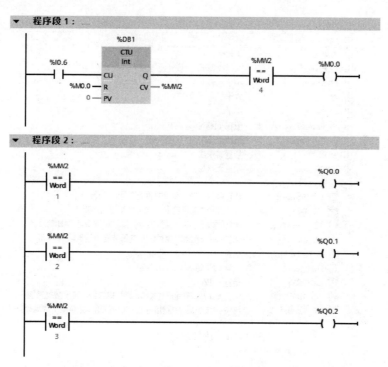

图 7-76 利用比较器和计数器实现顺序循环控制的程序

图 7-77 范围比较指令梯形图形式
a) IN_RANGE 指令 b) OUT_RANGE 指令

IN_RANGE 是比较某一个变量的值是否在某一个范围内的指令,如图 7-77a 所示。当 VAL (连接在指令 VAL 端的变量)小于等于 MAX (连接在指令 MAX 端的变量),且大于等于 MIN (连接在指令 MIN 端的变量)时,指令后方有信号输出。

OUT_RANGE 指令是比较某一个变量的值是否在某一个范围之外的指令,如图 7-77b 所示。当 VAL (连接在指令 VAL 端的变量)大于 MAX (连接在指令 MAX 端的变量),或者小于 MIN (连接在指令 MIN 端的变量)时,指令后方有信号输出。

7.6.3 检查有效性及检查无效性指令

检查有效性(OK)和检查无效性(NOT_OK)指令的梯形图形式分别如图 7-78a、b 所示。指令上方的<???>需要指定操作数。这两条指令可用来检查操作数的值是否为有效或无效的浮点数。

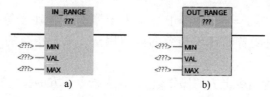

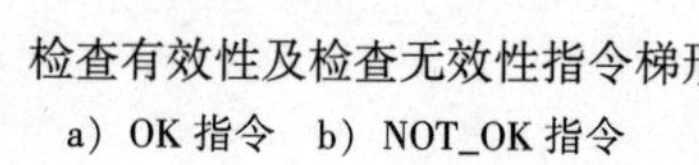

图 7-78 检查有效性及检查无效性指令梯形图形式
a) OK 指令 b) NOT_OK 指令

对于检查有效性（OK）指令，如果该指令输入的信号状态为1，且操作数的值是有效浮点数，则该指令输出的信号为1，否则为0。

对于检查无效性（NOT_OK）指令，如果该指令输入的信号状态为1，且操作数的值是无效浮点数，则该指令输出的信号为1，否则为0。

除上述比较器之外，还有针对VARIANT对象的比较指令。当FC/FB块引入了VARIANT对象后，可以在该程序块内添加这一类判断指令，用于判断当前连接的VARIANT对象是否满足一定的条件。关于VARIANT的详细内容可参考7.1.5节。

7.7 数学函数指令

数学函数指令所包含的指令如图7-79所示，主要包括加、减、乘、除、计算平方、计算平方根、计算自然对数、计算指数、取幂、求三角函数等运算类指令，以及返回除法的余数、返回小数求二进制补码、递增、递减、计算绝对值、获取最值、设置限值等其他数学函数指令。这些数学函数指令大部分都支持数据类型的隐式转换，满足类似整数运算而得到浮点数的结果，或浮点数运算而得到整数结果的需求。

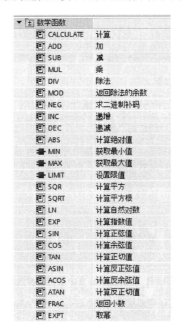

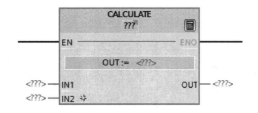

图7-79 数学函数指令集　　　　图7-80 计算指令梯形图形式

数学函数指令很多，本节只介绍一个复合的计算指令，它非常适合复杂的函数运算，且运算中无须考虑中间变量。

计算（CALCULATE）指令的梯形图形式如图7-80所示。可以从计算指令框内"CALCULATE"指令名称下方的"<???>"下拉列表中选择该指令的数据类型。根据所选数据类型，可以组合特定指令的功能，依据表达式执行复杂计算。

在初始状态下，指令框包含两个输入（IN1和IN2），通过鼠标单击指令框内IN2右侧的"*"，可以扩展输入数目。在指令框中按升序插入的输入编号。单击指令框内右上角的"计算器"图标可打开表达式对话框，如图7-81所示。在OUT:=的文本框中输入表达式，表达式可以包含输入参数的名称和允许使用的指令，但不允许指定操作数名称或操作数地址。该表达式的计算结果将传送至计算指令的输出 OUT 中。

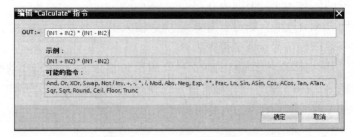

图 7-81 CALCULATE 指令的表达式对话框

7.8 其他指令

基本指令集合中除了上述指令外，还包括移动操作指令、转换操作指令、移位与循环指令、字逻辑运算指令和程序控制操作指令等。

7.8.1 移动操作指令

移动操作指令用于将输入端（源区域）的值复制到输出端（目标区域）指定的地址中。与 S7-300/400 PLC 相比，S7-1200 PLC 的移动操作指令更加丰富。移动操作指令功能说明见表 7-7。

表 7-7 移动操作指令功能说明

	名称	LAD	说明
移动操作指令	传送值	MOVE	将输入变量的值传送给输出变量
	序列化	Serialize	可以将 PLC 数据类型（UDT）转换为顺序表示，而不会丢失部分结构。如将设备以及设备的属性（不同数据类型）按顺序堆栈到一个数据块中
	反序列化	Deserialize	与 Serialize 功能相反
	存储区移动	MOV_BLK	将一段存储区（源区域）的数据移动到另一段存储区（目标区域）中，这里只定义源区域和目标区域的首地址，然后定义复制的个数
	移动块	MOV_BLK_VARIANT	与 MOV_BLK 相比，定义源区域和目标区域的首地址可以变化
	非中断存储区移动	UMOV_BLK	与 MOV_BLK 相比，此移动操作不会被操作系统的其他任务打断
	填充存储区	FILL_BLK	块填充，将一个变量复制到其他数组中
	非中断存储区填充	UFILL_BLK	与 FILL_BLK 相比，此移动操作不会被操作系统的其他任务打断
	将位序列解析为单个位	SCATTER	用于将数据类型为 Byte、Word、DWord 或 LWord 的变量解析为单个位，并保存在 Array of Bool、Struct 或仅包含布尔型元素的 PLC 数据类型中（V14 SP1 中开始存在该指令功能）
	将位序列 Array 的元素解析为单个位	SCATTER_BLK	用于将 Byte、Word、DWord 或 LWord 数据类型的 Array 分解为单个位，并保存在元素类型仅为布尔型的 Array of Bool、Struct 或 PLC 数据类型中（V14 SP1 中开始存在该指令功能）
	将各个位组合为位序列	GATHER	用于将仅包含布尔型元素的 Array of Bool、Struct 或 PLC 数据类型中的各个位组合为一个位序列。位序列保存在数据类型为 Byte、Word、DWord 或 LWord 的变量中（V14 SP1 中开始存在该指令功能）

(续)

	名 称	LAD	说 明
移动操作指令	将单个位合并到位序列 Array 的多个元素中	GATHER_BLK	用于将仅包含布尔型元素的 Array of Bool、Struct 或 PLC 数据类型中的各个位组合为 Array of <位序列>中的一个或多个元素（V14 SP1 中开始存在该指令功能）
	交换	SWAP	交换一个 Word、DWord 或 LWord 变量字节的次序
变量类型操作	读出 VARIANT 变量值	VARIANTGet	读取 SRC 参数的 VARIANT 指向的变量值，并将其写入 DST 参数的变量
	写入 VARIANT 变量值	VARIANTPut	将 SRC 参数的变量值写入 VARIANT 所指向的 DST 参数存储区中
	获取 Array 元素的数量	CountofElements	查询 VARIANT 指针所包含的 Array 元素数量
ARRAY [*] 指令	读取 Array 的下限	LOWER_BOUND	在函数块或函数的块接口中，可声明 ARRAY[*]数据类型的变量。这些局部变量可读取 Array 限值。此时，需要在 DIM 参数中指定维数。可使用该指令读取 Array 的变量下限
	读取 Array 的上限	UPPER_BOUND	在函数块或函数的块接口中，可声明 ARRAY[*]数据类型的变量。这些局部变量可读取 Array 限值。此时，需要在 DIM 参数中指定维数。可使用该指令读取 Array 的变量上限
原有指令	读取域	FieldRead	通过 INDEX 的指示读出数组中的一个元素
	写入域	FieldWrite	通过 INDEX 的指示将变量写到数组中的一个元素

7.8.2 转换操作指令

转换操作指令是将一种数据格式转换为另一种格式进行存储的指令。如要把一个整型数据和双整型数据进行数学运算，一定要将整型数据转换成双整型数据。转换操作指令功能说明见表 7-8。

表 7-8 转换操作指令功能说明

	名 称	LAD	说 明
转换操作	转换值	CONVERT	可以选择不同的数据类型进行转换
	取整	ROUND	以四舍五入方式对浮点值取整，输出可以是 32 或 64 位整数和浮点数
	浮点数向上取整	CELL	浮点数向上取整，输出可以是 32 或 64 位整数和浮点数
	浮点数向下取整	FLOOR	浮点数向下取整，输出可以是 32 或 64 位整数和浮点数
	截尾取整	TRUNC	舍去小数取整，输出可以是 32 或 64 位整数和浮点数
	标定	SCALE_X	按公式 OUT=[VALUE*(MAX-MIN)]+MIN 进行缩放，并进行格式转换
	标准化	NORM_X	按公式 OUT=(VALUE-MIN)/(MAX-MIN)进行标准化，并进行格式转换

7.8.3 移位与循环指令

移位指令可以将输入参数 IN 中的内容向左或向右逐位移动；循环指令可以将输入参数 IN 中的全部内容循环地逐位左移或右移，空出的位用输入 IN 移出位的信号状态填充。移位与循环指令功能说明见表 7-9。

表 7-9 移位与循环指令功能说明

名称	LAD	说明
右移	SHR	将输入 IN 中操作数的内容按位向右移位,参数 N 用于指定将 IN 中操作数移位的位数,移位后的结果存储在输出 OUT 中。对于无符号值,移位时操作数左边区域中空出的位置将用零填充。如果指定值有符号,则用符号位的信号状态填充空出的位
左移	SHL	将输入 IN 中操作数的内容按位向左移位,用零填充操作数右侧部分因移位空出的位,输入参数 N 用于指定将 IN 中操作数移位的位数,移位后的结果存储在输出 OUT 中
循环右移	ROR	将输入 IN 中操作数的内容按位向右循环移位,即用右侧挤出的位填充左侧因循环移位空出的位,其中输入参数 N 用于指定将 IN 中操作数循环移位的位数,移位结果存储在输出 OUT 中
循环左移	ROL	将输入 IN 中操作数的内容按位向左循环移位,用左侧挤出的位填充右侧因循环移位空出的位,其中输入参数 N 用于指定将 IN 中操作数循环移位的位数,移位结果存储在输出 OUT 中

另外,对于右移和左移指令,当参数 N 的值为 0 时,输入 IN 的值将复制到输出 OUT 的操作数中。如果参数 N 的值大于可用位数,则输入 IN 中的操作数值将向右/左移动可用位数个位。

对于循环右移和循环左移指令,当输入 N 的值为 0 时,则输入 IN 的值将按原样复制到输出 OUT 的操作数中;如果参数 N 的值大于可用位数,则输入 IN 中的操作数值仍会循环移动指定位数个位。

7.8.4 字逻辑运算指令

字逻辑运算指令主要包括与运算、或运算、异或运算、求反码、解码、编码、选择、多路复用和多路分用指令。字逻辑运算指令功能说明见表 7-10。

表 7-10 字逻辑运算指令功能说明

名称	LAD	说明
与运算	AND	将输入 IN1 的值和输入 IN2 的值按位进行与运算,以实现按位清零,结果存储在输出 OUT 中
或运算	OR	将输入 IN1 的值和输入 IN2 的值按位进行或运算,以实现按位置 1,结果存储在输出 OUT 中
异或运算	XOR	将输入 IN1 的值和输入 IN2 的值按位进行异或运算,以实现按位取反,结果存储在输出 OUT 中
上述 3 种指令可以选择输入参数的数据类型(Byte、Word、DWord、LWord),也可增加输入参数的个数		
求反码	INVERT	将输入 IN 中各个位的信号状态取反,并将结果存储在输出 OUT 中
解码	DECO	读取输入 IN 的值,并将输出 OUT 中的数据位号(第几位)与读取值对应的那个位置位,输出值中的其他位以零填充
编码	ENCO	读取输入 IN 值中的最低有效位,并将其位号存储在输出 OUT 中。一个变量的值从第 0 位开始向上数,最先出现 1 的位就是最低有效位
选择	SEL	入口参数 G 处连接一个布尔量,当该布尔量为 0 时,将入口参数 IN0 处输入的值赋值到出口参数 OUT 所连接的变量上;而当该布尔量为 1 时,将入口参数 IN1 处输入的值赋值到出口参数 OUT 所连接的变量上
多路复用	MUX	根据入口参数 K(指定输入 IN 的编号),将选定输入的内容复制到输出 OUT。可增加输入参数,最多可声明 32 个输入。如果参数 K 的值大于可用输入数,则参数 ELSE 的值复制到输出 OUT 中
多路分用	DEMUX	将输入 IN 的内容复制到参数 K 所指定的输出中,其他输出则保持不变,可增加输出参数,如果参数 K 的值大于可用输出数,输入 IN 的内容将复制给参数 ELSE

对于选择、多路复用和多路分用指令，只有当所有输入和输出参数中变量的数据类型都相同时（参数 K 除外），才能执行该指令。

7.8.5 程序控制操作指令

程序控制操作指令包括跳转指令与运行时控制指令，具体功能说明见表 7-11。

表 7-11　程序控制操作指令功能说明

	名　称	LAD	说　明
跳转指令	若 RLO＝1 则跳转	—（JMP）	与跳转标签配合使用，当该指令前方有信号（RLO＝1）时，程序会直接跳转到该指令上方所标注的标签处运行
	若 RLO＝0 则跳转	—（JMPN）	与跳转标签配合使用，当该指令前方 RLO＝0 时，程序会直接跳转到该指令上方所标注的标签处运行
	跳转标签	LABEL	与—（JMP）和—（JMPN）指令配合使用的标签
	定义跳转列表	JMP_LIST	用户可以在指令中添加若干个出口参数作为跳转目标。每个跳转目标都必须连接一个标签（LABEL）。对于这些跳转目标，每一个都有一个编号，编号从 0 开始。在指令的入口参数 K 处连接一个 Uint 型变量。该指令运行时，K 端输入的值去对应相应的跳转目标编号，程序会跳转至该目标编号所连接的标签处。如果 K 输入的值没有对应的跳转目标编号，那么程序不会跳转而是继续向下执行
	跳转分配器	SWITCH	可以在其入口参数部分输入若干个条件表达式，符合条件的程序就进行相应的跳转。该指令左侧配置条件表达式，右侧填写跳转标签
	返回	—（RET）	在某个 FC 块或 FB 块中可以使用该指令。使用该指令时，在指令上方需要输入一个布尔量。若该指令执行，则立刻结束该 FC 块或 FB 块的调用，返回至调用上一级程序中。如果该指令上方布尔量为 1，那么返回上一级程序后，该 FC 块后方的使能输出有信号；如果该指令上方布尔量为 0，那么返回上一级程序后，该 FC 块后方的使能输出没有信号
运行时控制指令	限时和启用密码验证	ENDIS_PW	指定是否可以为 CPU 合法化组态的密码，甚至在密码正确的情况下，也可以阻止正常连接。当调用该指令且 REQ 参数具有信号状态 0 时，在输出参数处仅显示当前设置状态。如果更改了输入参数，这些更改将不会传送到输出参数。如果调用该指令且 REQ 参数的信号状态为 1，则从输入参数（F_PWD、FULL_PWD、R_PWD、HMI_PWD）中读取该信号状态
	重置循环周期监视时间	RE_TRIGR	如果 CPU 的循环时间大于设置的监视时间，此时可以调用重置循环周期监视时间指令来复位监控定时器，延长扫描时间
	退出系统	STP	当该指令的 EN 端前程序的条件满足时，CPU 将切换为 STOP 模式，且结束程序运行，而不检测该指令输出的信号状态
	获取本地错误信息	GET_ERROR	用输出参数 ERROR（错误）显示程序块内发生的错误，该错误通常为访问错误。如果块内存在多处错误，更正了第一个错误后，该指令输出下一个错误的错误信息
	获取本地错误 ID	GET_ERR_ID	用来报告错误的 ID（标识符）。如果块执行时出现错误，且指令的 EN 输入为 1 状态，出现的第一个错误的标识符保存在指令的输出参数 ID 中，ID 的数据类型为 Word。第一个错误消失时，指令输出下一个错误的 ID
	测量程序运行时间	RUNTIME	用于测量整个程序、单个块或命令序列的运行时间。使用时需要调用两次该指令，第一次调用用于记录开始值，第二次调用可在返回值中得到实际的运行时间值。使用时注意指令中两个操作数的数据类型为 LReal，两个指令中的 MEM 引脚为统一地址，时间单位为 s

注：表格中对于运行时控制指令的描述均为概述，进一步了解这些指令可借助软件的帮助功能。

【例 7-27】 跳转指令示例。如图 7-82 所示，当 M1.0 为 1 时，程序会直接在运行完程序段 1 后，直接运行程序段 3，不会运行程序段 2，而当 M1.0 为 0 时，程序会按顺序从程序段 1 运行到程序段 3。

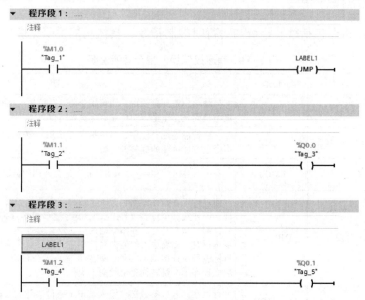

图 7-82　跳转指令示例

【例 7-28】 跳转分配器（SWITCH）指令示例。如图 7-83 所示，如果 K 的输入值等于 6.6，那么跳转至 LABEL1（DEST0 对应==表达式）；如果 K 的输入值小于等于 2.0，那么跳转至标签 LABEL2（DEST1 对应<=表达式）；如果 K 的输入值不满足任何一个条件表达式，那么程序跳转至标签 LABEL3（ELSE 对应不满足任何表达式的情况）。

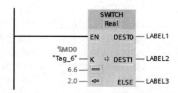

图 7-83　SWITCH 指令示例

7.8.6　运动控制指令

运动控制是按照预期的运动轨迹或规定的运动参数对机械运动部件的位置、速度等进行的实时控制。

S7-1200 PLC 的运动控制使用了轴的概念，通过轴的组态（如硬件接口、位置定义、动态性能等），与相关的指令组合使用，可实现绝对位置、相对位置、点动、转速控制等功能。

运动控制指令功能说明见表 7-12。

表 7-12　运动控制指令功能说明

名　称	说　明
MC_Power	启用、禁用轴。在启用或禁用轴之前，应确保： ① 已正确组态工艺对象；② 没有未决的启用-禁用错误
MC_Reset	确认故障。可用于确认导致轴停止的运行错误和组态错误

(续)

名称	说明
MC_Home	使轴归位或设置原点（参考点）。可将轴坐标与实际物理驱动器位置相匹配，并使其能够回到原点。对于绝对定位方式可用该指令设置原点
MC_Halt	可停止所有运动并以组态的减速度停止轴
MC_MoveAbsolute	起动轴定位运动，以将轴移动到某个绝对位置。使用该指令前必须先启用轴，同时必须使其回到原点
MC_MoveRelative	起动相对于起始位置的定位运动。使用该指令前必须先启用轴
MC_MoveVelocity	以指定的速度连续移动轴。使用该指令前必须先启用轴
MC_MoveJog	以指定的速度在点动模式下移动轴。该指令常用作测试和调试。使用该指令前必须先启用轴
MC_CommandTable	可将多个单独的轴控制指令组合到一个运动序列中。使用该指令前必须先启用轴
MC_ChangeDynamic	可动态修改更改下列设置：①加速时间（加速度）值；②减速时间（减速度）值；③急停减速时间（急停减速度）值；④平滑时间（冲击）值
MC_ReadParam	连续读取轴的运动数据和状态消息
MC_WriteParam	将数值写入轴的工艺对象变量

扫描二维码 7-1 可观看 PLC 编程中重复写入的讲解视频。

7-1 PLC 编程中重复写入的讲解视频

思考题及练习题

1. 编写程序实现以下功能：为了确保操作人员双手的安全，有时需设计双手按钮，即操作人员必须用两只手都按下安装在一定距离的两个按钮（"一定距离"是指两个按钮不能用一只手按，而必须用两只手按），这样他的手就不会出现在危险的工作区域。两个按钮必须同步按下（0.5 s 内），机器才可以启动（注意：是"同步按下"，而不仅仅是"都被按下"）。另外，松开按钮设备立即停止（I/O 分配自行设定即可）。

2. 本章 7.5.2 节中例 7-23 利用 TP 指令完成了顺序循环控制程序，参考该例，利用 TON 指令改写程序，完成与例题当中相同的控制功能。

3. 为图 7-84 中某停车场的门禁装置编写控制程序，完成以下功能：车辆进入停车场的瞬间，车辆进入检测器导通一次；车辆离开停车场的瞬间，车辆驶出检测器导通一次。若此停车场有 20 个停车位，那么当仍有车位时，PF2 灯亮（PF1 灯灭），表示可以进入；当车位已满时，PF1 灯亮（PF2 灯灭），表示车辆不能再进入停车场（I/O 分配自行设定即可）。

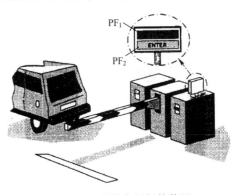

图 7-84 某停车场门禁装置

4. 编程求浮点数 $y = 3.5(5.8x + 3.14) - 6$ 的值。

第8章

S7-1200 PLC 的程序结构

8.1 用户程序的基本结构

在 PLC 中，程序的结构一般分为 3 种：线性化、模块化和结构化。

例如，假设某工厂的原料经过 5 个工艺段的处理会变成产品，如图 8-1 所示。

图 8-1　某工艺的 5 个工艺段示意图

如果按照线性化进行程序结构的设计，则 5 个工艺段的程序都会挤到主程序（在西门子的 PLC 中，OB1 是主程序）中，如图 8-2 所示。线性化程序结构不太适合较大程序量的程序，想象一下，如果只有主程序，而且主程序中的代码有成千上万行，这样的程序不但编写起来非常复杂，而且查找程序错误（bug）困难，以及程序可读性差。

如果按照模块化进行程序结构的设计，则可以把 5 个工艺段的程序分别模块化成 5 个不同的子程序（在西门子 S7-300/400/1200/1500 PLC 中，模块化子程序一般编写在函数——FC 中），然后再由主程序去调用它们，如图 8-3 所示。模块化程序结构相当于将主程序按照一定的规律分割成多个子程序，也可以理解成把一个大问题分割成多个小问题。这样即使总程序量有几万行，但是有了清晰的程序结构，编写和阅读起来就容易多了。

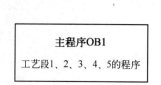

图 8-2　线性化程序结构示意图

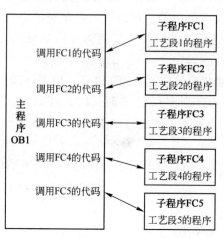

图 8-3　模块化程序结构示意图

如果在每个工艺段中都存在几组相同功能的设备，如图 8-4 所示，那么还可以将这种功能结构化封装起来（在西门子 S7-300/400/1200/1500 PLC 中，程序的结构化封装一般编写在函数——FC，或者函数块——FB 中），并多次被上一级程序调用，如图 8-5 所示。这样相同功能的程序只需编写一次，相当于同样的代码被多次复用，程序得到了一定程度的简化（该功能中的代码越多，简化的程度就越高），结构更加清晰，可读性更好。

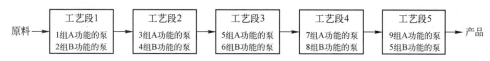

图 8-4　5 个工艺段各带相同功能设备示意图

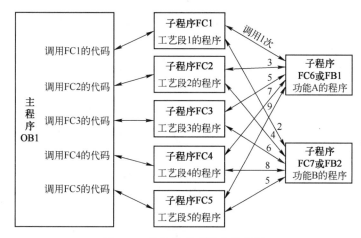

图 8-5　结构化程序结构示意图

图 8-5 中，FC1~FC5 中调用了 FC 或者 FB，这种被调用的块又调用了其他的块的使用方式称为嵌套调用。如工艺段 1~5 中还可以再向下细分出多个不相同的功能，并将这些功能安排在下一级的多个不同的 FC 中，类似于前文将 5 个工艺段分成 FC1~FC5。

说明：

1) 可以通过免费下载、购买等方式，获取他人编写的经过验证的类似功能的 FB 或 FC，以提升自己项目的实施效率和可靠性。

2) 一些大公司会有自己程序结构的标准，如必须使用哪些 OB 实现一些功能，甚至某某编号的 FB 或 FC 必须用来编写什么程序都会有所规定。

8.2　组织块

8.2.1　组织块与中断事件概述

组织块（organization block，OB）是操作系统与用户程序之间的接口。当出现可启动某组织块的事件时，由操作系统调用对应的组织块，并执行编写在组织块中的用户程序。

组织块代表着 CPU 的系统功能，不同类型的组织块完成不同的系统功能。有的用来在 CPU 的启动（Startup）阶段对程序赋初始值，有的可以用来在相等的周期中进行运算，有的可以用来实现精确的延时，有的可以用来对外部信号进行快速响应，有的可以用来对故障进行处理等。各 OB 的名称、类型及启动事件等信息见表 8-1。

表 8-1　各 OB 的名称、类型、启动事件、优先级等基本信息

OB 名称	OB 类型及启动事件	默认优先级	可能的 OB 编号	数量
Startup	启动	1	100，≥123	≥0
Program cycle	程序循环	1	1，≥123	≥1
Time of day	时间中断	2	≥10	≤2
Time delay interrupt	延时中断	3	≥20	≤4
Cyclic interrupt	循环中断	8	≥30	≤4
Hardware interrupt	硬件中断	18	≥40	≤50
Status	状态中断	4	55	≤1
Update	更新中断	4	56	≤1
Profile	制造商或配置文件特定中断	4	57	≤1
Time error interrupt	时间错误	22	80	≤1
Diagnostic error interrupt	诊断中断	5	82	≤1
Pull or plug of modules	模块拔出/插入中断	6	83	≤1
Rack or station failure	机架错误	6	86	≤1

说明：表 8-1 所列为 V4.0 及以上版本的 S7-1200 PLC 所支持的 OB（除运动控制 OB 外），V4.0 以下的仅支持程序循环、启动、延时中断、循环中断、硬件中断、时间错误及诊断中断 OB。

既然 OB 有多种，就可能同时出现多个 OB 请求，这时 PLC 将按优先级执行 OB，先执行优先级高的 OB，后执行优先级低的 OB（最低的优先级为 1）。

如果新出现事件的优先级高于当前执行的 OB，则会中断此 OB 的执行。优先级相同的事件，按发生的时间顺序进行处理。

OB 之间不能互相调用，也不能被 FC 或 FB 调用，它们只能根据其属性（用户根据其属性，提前下载相关 OB），由 PLC 的操作系统自动调用。

OB 块的创建方法如图 8-6 所示，其中方框部分可以自动或手动为 OB 块进行编号。

图 8-6　OB 块的创建方法

8.2.2 启动组织块

操作系统从 STOP 切换到 RUN 模式时，将调用启动组织块。如果有多个启动 OB，则按照 OB 编号大小依次调用，即从最小编号的 OB 开始执行。用户可以在启动 OB 中编写初始化程序。程序中也可以不创建任何启动 OB。

【例 8-1】假设有 8 台水泵，同一时间只有 4 台在运行，每过一段时间会自动切换到另外 4 台。1~8 号水泵的地址分别为 Q0.0~Q0.7。编写初始化程序使每次 PLC 重新上电后水泵都是从 1~4 号开始运行。

答：OB100 中的程序就是初始化程序，OB100 中的程序在 PLC 启动后只执行一次，因此里面的程序不会和 OB1 中的程序产生冲突。OB100 中的初始化程序如图 8-7 所示，其中将 16#0f 赋值给 QB0 就是对 Q0.0~Q0.3（对应 1~4 号水泵）赋值 1，OB1 中的水泵切换运行程序略。

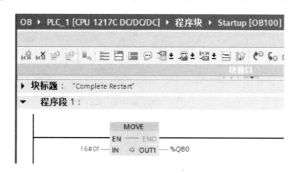

图 8-7 OB100 中的初始化程序

8.2.3 程序循环组织块

主程序 OB1 就是程序循环组织块。在 RUN 模式时，PLC 的操作系统每个周期调用程序循环组织块一次。在 S7-1200 PLC 中，可以使用多个程序循环组织块（OB 编号≥123），并且按照序号由小到大的顺序依次执行。所有的程序循环组织块执行完成后，操作系统重新调用程序循环组织块。在各个程序循环组织块中调用 FB、FC 等用户程序，使之循环执行。程序循环组织块的优先级为 1 且不能修改，这意味着优先级最低，可以被其他 OB 中断。S7-1200 PLC 程序循环组织块的执行如图 8-8 所示。

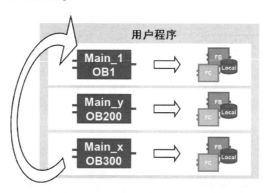

图 8-8 S7-1200 PLC 程序循环组织块的执行

8.2.4 时间中断组织块

时间中断组织块用于在时间可控的应用中定期运行一部分用户程序，可以实现在某个预定时间到达时只运行一次，或者在设定的触发日期到达时，按每分、每小时、每日、每周、每月、每月底或每年的周期运行（每次到达周期时间，时间中断组织块中的程序都执行一次）。当 CPU 的日期值大于设定的日期值时，触发相应的 OB 按设定的模式执行。在用户程序中，也可以通过调用 SET_TINTL 指令（中断相关指令均包含在扩展指令中）设定时间中断组织块的参数，调用 ACT_TINT 指令激活时间中断组织块投入运行。与在 OB 属性中设置参数相比，通过用户程序在 CPU 运行时修改设定参数的方式更加灵活。

【例 8-2】从 2020 年 1 月 1 日 0:00 起，每天 0 点整都自动进行一次当天产量的记录。

答：创建 OB10，并单击右键选择"属性"，如图 8-9 所示，设置 OB10 的时间中断属性。然后在 OB10 中编写记录当天产量的程序即可（程序略）。

图 8-9　OB10 的时间中断属性设置

8.2.5　延时中断组织块

普通定时器的工作过程与扫描工作方式有关，定时精度较差。如果需要高精度的延时，一般使用延时中断来实现。在 SRT_DINT 指令的 EN 端输入上升沿，便会启动延时过程。该指令的延迟时间为 1~60000 ms，精度为 1 ms，其精度高于普通定时器。延时时间到达触发延时中断，调用指定的延时中断组织块。可以使用 CAN_DINT 指令取消已经启动的延时中断。

【例 8-3】使用延时中断实现 I0.0 接通时，Q0.0 即被置位，10 s 后自动复位。

答：首先在 OB1 里编写如图 8-10 所示的 OB20 的激活与取消程序。SRT_DINT/CAN_DINT 指令在指令库的扩展指令的"中断"文件夹中，其中 OB_NR 为延时中断 OB 的编号，DTIME 为延时时间。

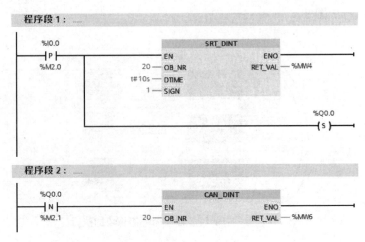

图 8-10　OB1 中关于 OB20 的激活与取消的程序

OB20 中的程序如图 8-11 所示，本例使用了 CPU 的系统存储器。

图 8-11 OB20 中的程序

8.2.6 循环中断组织块

循环中断组织块按设定的时间间隔循环执行，循环中断的间隔时间通过时间基数（或称循环时间）和相位偏移量来指定。

在 OB 属性中，每一个 OB 默认的时间间隔可以由用户设置。如果使用了多个循环中断 OB（S7-1200 PLC 最多可以使用 4 个循环中断），当这些循环中断 OB 的时间基数有公倍数时，可以使用相位偏移量来防止同时启动。OB 中的用户程序执行时间必须小于设定的时间间隔。如果间隔时间较短，会造成循环中断 OB 没有完成程序扫描而再次被调用的情况，从而造成 CPU 循环时间故障，触发 OB80 报错。

循环中断组织块通常处理需要固定扫描周期的用户程序，如 PID 函数块通常需要在循环中断中调用，以保证微积分运算周期的恒定。

8.2.7 硬件中断组织块

硬件中断用于处理具有硬件中断能力的设备（如信号模块）需要快速响应的过程事件。例如，可使用具有硬件中断的数字量输入模块触发中断响应，然后为每一个中断响应分配相应的中断 OB，多个中断响应可以触发一个相同的硬件中断 OB。S7-1200 CPU 支持多达 50 个硬件中断组织块，可以为最多 50 个不同的中断事件分配独立的硬件中断组织块，方便用户对每个中断事件独立编程。

如果设定的中断事件出现，则中断当前主程序，执行中断 OB 中的用户程序一次，然后跳回中断处继续运行主程序。该中断程序的执行不受主程序扫描和过程映像区更新时间的影响，适合需要快速响应的应用。

图 8-12 为数字量输入模块的硬件中断事件设定界面，显示为当该数字量输入模块的 0 通道出现上升沿时，触发中断程序"Hardware interrupt"。

图 8-12 数字量输入信号上升/下降沿的硬件中断设定

8.2.8 错误处理组织块

S7-1200 PLC 具有很强的内部软硬件错误的检测和处理能力。CPU 检测到错误后，操作系统会调用对应的组织块，用户可以在这些组织块中提前编写程序，以对可能发生的错误采取相应的措施。

1. 时间错误组织块 OB80

OB80 用于处理 CPU 的执行时间错误。当在一个循环内，程序执行第一次超出设置的最大循环时间时，CPU 会自动调用 OB80。如果程序中没有创建 OB80，CPU 将进入 STOP 模式（V4.0 以下版本的 S7-1200 CPU 此时会保持 RUN 模式）。在同一次循环内程序执行超出设置的最大循环时间 2 倍时，不管是否已经提前添加并下载了 OB80，CPU 都将进入 STOP 模式。

2. 诊断中断组织块 OB82

S7-1200 PLC 激活诊断功能的模块检测到其诊断状态发生变化（诊断事件到来或事件离开）时，操作系统将会调用诊断中断组织块 OB82 的情况。

3. 拔出/插入中断组织块 OB83

如果拔出或者插入了已组态且未禁用的（PROFIBUS、PROFINET 或 ASI 网络的）分布式 I/O 模块或子模块时，S7-1200 PLC 的操作系统将调用拔出/插入中断组织块 OB83。

4. 机架错误组织块 OB86

S7-1200 PLC 的操作系统会在下列情况下调用机架错误组织块 OB86：检测到 PFOFIBUS-DP 网络或 PROFINET IO 网络发生站点故障等事件（事件到来或事件离开），或检测到 PFOFI-NET 智能设备的部分子模块发生故障。

8.3 函数与函数块

8.3.1 函数

函数（FC）是不带专用存储区的代码块。编写在 FC 中的程序，需要在其他代码块调用该 FC 时才会执行。

FC 块的添加方法类似于 OB，在项目树中选择"程序块"→"添加新块"，并选择"函数 FC"即可，如图 8-13 所示。FC 的语言可选 LAD（梯形图）、FBD（功能块）和 SCL（结构化控制语言）。FC 的编号可以自动分配，也可以手动调整。

图 8-13　FC 块的添加方法

FC 有两个作用：

1) 作为子程序使用。

2) 可以在程序的不同位置多次调用同一个 FC，以实现对功能类似设备的统一编程和控制。

1. FC 的接口区

每个 FC 都带有形式参数的接口区，参数类型分为输入参数、输出参数、输入/输出参数、和返回值。局部数据包括临时变量及常量。

1) Input：输入参数，FC 调用时将用户程序数据传递到函数中。实参可以为常数。

2) Output：输出参数，FC 调用时将 FC 执行结果传递到用户程序中，实参不能为常数。

3) InOut：输入/输出参数，调用时由 FC 读取其值后进行运算，执行后将结果返回，实参不能为常数。

4) Temp：用于存储中间结果的临时变量，只能用于 FC 内部的中间变量（局部数据区 L）。临时变量仅在 FC 调用时生效，FC 执行完成后临时变量区会被释放，所以临时变量不能存储需要随时从外部直接读取的中间数据。

5) Constant：声明常量符号名后，程序中可以使用符号代替常量，这使得程序更具有可读性且易于维护。符号常量由名称、数据类型和常量值 3 个元素组成。局部常量仅在块内适用。

2. 无形式参数的 FC

作为子程序使用的 FC 可以不带形式参数（简称形参）变量，即调用程序与 FC 之间没有数据交换，只是运行 FC 中的程序。使用子程序可将相互独立的控制设备分开编写程序，再统一由 OB 调用，这样就实现了对整体程序的模块化划分（见图 8-3），便于程序调试及修改，使整个程序的条理性和易读性增强。

每个作为子程序使用的 FC 只能在主程序中被调用一次。

对整体程序的模块化划分，也可以使用多个程序循环 OB 来实现，区别是 FC 可以由上一级的块通过程序逻辑来决定是否调用，而多个程序循环 OB 都会被执行。

3. 带形式参数的 FC

需要多次调用的 FC 一般要制作成带形式参数的 FC，以实现结构化编程。

【例 8-4】将模拟量滤波程序编写在带形参的 FC 中，并在程序中多次调用，以实现对多组模拟量的滤波。要求采用算术平均滤波算法，即将最新三次的输入数值相加并取平均值。

答：1) 创建 FC3，并在 FC3 的接口区定义各形参及所需的临时数据。接口区在 FC 工作区的上方，通过 ▬ 按钮打开，如图 8-14 所示。

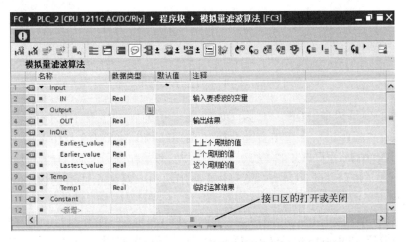

图 8-14 在 FC 接口区中定义各形参及所需的临时数据

定义完接口后，在 FC3 中编写模拟量滤波程序，如图 8-15 所示。

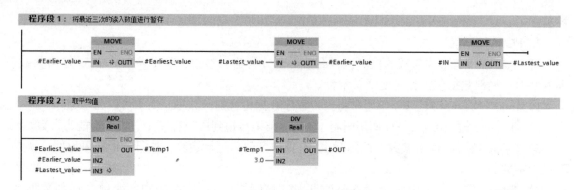

图 8-15　FC3 中的模拟量滤波程序

注意：

1) FC 的形参和临时变量前都带有"#"，其中形参只能用符号名寻址，不能用绝对地址。另外，需要多次调用的 FC 中不要使用全局变量作为中间变量暂存数据。

2) FC 的输入形参用作只读操作，输出形参用作只写操作。如果对输入进行写入操作，或对输出进行读取操作，博途软件在编译时会给出语法警告，相应的调用指令会被标注成警告颜色（橘黄色）。这种编程方式可能引起意外的结果，不推荐使用。

3) 调用 FC3。将 FC3 在 FC5 中调用（嵌套调用），并且被调用多次。FC5 又在 OB30 中调用。例 8-4 的程序块调用关系如图 8-16 所示。

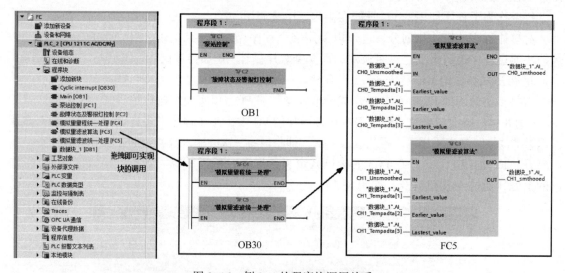

图 8-16　例 8-4 的程序块调用关系

在博途软件的项目树中，OB、FC 及 DB 块是"平铺"的，看不出彼此之间的调用关系（可以在项目树的"程序块"上单击右键选择"调用结构"来观察）。在本例中，OB1 调用了 FC1 和 FC2，OB30 中调用了 FC4 和 FC5，这四个 FC 都是作为子程序用的无形参的 FC，都只被调用一次。FC3（带形参的 FC）在 FC5 中被调用两次，对两个通道的模拟量进行了滤波处理。

按照图 8-16，本例程序的执行顺序为：OB1→FC1→FC2→循环执行 OB1 直至到达 OB30 的循环时间→OB30→FC4→FC5→FC3（第一次调用）→FC3（第二次调用）→OB1→……。

8-1 监控 FC3 时的动图

扫描二维码 8-1 可观看监控 FC3 时的动图，以增强对 FC 的认识。

8.3.2　函数块

函数块（FB）是有专用存储区（背景数据块）的代码块，编写在 FB 中的程序，需要在其他代码块调用该 FB 时才会执行。每次调用 FB 时，都需要分配一个背景数据块。FB 的输入参数、输出、输入/输出参数及静态变量（Static）均存储在背景数据块中，在执行完 FB 后，这些值依然有效。FB 也可以使用临时变量（Temp），但临时变量并不存储在背景数据块中（FB 的 Temp 与 FC 的 Temp 相同）。

每次调用 FB 时都需要分配一个新的背景数据块，多次调用时，背景数据块不能相同，否则会出现地址冲突。

FB 的添加方法类似于 OB 和 FC，在项目树中选择“程序块”→“添加新块”，并选择“函数块 FB”即可。FB 的语言可选 LAD（梯形图）、FBD（功能块）、STL（语句表）及 SCL（结构化控制语言）等。FB 的编号可以自动分配，也可以手动调整。

【例 8-5】 使用 FB 实现例 8-4 中的模拟量滤波功能，对模拟量的 CH0 和 CH1 两通道进行滤波。

答：1）创建 FB1，并定义接口区（打开方式同 FC）。由于 FB 的静态变量也会存储在其背景数据块中，因此最近 3 个周期的数值就不必设计成 InOut 参数，加法的结果也不必设计在临时变量中。上述 4 个变量都设计在静态变量（Static）中，如图 8-17 所示。在 FB 的接口区中，各接口参数及静态变量可以选择几个与 HMI（触摸屏，用来监控生产过程）或 OPC UA（一种用于工业物联网的通信协议）有关的复选框。

模拟量滤波算法

	名称	数据类型	默认值	保持	可从 HMI/OPC UA 访问	从 HMI/OPC UA 可写	在 HMI 工程组态中可见	设定值	监控	注释
1	▼ Input									
2	IN	Real	0.0	非保持						输入要滤波的数据
3	▼ Output									
4	OUT	Real	0.0	非保持						输出结果
5	▶ InOut									
6	▼ Static									
7	Earliest_value	Real	0.0	非保持						上上个周期的值
8	Earlier_value	Real	0.0	非保持						上个周期的值
9	Lastest_value	Real	0.0	非保持						这个周期的值
10	result_of_add	Real	0.0	非保持						
11	▶ Temp									
12	▶ Constant									

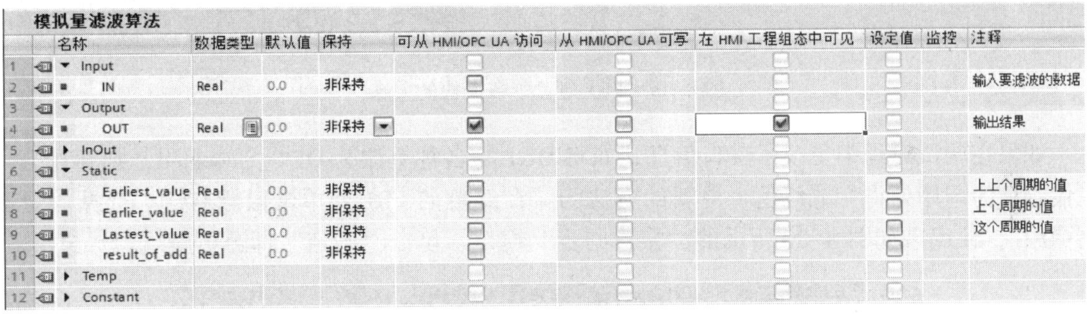

图 8-17　FB1 的接口区定义

FB1 中的程序与例 8-4 中 FC4 的程序基本相同，图略。

2）调用 FB1。调用 FB1 时会自动弹出背景数据块的创建窗口，其中背景数据块的名称和编号都可以修改，如图 8-18 所示。调用两次 FB1，分别生成 DB2 和 DB3 两个背景数据块。

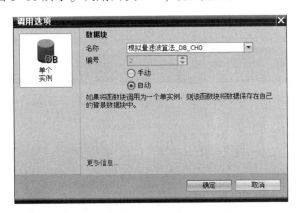

图 8-18　FB1 背景数据块的创建

FB1 与背景数据块的关系如图 8-19 所示，在 DB2、DB3 中分别存储 FB1 的接口数据区（Temp 临时变量区除外），数据输入的流向为：赋值的实参→背景数据块→FB1 的接口输入数据区；数据输出的流向为：FB1 的接口输出数据区→背景数据块→赋值的实参。所以调用函数块时，可以不对形参赋值，而直接对背景数据块赋值，或直接从背景数据块读出 FB 的输出数值（带形参的 FC 不允许这样操作）。

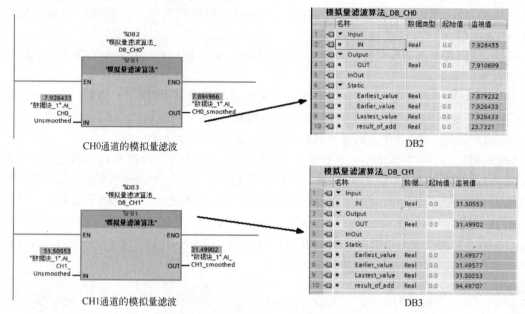

图 8-19　FB1 与背景数据块的关系

如果在调试过程中更改了接口信息，如将 OUT 的名称更改为 OUT_Smoothed，则其在上一级代码块的调用处将变成红色。更新的方法为：在红色的 FB1 处单击鼠标右键，选择"更新块调用"，便出现如图 8-20 所示的"接口同步"窗口，单击"确定"即可更新。

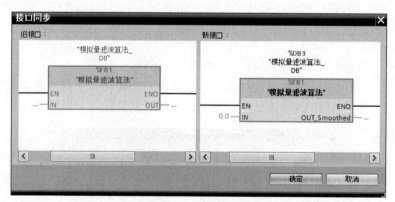

图 8-20　"接口同步"窗口

扫描二维码 8-2 可观看监控 FB1 时的动图，以加深对该算法和 FB 块本身的理解。

8-2　监控 FB1 时的动图

8.3.3　多重背景

每次调用 FB 时都为之分配一个背景数据块，这将影响数据块 DB 的使用资源。如果将多个 FB 作为主 FB 的静态变量进行合并调用,那么多个 FB 就可以共用一个背景数据块,这个背景数据块就称为多重背景数据块。

【例 8-6】 将例 8-5 的模拟量滤波程序设计成多重背景功能。

答:1) 创建一个新的 FB,如 FB2,并定义好 FB2 的接口参数(CH0_IN、CH1_IN、CH0_OUT、CH1_OUT)。

2) 在 FB2 中调用 FB1(例 8-5 中已创建完成 FB1),调用时会自动弹出如图 8-21 所示的背景数据块创建窗口,选择"多重实例"。这个多重实例是多重背景数据块的一个实例(Instance),可以理解为多重背景数据块中内部 FB(如 FB1)对应的数据接口区。

在 FB2 中调用两次 FB1,生成两个多重实例。

在 OB30 中调用 FB2,如图 8-22 所示,生成的背景数据块 DB2 即为多重背景数据块,本例中 DB2 同时作为 FB2 和两个 FB1 的背景数据块,如图 8-23 所示。

图 8-21 多重实例的创建

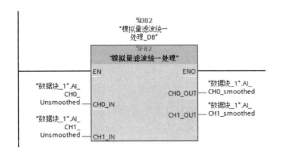

图 8-22 OB30 中调用的 FB2

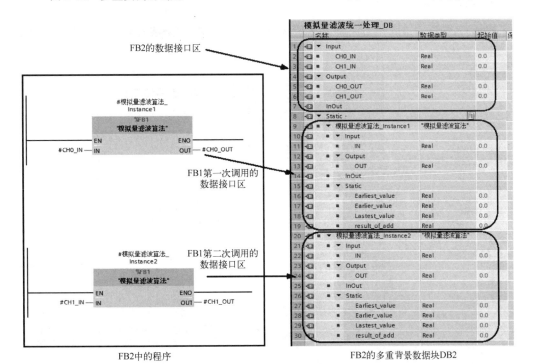

图 8-23 多重背景数据块与 FB 的关系

S7-1200 PLC 的 IEC 定时器及 IEC 计数器实际上也是 FB，多次调用时会生成多个背景数据块。因此可以将相关程序编写在一个 FB 中，然后调用定时器或计数器时选择"多重实例"，这样多个定时器或计数器的背景数据块就被包含在它们所在 FB 的背景数据块中，更加合理地利用了存储空间。

8.4 数据块

1. 基本介绍

西门子 S7-1200 PLC 中非常有特色的一种存储区是数据块（data block，DB）。与 M 区相似，DB 块也是主要用作为中间存储区。DB 块不同长度绝对地址的表达方式见表 8-2。

表 8-2 DB 块不同长度绝对地址的表达方式

长　　度	地 址 举 例
1 位	DB1.DBX0.0
8 位	DB2.DBB4
16 位	DB10.DBW2
32 位	DB20.DBD8

说明：

1）超过 32 位的表达方式见第 7 章 7.1.5 节例 7-19。

2）表 8-2 为非优化的 DB 地址表达方式，优化的 DB 中无绝对地址的表达方式。

S7-300/400/1500 PLC 也可以使用 DB 块，而 S7-200/S7-200 SMART PLC 中不能使用 DB 块。

2. 使用方法

如图 8-24 所示，DB 块的创建方法为：在项目树中，选择"程序块"→"添加新块"，双击在"添加新块"窗口中选择"数据块"即可。

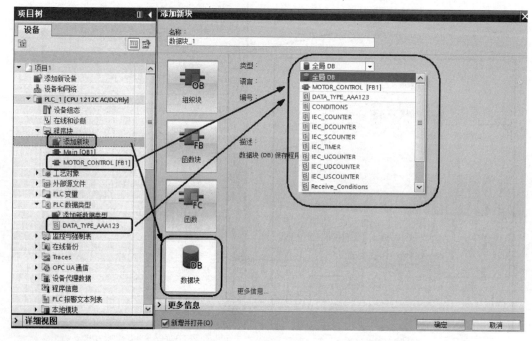

图 8-24　DB 块的添加

在 S7-1200 PLC 中可以创建以下 3 种类型的 DB 块：

1) 全局 DB。又称共享 DB，是一种在某一个 PLC 站点下任何程序块都可以对其进行读写操作的数据块。

2) 功能块 FB 的背景数据块。背景数据块是 FB 的专用数据块，即仅允许调用该背景数据块的 FB 程序对其进行读写操作，其他程序对该背景数据块仅能进行读操作。

3) 以某模板为基础创建的数据块。在博途软件中，这些模板称为 PLC 数据类型，图 8-24 中，创建了"DATA_TYPE_AAA123"模板后，添加 DB 块时就可以选择这种模板。

在 S7-1500 PLC 中还可以创建数组 DB。

【例 8-7】创建全局 DB，并添加一个布尔量和一个整数。

答：创建全局 DB 的过程如图 8-25 所示。

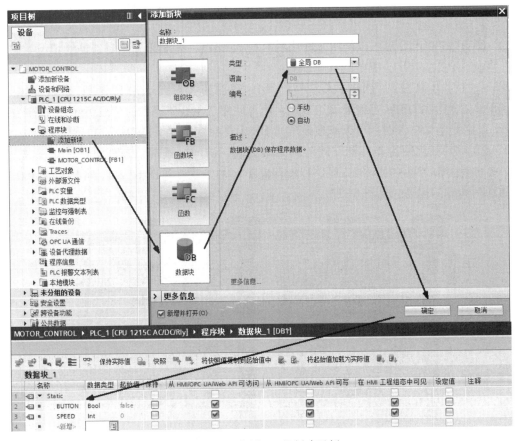

图 8-25　全局 DB 的创建示例

3. 优化的 DB 块

在 S7-1200/1500 PLC 问世之前，S7-300/400 PLC 中就有 DB，这个 DB 块是非优化的 DB，主要具有以下特点：

1) 采用绝对地址寻址方式，即表 8-2 中 DB1.DBX0.0、DB2.DBB4 等地址表达方式。

2) 设定断电保持性时，无法单独设定该 DB 中某一个变量的保持性，要么全部被设定，要么全部都取消设定。

3) 不同长度的变量无法在存储空间上做到"紧挨着"，即会有一些间隙，如图 8-26 和图 8-27 所示。

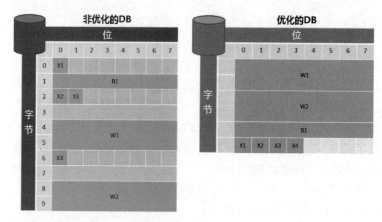

图 8-26　S7-1200 PLC 的非优化 DB 与优化 DB 的对比

S7-1200/1500 PLC 也可以使用非优化的 DB，如某些一定要用到绝对地址的情况。除此之外，推荐使用优化的 DB，主要具有以下特点：

1）采用符号地址的寻址方式，用户无须关心其实际地址，即不再支持表 8-2 中 DB1. DBX0. 0、DB2. DBB4 等地址表达方式，但可使用 7.1.6 节提到的片段访问方法。

2）设定断电保持性时，可以单独设定该 DB 中任一变量的保持性。

3）DB 块的优化使得其存储空间的利用率更高、访问（读写）速度更快。对于 S7-1200 PLC，更偏重存储空间利用率的提高，以便存储更多的数据，见图 8-26。对于 S7-1500 PLC，更偏重访问速度的提高，见图 8-27。

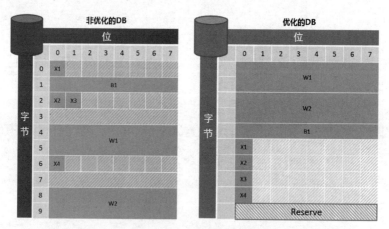

图 8-27　S7-1500 PLC 的非优化 DB 与优化 DB 的对比

4）下载而不重新初始化。在经过适当的设置后，优化的 DB 在一定限度内增加变量并下载时，不会因为重新初始化而丢失当前数值。

DB 块是 S7-1200 PLC 中最重要的内部存储资源，它和 M 区作为中间地址，存储了程序中大部分的数据。图 8-28 是从外部输入信号到外部输出信号之间的一般的逻辑关系（数据流）示意图。一般来说，从 PLC 内部看，**数据的数值都是来自于 I 地址，经过中间地址，最终流向 Q 地址**。

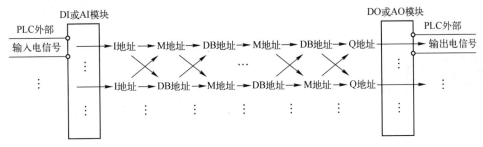

图 8-28　由输入信号到输出信号的一般数据流

思考题及练习题

1. 图 8-29 为城市污水处理工艺，其中生物处理和过滤消毒阶段需要固定周期的扫描时间（其余阶段无须固定周期），而且这两个阶段中有不少相同程序的设备，试为该工艺设计合适的 PLC 程序结构。

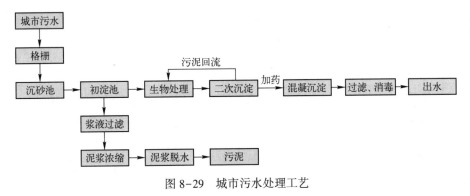

图 8-29　城市污水处理工艺

2. 使用适当的 OB 编程，并仿真完成：从某一时刻起，每分钟某变量的数值加 1。

3. 使用适当的 OB 编程，并仿真完成：从 CPU 由 STOP 模式到 RUN 模式起，每 25s 某变量的数值加 1。

4. 使用适当的 OB 编程（不使用定时器指令），并仿真完成：I0.0 闭合 20s 后，Q0.0 为 1。

5. 添加一个全局 DB，并在里面创建 3 个 Bool，2 个 Word，1 个 Time，以及 1 个带有 10 个 Real 的数组。

第9章 S7-1200 PLC 的通信

9.1 网络通信概述

PLC 的通信包括 PLC 之间的通信、PLC 与上位计算机之间的通信以及 PLC 与其他智能设备之间的通信。在控制领域中，PLC 的通信使得众多独立的控制孤岛构成一个控制工程的整体。

9.1.1 网络通信国际标准模型（OSI 模型）

国际标准化组织（ISO）提出了开放系统互连模型 OSI，作为通信网络国际标准化的参考模型，它详细描述了通信功能的 7 个层次，如图 9-1 所示。

发送方传送给接收方的数据，实际上是经过发送方各层从上到下传递到物理层，通过物理媒体（介质）传输到接收方后，再经过从下到上各层的传递，最后到达接收方。发送方的每一层协议都要在数据报文前增加一个报文头，报文头包含完成数据传输所需的控制信息，只能被接收方的同一层识别和使用。接收方的每一层只阅读本层的报文头的控制信息，并进行相应的协议操作，然后删除本层的报文头，最后得到发送方发送的数据。

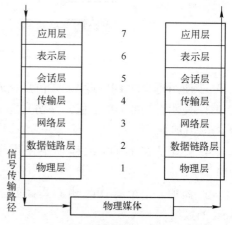

图 9-1 信息在 OSI 模型中的流动形式

图 9-1 中各层的功能如下：

1）物理层的下面是物理媒体，如双绞线、同轴电缆和光纤等。物理层为用户提供建立、保持和断开物理连接的功能，定义了传输媒体接口的机械、电气、功能和规程的特性。RS232C、RS422 和 RS485 等就是物理层标准的例子。

2）数据链路层的数据以帧（frame）为单位传送，每一帧包含一定数量的数据和必要的控制信息，如同步信息、地址信息和流量控制信息。通过校验、确认和要求重发等方法实现差错控制。数据链路层负责在两个相邻节点间的链路上，实现差错控制、数据成帧和同步控制等。

3）网络层的主要功能是报文包的分段、报文包阻塞的处理和通信子网中路径的选择。

4）传输层的信息传送单位是报文，它的主要功能是流量控制、差错控制、连接支持，传输层向上一层提供一个可靠的端到端的数据传送服务。

5) 会话层的功能是支持通信管理和实现最终用户应用进程之间的同步,按正确的顺序收发数据,进行各种会话。

6) 表示层用于应用层信息内容的形式变换,如数据加密/解密、信息压缩/解压和数据兼容,把应用层提供的信息变成能够共同理解的形式。

7) 应用层为用户的应用服务提供信息交换,为应用接口提供操作标准。

对于工业通信网络,一般仅使用7层中部分层的功能。

9.1.2 调试工业通信网络的一般方法

调试工业通信网络的一般方法如下。

1. 确保网络的物理媒体连接正常

不论是有线连接还是无线连续,物理媒体连接都是网络的基础,所以调试的第一步就是要保证它的连接正常。

物理连接是否正常一般包括网络模块的硬件是否正常、线路是否连接正确、接点是否接触良好、屏蔽措施是否到位等。对于无线连接,还要确定无线信号是否覆盖。

2. 确保网络上各设备使用相同的网络协议

有一些工业通信网络的底层电气标准是相同的,即它们使用的物理接口及网线可以是相同的。如RS485网络,在此标准之上运行不同的网络协议形成了不同的工业通信网络,PPI、MPI、PROFIBUS-DP、Modbus-RTU、CC-Link以及自由协议等都是基于RS485的网络。除此之外,RS232以及以太网也有这种情况。

因此,在调试工业通信网络时,同一条网络上的几个设备可能会使用了不同的网络协议,这时尽管设备间可能会互发相同电平的信号,但无法解码。这就好比使用不同语种的人谈话一样,互相都可以听到声音,意思却互不理解。如果有一位翻译在场,就能理解彼此要表达的意思。这个翻译相当于网络中的网关,网关的两边是不同的网络。

因此,使用相同网络的设备就一定要选用相同的网络协议,网络协议不同的设备间要有网关。

3. 确保网络上各设备的通信速率相同

设备间通信时如果速率不同,会有数据丢失的现象发生。例如,如果A设备每秒向B设备发送40个数据包,而B设备由于速率低于A设备,每秒只能收到来自A的20个数据包,即每秒都会丢失20个数据包。若A和B都是固定速率的设备,则丢包率就是50%。

工业通信网络中数据的丢失可能会导致控制的失误或系统的报错停机。

另外,通信速率的设定值与传输距离有关。传输线越长,通信速率应设定得越低,反之传输线很短时,通信速率才可以设定得较高。

实际项目中,即使只有一个站点的距离较远,整个网络的速率也要同步降低。

如图9-2所示,原本车间1~4的通信速率为500 kbit/s,但是后来由于新建了一个距离较远的车间5,因而整个网络所有站点的速率都需要降低至187.5 kbit/s。

4. 确保网络上各设备的站点地址号不同

设备的站点地址号(如IP地址)是设备在网络上的重要标识,它就像手机号码或家庭的通信地址一样,不可重复。如果网络上出现了两个设备站点地址相同的情况,则可能会出现数据包时而被一个设备接收,时而被另一个设备接收的情况,或者出现系统报错停机的情况。

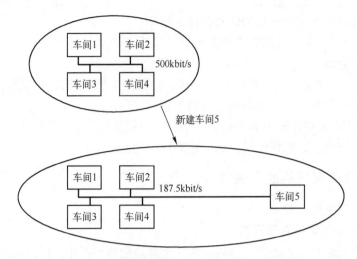

图 9-2 车间位置分布及网络连接关系示意图

有些设备的站点地址和通信速率,需要在硬件上通过拨码开关等器件进行设定。S7-1200 PLC 通过组态即可设定站点地址和通信速率。

5. 关键要分配好设备间数据的发送与接收区

上述几条原则都是通信前的准备工作,通信根本上还是要发送和接收数据,因此要对设备间数据的发送和接收区进行合理分配。

一般做法是将需要通信的零散的变量汇总在一起进行发送和接收。如 PLC01 需要将变量 IW0、MD4、DB2.DBD12、M13.4 等发送给 PLC02,可将这些变量先通过程序赋值给一个连续的数据区(如 DB4 中),再统一进行发送。接收端亦是如此,统一接收到数据以后,再分配到逐个零散的变量中,如图 9-3 所示。本例中 PLC02 也可向 PLC01 中发送数据,处理方式类似,不再赘述。

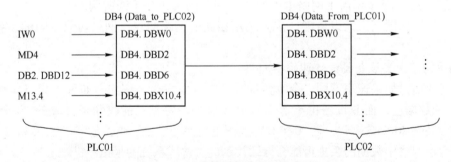

图 9-3 通信数据集中发送示意图

若需要通信的变量较多,也可以将变量集中到多个连续的数据区中。

对于维护 PLC 系统的工程师而言,需要弄清楚各 PLC 通信数据的发送和接收区,以便弄清楚涉及多个 PLC 的程序联锁关系。

上述原则只是调试工业通信网络时的一些主要原则,不同的网络可能还会有一些特殊的参数设置,具体内容详见相关手册。

一般如果通信的各设备都使用同一种编程软件并且都在同一个项目文件中时,通信的实现最简单,因为很多编程软件都会帮助用户避免出现协议不一致、通信速率不一致以及站点地址号重复等错误。但是如果各设备不在同一个项目文件中甚至不在同一种编程软件中,就需要用户格外注意上述调试原则。

说明：

应用于生产现场，在现场设备之间、现场设备与控制装置之间的工业通信网络又称现场总线。

扫描二维码 9-1 可查看有关现场总线的相关介绍。

9-1 拓展阅读：
现场总线简介

9.1.3　S7-1200 PLC 的通信方式

S7-1200 PLC 为满足用户对所有网络的要求，提供了各种各样的通信方式，具体包括工业以太网/PROFINET 通信、PROFIBUS 通信、远距离控制通信、点对点（PtP）通信、USS 通信、Modbus RTU 通信、ASI 通信等。

(1) 工业以太网/PROFINET 通信

工业以太网是基于国际标准 IEEE 802.3 的开放式网络，可以集成到互联网。

PROFINET（简称 PN）是基于工业以太网的现场总线（IEC 61158 的类型 10），它是实时工业以太网，是现场总线发展的趋势，主要用于连接现场分布式 I/O 设备，有逐步取代 PROFIBUS-DP 的趋势。

S7-1200 CPU 集成的 PROFINET 接口为 RJ45 连接器，数据传输速率为 10 Mbit/s、100 Mbit/s，最多支持 16 个以太网连接。集成的 PROFINET 接口基于 TCP/IP 标准，可用于与编程软件、人机界面（HMI）和其他 SIMATIC 控制器进行通信，支持的通信服务有 PG 通信、HMI 通信、S7 通信、OUC 通信、Modbus TCP、PROFINET IO 等。

1) PG 通信。S7-1200 PLC 的操作软件为博途软件，使用博途软件对 S7-1200 PLC 进行在线连接、上下载程序、调试和诊断时会使用该 PLC 的 PG 通信服务。

2) HMI 通信。S7-1200 PLC 的 HMI 通信可用于连接西门子精简面板、精智面板、移动面板以及一些带有 S7-1200 PLC 驱动的第三方（即其他品牌）HMI 设备。

3) S7 通信。S7 通信用于 SIMATIC PLC 之间的通信，该通信标准并未公开，因此不能用于与第三方设备的通信。基于工业以太网的 S7 通信协议除了使用了 OSI 模型的第 4 层传输层，还使用了第 7 层应用层，因此在数据传输的过程中除了有传输层的应答外，还有应用层的应答。所以 S7 通信是比 OUC 通信更加安全的通信协议。

4) OUC 通信。OUC（open user communication）即开放式用户通信，采用开放式标准，可与第三方设备或 PC 进行通信，也适用于 S7-300/400/1200/1500 PLC 之间的通信。S7-1200 PLC 支持 TCP、ISO-on-TCP 和 UDP 等开放式用户通信。

5) Modbus TCP 通信。Modbus TCP 是一种简单、经济和公开透明的通信协议，用于在不同类型总线或网络中的设备之间的客户端/服务器通信。Modbus TCP 结合了 Modbus 协议和 TCP/IP 标准，它是 Modbus 协议在 TCP/IP 上的具体实现，数据传输时是在 TCP 报文中插入了 Modbus 应用数据单元。Modbus TCP 使用 TCP 通信作为 Modbus 通信路径，通信时其将占用 CPU 开放式用户通信资源。

6) PROFINET IO 通信。PROFINET IO 是 PROFIBUS/PROFINET 国际组织基于以太网自动化技术标准定义的一种适用于不同品牌自动化产品的通信，主要用于模块化、分布式的控制系统。

如图 9-4 所示，为使布线最少且能提供最大的组网灵活性，紧凑型交换机模块 CSM 1277 与 S7-1200 一起使用（最多可再连接 3 个附加设备），可以组建一个混合网络（具有总线型、树形或星形拓扑结构)。

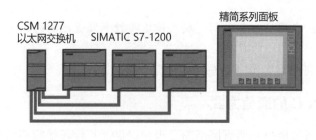

图 9-4　S7-1200 与 CSM 1277 混合组网（集成的 PROFINET 接口）

(2) PROFIBUS 通信

PROFIBUS 由德国西门子等 14 家公司及 5 家研究机构于 1987 年联合推出，现已成为一种国际化、开放式、不依赖于设备生产商的现场总线标准，广泛适用于制造业自动化、流程工业自动化和楼宇、交通电力等其他自动化领域。通过使用 PROFIBUS 从站通信模块 CM 1242-5，S7-1200 可以作为一个智能 DP 从站设备与任何 PROFIBUS-DP 主站设备通信，如图 9-5 所示。

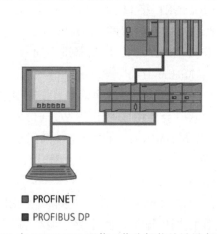

图 9-5　S7-1200 在 PROFIBUS 通信下作为智能从站设备与主站设备连接

(3) 远距离控制通信

S7-1200 CPU 支持通过 GPRS 实现简单的远程监视和控制，如图 9-6 所示。通过使用 GPRS 通信处理器 CP 1242-7，S7-1200 可以与以下设备远程通信：中央控制站、其他的远程站、移动设备（SMS 短消息）、编程设备（远程服务）、使用开放式用户通信的其他通信设备。

(4) 点对点通信

点对点协议（point-to-point protocol，PtP）是链路传输协议，为多种上层协议在点对点链路传输提供了一种标准方法。通过通信模块 CM 1241 可以实现点对点高速串行通信，支持 ASCⅡ、Modbus RTU、USS 驱动协议，可以实现西门子和其他制造商自动化系统、打印机、扫描仪、调制解调器、条形码扫描器、机械手等之间的通信。

(5) USS 通信

USS 协议（universal serial interface protocol，通用串行接口协议）是西门子传动产品的通用通信协议，它是一种基于串行总线进行数据通信的协议，是点对点通信的一种。通过 CM 1241 RS422/485 通信模块或者 CB 1241 RS485 通信板，使用 USS 指令，可用来与多个驱动器（支持

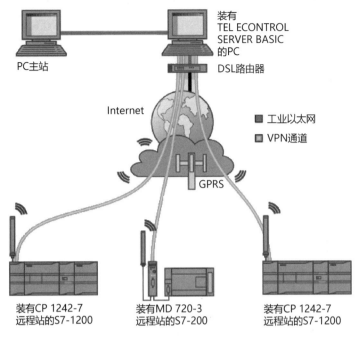

图 9-6　S7-1200 通过 GPRS 的远程控制连接

USS 协议）进行通信。

（6）Modbus RTU 通信

Modbus RTU 通信是控制器设为在 Modbus 网络上以 RTU（远程终端模式）的通信方式通信，是点对点通信的一种。通过 Modbus 指令，S7-1200 可以作为 Modbus 主站或从站，与支持 Modbus RTU 协议的设备进行通信。通过使用 CM 1241 RS232、CM 1241 RS422/485 通信模块或 CB 1241 RS485 通信板，Modbus 指令可以用来与多个设备进行通信。

（7）ASI 通信

ASI（actuator/sensor-interface）通信是用于工业通信网络中最底层的传感器和执行器等设备数据传输的一种通信方式，它只负责简单的数据采集与传输，相比 PROFIBUS 具有较高的实时性和可操作性。通过使用 CM 1243-2 模块 S7-1200 PLC 可以连接 ASI 网络，如图 9-7 所示。

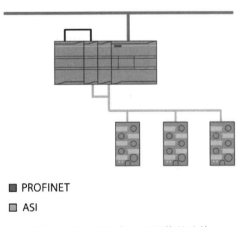

图 9-7　S7-1200 与 ASI 网络的连接

9.2 工业以太网通信

9.2.1 工业以太网通信概述

工业以太网是应用于单元级、管理级的网络,通信数据量大、距离长。工业以太网的通信服务一般用于主站间的大数据量通信,如 PLC 之间、PLC 与 HMI、PC 之间的通信。通信的方式为对等的发送和接收,不能保证实时性。

基于工业以太网开发的 PROFINET 是实时以太网,具有很好的实时性,主要用于连接现场设备,通信为主从方式。

1. 西门子工业以太网的通信介质

西门子工业以太网可以使用双绞线、光纤和无线进行数据通信。

(1) 双绞线

尽管在实验室环境下,带有 RJ45 接口的普通民用双绞线也能用于工业以太网,但在工业环境下,一定要使用工业级的双绞线。西门子常用的双绞线为 IE FC TP(industry ethernet fast connection twisted pair)工业快速连接双绞线,配合西门子 FC TP RJ45 快接头使用,连接如图 9-8 所示。

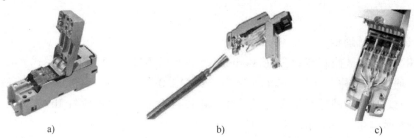

图 9-8 西门子的工业快速连接双绞线与快接头
a) 快接头 b) 工业快速连接双绞线插入快接头示意 c) 插入工业双绞线的快接头

将双绞线按照 FCTP RJ45 接头标示的颜色插入连接孔中,可快捷、方便地将 DTE(数据终端设备)连接到工业以太网上。使用 FC 双绞线,从 DTE 到 DTE、DTE 到交换机、交换机之间的最长通信距离为 100 m。

(2) 光纤

光纤适合用于抗干扰、长距离的通信。西门子交换机间可以使用多模光纤或单模光纤。通信距离与交换机和接口有关。

(3) 无线以太网

使用无线以太网收发器相互连接。通信距离与通信标准及天线有关。

2. S7-1200 PLC 支持以太网的拓扑结构

S7-1200 PLC 可以组成总线型或星形的网络拓扑结构。CPU 1215C 或 1217C(内置双网口)之间,或者与编程设备、HMI 之间可以组成总线型网络;S7-1200 PLC 都可以各自连接到交换机而组成星形网络。

3. S7-1200 PLC 以太网接口支持的通信服务

S7-1200 PLC 以太网接口支持的非实时通信服务有 PG 通信、HMI 通信、S7 通信、OUC 通信及 Modbus TCP 通信;支持的实时通信有 PROFINET IO 通信。

9.2.2 PROFINET IO 通信

使用 PROFINET IO（简称 PROFINET），现场设备可以直接连接到以太网，与 PLC 进行高速数据交换。如图 9-9 所示，在 PROFINET IO 网络中，PLC 是 PROFINET 的 **IO 控制器**，相当于网络的主站；上位机和 HMI 可通过 PROFINET IO 对生产过程进行可视化监控，因此上位机和 HMI 是 **PROFINET 的 IO 监视器**；ET 200 分布式 I/O、变频器、调节阀、变送器等分布式现场设备都可以用作 PROFINET 的 **IO 设备**，相当于网络的从站；此外，PLC 也可以作为从站，称为**智能设备**（I-Device）。

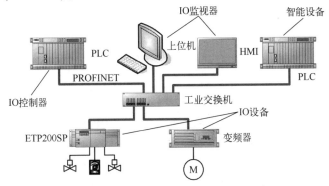

图 9-9 PROFINET IO 网络的基本组成

PROFINET IO 提供了 3 种执行水平：

1) 非实时数据传输（NRT）：用于项目的上位机监控和非实时要求的数据传输（如诊断等），典型的通信响应时间约为 100 ms。

2) 实时通信（RT）：用于要求实时通信的现场过程数据，通过提高实时数据的优先级和优化数据堆栈，使用标准网络元件可以执行高性能的数据传输，典型通信响应时间为 1~10 ms。

3) 等时实时（IRT）：用于高精度的位置控制，等时实时确保数据在相等的时间间隔进行传输，普通交换机不支持等时实时通信，其通信响应时间为 0.25~1 ms。

1. S7-1200 与 IO 设备的 PROFINET IO 通信

S7-1200 PLC 作为 IO 控制器，ET 200SP 作为 IO 设备。这种通信只需简单的组态就可以实现。

【例 9-1】实现 S7-1200 PLC 与 ET 200SP 的 PROFINET IO 通信，ET 200SP 的配置见表 9-1。

表 9-1 ET 200SP 的配置清单

槽位	模块名称	订货号
0	IM155-6 PN ST	6ES7 155-6AU01-0BN0
1	DI 8×24VDC ST	6ES7 131-6BF00-0BA0
2	DI 8×24VDC ST	6ES7 131-6BF00-0BA0
3	DQ 16×24VDC/0.5A ST	6ES7 132-6BH00-0BA0
4	AI 4×U/I 2-wire ST	6ES7 134-6HD00-0BA1
5	AQ 4×U/I ST	6ES7 135-6HD00-0BA1
6	服务器模块	6ES7 193-6PA00-0AA0

实现步骤如下：

(1) 完成 S7-1200 PLC 的基本硬件组态

可以使用离线手动或在线自动的方式进行组态，完成后如图 9-10 所示。

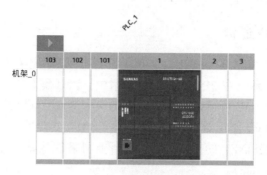

图 9-10　组态完成的 S7-1200 PLC

（2）完成通信组态

切换到"网络视图"，添加 ET 200SP 的接口模块，并将 ET 200SP 和 S7-1200 的以太网接口图标用鼠标拖拽到一起即可，如图 9-11 所示。如需修改 IP 地址，可以在以太网接口的图标上右键选择"属性"进行修改。

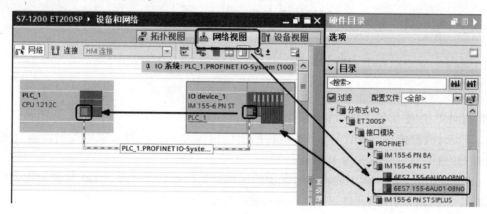

图 9-11　通信组态

（3）完成 ET 200SP 的基本硬件组态

在图 9-11 网络视图中，选中"ET 200SP"，再切换至"设备视图"，按照表 9-1 的配置清单进行离线手动组态，完成后如图 9-12 所示。

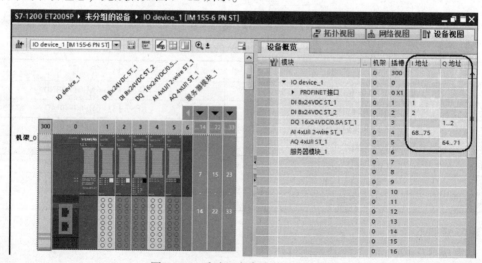

图 9-12　手动组态完成的 ET 200SP

说明：

ET 200SP 的浅色基座是具有供电能力的基座。图 9-12 中，槽 1 和槽 4 使用了浅色基座，使得槽 4、5 的模块与槽 1、2、3 实现了电位的隔离，其中槽 2、3 的电源来自于槽 1，槽 5 的电源来自于槽 4。原则上每个浅色基座所能承受的最大负载电流为 10 A。

PROFINET IO 通信中除了要注意 IP 地址不能相同外，还要注意 IO 设备的离线和在线名称不能相同，因为 IO 控制器是通过名称寻找 IO 设备的。工业以太网的通信速率是自调节的，因此无须考虑通信速率的问题。

S7-1200 PLC 与 IO 设备通信的数据交换很好理解，数据发送接收区就是它的 IO 地址。在本例中，标准从站 ET 200SP 的数据发送接收区就是它的 IO 地址，见图 9-12 中右上角的方框部分。例如，S7-1200 PLC 要读取 ET 200SP 的 2 号槽的 0 通道时，读取 I2.0 即可；要向 ET 200SP 的 5 号槽的最后一个通道写入数据时，向 QW70 赋值即可。

对于 ET 200 等 IO 设备，也可以使用如图 9-13 的方式进行硬件检测（在线自动组态）。低版本的博途软件不支持该硬件检测功能。

（4）将组态及程序下载至 S7-1200 PLC

将组态及程序下载至 S7-1200 PLC 即可实现本例的通信。

2. S7-1200 PLC 之间的 PROFINET IO 通信

S7-1200 PLC 之间的 PROFINET IO 通信实际上是 IO 控制器和智能设备之间的通信，又称 I-Device 通信。

I-Device 通信通过简单组态，可将 S7-1200 控制器组态为 PROFINET IO 智能设备；IO 控制器通过对 I/O 映射区的读写操作，可实现主从架构的分布式 I/O 应用。如图 9-14 所示。

图 9-13　进行 IO 设备的在线硬件检测

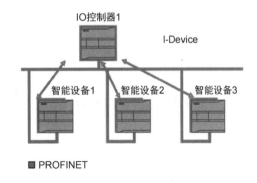

图 9-14　S7-1200 在 I-Device 通信方式下的连接

【例 9-2】将 PLC_1 作为 IO 控制器，PLC_2 作为智能设备。IO 控制器的发送区是从 QB100 开始的 16 个字节，对应的智能设备的接收区是从 IB100 开始的 16 个字节；智能设备的发送区也是从 QB100 开始的 16 个字节，对应的 IO 控制器的接收区是从 IB100 开始的 16 个字节。

PROFINET 智能设备通信的组态界面如图 9-15 所示。该通信组态包含在两个 PLC 各自的组态信息中，组态好后应分别下载至两个 PLC 中即可。

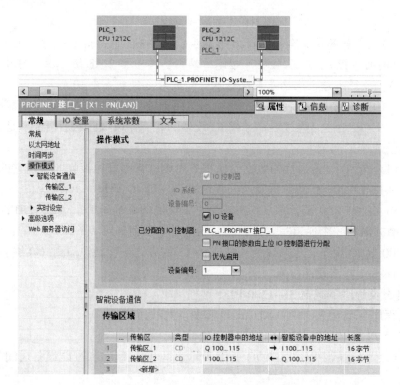

图 9-15　PROFINET 智能设备通信的组态界面

9.2.3　S7-1200 PLC 与 G120 变频器的通信

S7-1200/1500 PLC 与 G120/S120 变频器可通过 PROFINET 或 PROFIBUS-DP 进行通信，两种通信的实现方式几乎相同，大致类似于 S7-1200 PLC 与 IO 设备的通信。

对于变频器来说，PROFINET 或 PROFIBUS-DP 统称为 PROFIdrive 通信。

【例 9-3】 S7-1200 PLC 与 G120 变频器通信（PROFINET），实现通过 PLC 控制变频器的启停及频率给定。

答：实现步骤如下。

（1）调试变频器

通过 STARTER 或博途软件调试 G120 变频器。如果是新变频器，可按照以下主要步骤进行调试：

1）参数恢复出厂设置。

2）通过向导进行快速调试（如设置电动机的铭牌参数、命令源及速度源等）。

3）组态通信，选择协议、设置地址、速率（PROFIBUS-DP）、名称（PROFINET）、分配数据发送与接收区。

扫描二维码 9-2 可观看调试过程视频。

变频器的数据发送与接收区的分配一般不可以随意定义，其数据交换区都是预先定义好的报文，按照本例的需求选择 PROFIdrive 的标准报文 1 即可。关于报文的种类及具体定义请参考相关变频器参数手册。

9-2　变频器调试演示视频

说明：

除 PROFIdrive 的标准报文 1 外，还有很多其他报文，通过这些报文可以使 PLC 和变频器交换速度值、位置值、转矩值及故障代码等信息。

PROFIdrive 的标准报文 1 包含 2 个接收字 STW1 和 NSOLL_A，以及 2 个发送字 ZSW1 和 NIST_A，因此本例通信的数据交换示意可描述为如图 9-16 所示的关系。

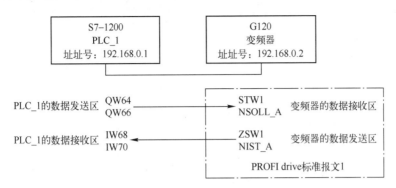

图 9-16　S7-1200 PLC 与 G120 变频器通信数据交换关系示意图

（2）组态 PLC 侧的通信

首先在博途软件中对 S7-1200 PLC 进行基本组态，完成后按照图 9-17 的步骤添加变频器作为 IO 设备。具体做法为：切换到"网络视图"，在资源卡中找到 G120 变频器的 CU 组件（G120 变频器的控制单元）并添加，型号可参考 CU 的铭牌。添加后拖拽以太网接口图标使之与 S7-1200 PLC 连接。

图 9-17　在网络视图中添加 G120 变频器作为 IO 设备

然后，如图 9-18 所示，切换到"设备视图"，在资源卡硬件目录的子模块中找到相应的报文，并拖拽至"设备概览"的表格中，对应的地址就是 PLC 侧的数据发送与接收区。

完成上一步后，就可以通过编程读写标准报文 1 对应的 I/Q 地址（QW64/QW66 和 IW68/IW70）来控制变频器。但在编程前，需要了解标准报文 1 中接收字与发送字的具体含义，见表 9-2。其中，STW1 的具体含义见表 9-3。由于本例未用到 ZSW1，因此未列出其具体含义，感兴趣的读者可以自行查询参数手册。

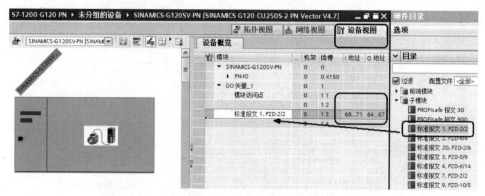

图 9-18 在设备视图中为 G120 变频器添加通信报文

表 9-2 标准报文 1 中各字的含义说明

变频器的通信字类型	通信字名称	含 义 说 明
接收字	STW1	控制字 1，对该字写入某特定的数值即可切换变频器的启停状态
接收字	NSOLL_A	16 位速度给定字，0~4000（Hex）对应 0~50 Hz 的频率
发送字	ZSW1	状态字 1，读取该字的数值即可获取变频器的运行状态
发送字	NIST_A	16 位实际速度字，0~4000（Hex）对应 0~50 Hz 的频率

表 9-3 STW1 的具体含义

位	含 义	设置举例	
		停止	启动
0	↑=ON，上升沿触发启动；0=OFF1，正常停止	0	1
1	1=无 OFF2；0=OFF2，惯性自由停止	1	1
2	1=无 OFF3；0=OFF3，快速停止	1	1
3	1=使能操作；0=禁止操作	1	1
4	1=使能斜坡函数发生器；0=禁止	1	1
5	1=继续斜坡函数发生器功能；0=冻结	1	1
6	1=使能转速设定值；0=禁止	1	1
7	↑=故障确认	0	0
8	保留	0	0
9	保留	0	0
10	1=通过 PLC 控制	1	1
11	1=反向运行；0=正向运行	0	0
12	保留	0	0
13	1=电动电位计升速	0	0
14	1=电动电位计减速	0	0
15	保留	0	0

（3）编写通信程序

根据表 9-3，当为 STW1 赋值 47E（Hex）时，变频器停止；当赋值改为 47F（Hex）时，变频器启动。

当为 NSOLL_A 赋值 0~4000（Hex）时，即可按比例向变频器给定 0~50 Hz 的运行频率。对应的程序如图 9-19 所示。当 M0.0 为 0 时，变频器停止；当 M0.0 为 1 时，变频器启动，通过 MW2 可给定运行频率。

（4）下载组态及程序

完成上述组态及编程后，下载至 S7-1200 PLC 即可实现该通信。对于 PROFINET IO 通信，需要注意的是，IO 设备的离线名称与在线名称要相同（不区分大小写），如图 9-20 所示，否则无法建立通信。若不相同可尝试直接修改在线名称，或者修改离线名称再下载。

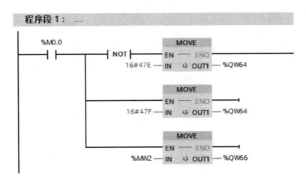

图 9-19　向 STW1 及 NSOLL_A 赋值的程序

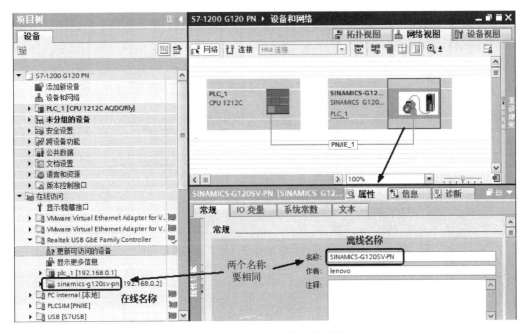

图 9-20　IO 设备的在线及离线名称

9.2.4　S7-1200 PLC 的开放式用户通信

开放式用户通信即 OUC 通信服务，适用于 S7 系列 PLC 之间的通信、S7 系列 PLC 与 S5 系列 PLC 间的通信，以及 PLC 与 PC 或与第三方设备的通信。

开放式用户通信有以下通信连接方式：

(1) ISO (S7-1200 PLC 不支持此连接方式)

ISO 通信连接支持第四层开放的数据通信，主要用于 S7 系列 PLC 与 S5 系列 PLC 的工业以太网通信。S7 系列 PLC 间的通信也可以使用 ISO 通信方式。ISO 通信使用 MAC 地址，不支持网络路由。ISO 通信方式基于面向消息的数据传输，发送的长度可以是动态的，但是接收区必须大于发送区。最大通信字节数为 64 KB。

(2) ISO-on-TCP

由于 ISO 不支持以太网路由，因而西门子应用 RFC1006 协议将 ISO 映射到 TCP 上，实现网络路由，与 ISO 通信方式相同。西门子 PLC 间的开放式用户通信建议使用 ISO-on-TCP 通信方式，该方式的最大通信字节数为 64 KB。

(3) TCP

TCP 通信连接支持 TCP 开放的数据通信，用于连接 S7 系列 PLC 和 PC 以及非西门子的第三方设备。PC 可以通过 VB、VC SOCKET 等控件直接读写 PLC 数据。TCP 采用面向数据流的数据传送，发送的长度最好是固定的。如果长度发生了变化，在接收区需要判断数据流的开始和结束位置，比较烦琐，并且需要考虑发送和接收的时序问题。所以，在西门子 PLC 间进行通信时，不建议采用 TCP 通信方式。该方式的最大通信字节数为 64 KB。

(4) UDP

UDP 通信连接属于第四层协议，支持简单数据传输，数据无须确认，最大通信字节数为 1472 KB。

S7-1200 PLC 的 CPU 集成的 PN 接口及 CP 1243-1 均支持 OUC 通信。

无论使用哪一种接口或哪一种通信连接，OUC 调用的通信指令（TSEND_C 与 TRCV_C）和建立的过程都是类似的。

【例 9-4】S7-1200 PLC 之间实现 OUC 通信，具体通信要求如图 9-21 所示。

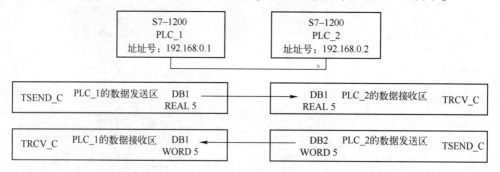

图 9-21　S7-1200 PLC 之间开放式用户通信要求示意图

答：实现本例通信的步骤如下。

(1) 组态硬件

完成基础硬件组态后，并启用两个 PLC 的 MB0 作为时钟存储器字节。在"网络视图"中将两个 PLC 的以太网接口连接到一起，过程略。

(2) 编写通信程序

如图 9-22 所示，先在 PLC1 的 OB1 中添加 TSEND_C 指令，并单击该指令右上方的"组态"按钮打开组态窗口，如图 9-23 所示。

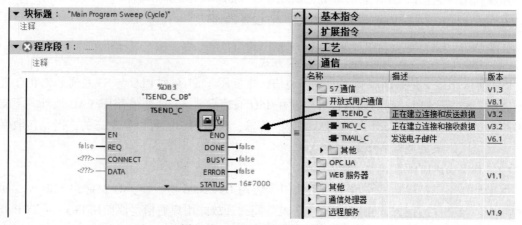

图 9-22　TSEND_C 指令的添加

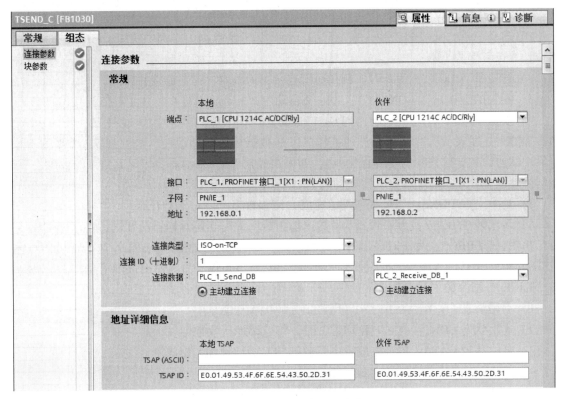

图 9-23 TSEND_C 指令的组态窗口

在图 9-23 组态窗口中，首先选择伙伴设备，并确认网线连接接口和 IP 地址；在连接数据的下拉菜单中新建连接数据，然后选择连接类型，可选 TCP、UDP 及 ISO-on-TCP 类型，本例中选择"ISO-on-TCP"。最后指定好"主动建立连接"的一方。下方的 TSAP 将自动生成。

可以在 TSEND_C 指令的组态窗口中选择"组态"→"块参数"，并在其中配置通信的数据区参数、输入和输出参数等，也可以在该指令外部的参数引脚上直接输入上述参数，再用同样的方法组态 TRCV_C 指令。完成后的 PLC_1 中的通信程序如图 9-24 所示。

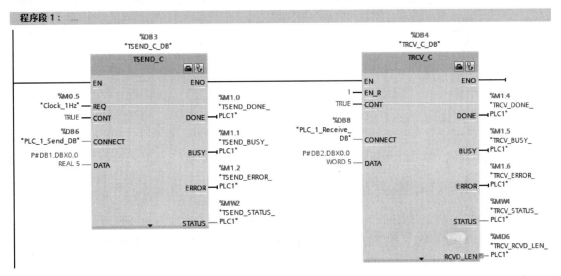

图 9-24 TSEND_C 和 TRCV_C 指令

TSEND_C 指令的主要参数含义如下：

1）启动请求 REQ：每产生一次上升沿，将发送一次数据，本例中使用了 CPU 的时钟存储器位，发送频率为 1 Hz。

2）连接状态 CONT：为 0 时，断开通信连接；为 1 时，建立连接并保持。

3）相关的连接指针 CONNECT：为系统自动生成的通信数据块，用于存储连接信息。

4）发送区域 DATA：本例中 PLC_1 的发送区为 DB1 的 5 个 Real 变量。图 9-24 中 DB1.DBX0.0 即表示从 DB1 开始的地址作为发送数据区的起始地址，长度为 5，类型为 Real。本例中的通信数据区使用的是非优化 DB，如果是优化 DB，则不需要指定 DATA 的长度，只需在起始地址中使用符号名称方式定义即可。

5）请求完成 DONE：如果数据发送完成，该参数将产生一个上升沿。

6）请求处理 BUSY：为 1 时表示发送未能完成，此时不能开始新的发送。

7）错误 ERROR：为 1 时表示通信故障。

8）错误信息 STATUS：通信故障时，通过该状态字可以查看具体的故障信息。

TRCV_C 指令的主要参数含义如下：

1）启用请求 EN_R：为 1 时，启用该指令的接收功能。

2）连接状态 CONT：与 EN_R 均为 1 时，将连续地接收数据。

3）接收区域 DATA：PLC_1 的数据接收区的起始地址和数据长度。

4）接收到的字节数 RCVD_LEN：实际接收的字节数。

其余参数与 TSEND_C 相同，不再赘述。

用同样的方法配置好 PLC_2 中的通信指令，然后分别下载至 PLC_1 和 PLC_2。

对于 PLC 之间的通信，可以用下面的方法进行验证：同时打开两个 PLC 的通信数据区（可以通过监控表监控部分通信数据，或者打开通信数据的 DB 块），垂直拆分显示工作区，以便能同时监控两个 PLC 相关的通信数据区。本例中由于的发送请求信号 REQ（时钟存储器 M0.5）的作用，PLC_1 的 TSEND_C 每 1 s 发送 5 个 Real 数据，PLC_2 的 TSEND_C 每 1 s 发送 5 个 Word 数据。PLC_1 至 PLC_2 的数据通信验证如图 9-25 所示。

	名称	数据类型	偏移量	起始值	监视值		名称	数据类型	偏移量	起始值	监视值
1	▼ Static					1	▼ Static				
2	▼ Data_to_PLC2	Array[0..4] of Real	0.0			2	▼ Data_From_PLC1	Array[0..4] of Real	0.0		
3	Data_to_PLC2[0]	Real	0.0	0.0	9.9	3	Data_From_PLC1[0]	Real	0.0	0.0	9.9
4	Data_to_PLC2[1]	Real	4.0	0.0	666.5	4	Data_From_PLC1[1]	Real	4.0	0.0	666.5
5	Data_to_PLC2[2]	Real	8.0	0.0	3.3	5	Data_From_PLC1[2]	Real	8.0	0.0	3.3
6	Data_to_PLC2[3]	Real	12.0	0.0	4.4	6	Data_From_PLC1[3]	Real	12.0	0.0	4.4
7	Data_to_PLC2[4]	Real	16.0	0.0	5.5	7	Data_From_PLC1[4]	Real	16.0	0.0	5.5

图 9-25　PLC_1 中的 DB1 和 PLC_2 中的 DB1

PLC_1 与 PLC_2 之间的连接状态可以用以下方法进行诊断：单击 TSEND_C 或 TRCV_C 指令右上方的按钮，即可打开如图 9-26 所示的连接状态诊断窗口。

9.2.5　S7-1200 PLC 的 S7 通信

S7 通信是基于工业以太网和 PROFIBUS 的一种优化的通信协议，特别适合 S7-1200/1500/300/400 PLC 与 HMI（PC）和编程器之间的通信，也适合 S7-1200/1500/300/400 PLC 之间通信。

S7-1200 PLC 的 CPU 集成的 PN 接口及 CP 1243-1 均支持 S7 通信。

S7-1200 PLC 进行 S7 通信时，需要调用 PUT/GET 指令。PUT 指令用于将数据写入伙伴 CPU，GET 指令用于从伙伴 CPU 中读取数据。

第 9 章　S7-1200 PLC 的通信　187

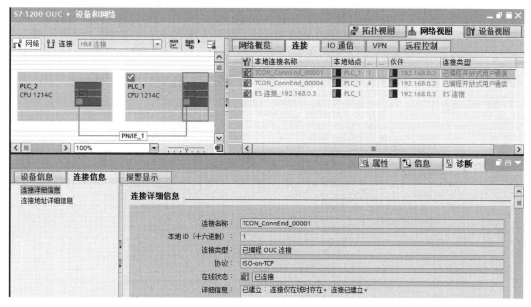

图 9-26　连接状态诊断窗口

【例 9-5】实现 S7-1200 PLC 与 S7-1500 PLC 的 S7 通信，具体要求如图 9-27 所示。

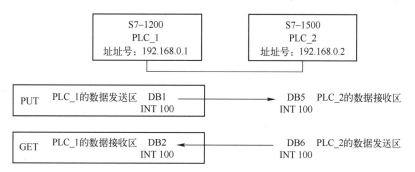

图 9-27　S7-1200 PLC 与 S7-1500 PLC 的 S7 通信要求示意图

答：实现本例通信的主要步骤如下。

(1) 完成 S7-1200 PLC 的基础组态，启用 PLC_1 的 MB0 作为时钟存储器字节（过程略）。并在"网络视图"中为 S7-1200 PLC 添加子网，如图 9-28 所示。

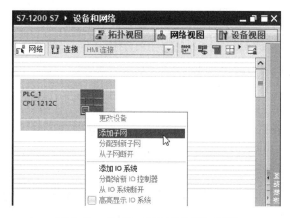

图 9-28　为 S7-1200 PLC 添加子网

(2) 编写通信程序并完成设置

如图 9-29 所示，先在 OB1 中添加 PUT 指令，并单击该指令右上方的"组态"按钮打开组态窗口，如图 9-30 所示。

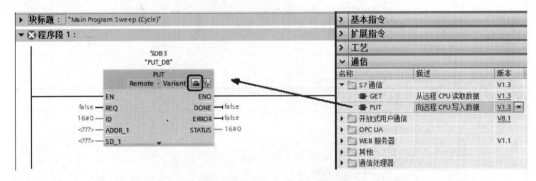

图 9-29 PUT 指令的添加

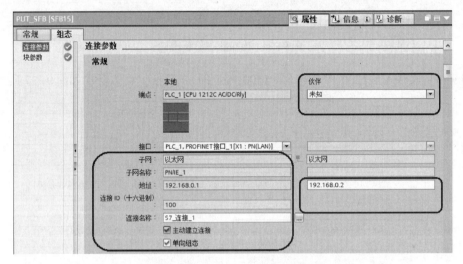

图 9-30 PUT 指令的组态窗口

在图 9-30 中，先选择伙伴，由于本例中 S7-1500 PLC 并不在本项目文件中（由其他计算机的博途项目文件进行编辑），因此选择"未知"；填写伙伴设备的 IP 地址，然后将自动生成本地设备的连接参数。

在本例中，S7-1200 PLC 作为通信的客户机，仅在它的程序块中编写通信程序即可，如图 9-31 所示。在时钟存储位 M0.5 的上升沿，PUT 指令每 1 s 将 S7-1200 PLC 的 DB1 中的 100 个整数写入 S7-1500 PLC 的 DB5 中；GET 指令每 1 s 读取 S7-1500 PLC 的 DB6 的 100 个整数，并存储到 S7-1200 PLC 的 DB2 中。

单击指令框下边沿的三角形符号▼或▲，可以显示或隐藏图 9-31 的 ADDR_2、RD_2 和 SD_2 等输入参数。显示这些参数时，客户机最多可以分别读取和改写服务器的 4 个数据区。需要注意的是，发送端和接收端使用的 SD_x 和 RD_x 参数的个数必须相互匹配，数据类型和字节数也必须相互匹配。

类似于 TSEND_C 或 TRCV_C，PUT 和 GET 指令也可以单击右上方的按钮进行连接状态的诊断。

S7-1500 PLC 在本例中为服务器，不用编写调用指令 GET 和 PUT 的程序。但使用 S7-

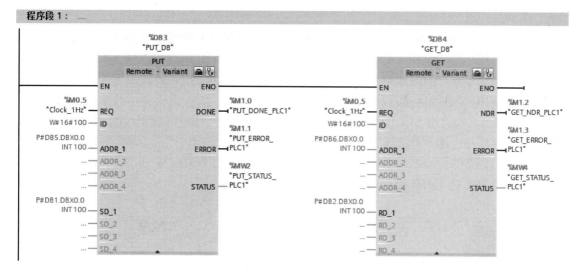

图 9-31 S7 通信中 PUT/GET 指令的使用

1500/1200 PLC 作为 S7 通信的服务器时，需要在巡视窗口"属性"→"常规"→"防护与安全"的"连接机制"区中，勾选"允许来自远程对象的 PUT/GET 通信访问"，才能保证 S7 通信正常。

9.3 PROFIBUS-DP 通信

9.3.1 PROFIBUS 概述

PROFIBUS (process field bus) 是西门子的现场总线通信协议，它建立了生产过程现场与控制设备之间、生产过程现场与更高控制管理层之间的联系，主要用于制造自动化、过程自动化和楼宇自动化等领域的现场设备之间小数据量的实时通信。

1. PROFIBUS 的 3 种通信协议类型

PROFIBUS 有 3 种通信协议类型：PROFIBUS-DP、PROFIBUS-PA 和 PROFIBUS-FMS。

（1）PROFIBUS-DP

PROFIBUS-DP（distributed peripheral，分布式外设）使用了 ISO/OSI 通信标准模型的第一层和第二层，这种精简的结构保证了数据的高速传输，特别适用于 PLC 与现场分布式 I/O 设备之间的实时、循环数据通信。

PROFIBUS-DP 符合 IEC 61158 标准，采用混合访问协议令牌总线和主站/从站架构，主站之间的通信为令牌方式（多主站时，确保同一时刻只有一个起作用），主站与从站之间为主从方式（MS），以及这两种方式的混合。

PROFIBUS-DP 通过二线制屏蔽双绞线或光缆进行联网，可实现 9.6 kbit/s～12 Mbit/s 的数据传速率。

在 3 种通信协议类型中，PROFIBUS-DP 的应用最为广泛。

（2）PROFIBUS-PA

PROFIBUS-PA（process automation，过程自动化）使用扩展的 PROFIBUS-DP 进行数据传输，主要用于面向过程自动化系统中本质安全要求的防爆场合。

(3) PROFIBUS-FMS

PROFIBUS-FMS（field message specification，现场总线报文规范）使用了 ISO/OSI 通信标准模型的第一层、第二层和第七层，用于车间级（PLC 和 PC）的数据通信，也可以实现不同供应商的自动化系统之间的数据传输，但目前 PROFIBUS-FMS 已经很少使用。

2. PROFIBUS 总线连接器及电缆

PROFIBUS 总线符合 EIA RS485 标准，传输介质可以是光缆或屏蔽双绞线。使用屏蔽双绞线传输时，应使用专用的总线连接器。在总线连接器中配有终端电阻，如图 9-32 所示，在网络两个端点的设备需要将终端电阻接入（将总线连接器上的开关拨到 ON），以消除在线路终端由于信号反射而造成的干扰。

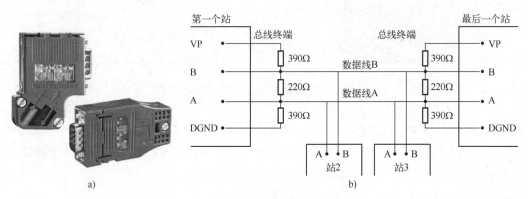

图 9-32　总线连接器及终端电阻接线图
a）总线连接器　b）终端电阻接线图

西门子标准 PROFIBUS 电缆为屏蔽双绞电缆，如图 9-33 所示，它有绿色和红色两根数据线，分别连接 DP 接口的引脚 3（接红色数据线）和 8（接绿色数据线），电缆的外部包裹着编织网和铝箔两层屏蔽，最外面是紫色的外皮。电缆采用编织网和铝箔层双重屏蔽，非常适合在电磁干扰严重的工业环境中敷设。

3. PROFIBUS-DP 网络主要组件

图 9-34 为 PROFIBUS-DP 网络主要组件的示意图，其中各组件的名称及含义见表 9-4。

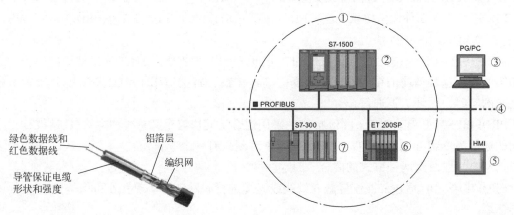

图 9-33　标准 PROFIBUS 电缆结构　　图 9-34　PROFIBUS-DP 网络的组件

由表 9-4 可知，PROFIBUS-DP 网络的站点类型主要有一类主站（相当于 PROFINET 中的 IO 控制器）、二类主站（相当于 PROFINET 中的 IO 监视器）、标准从站（相当于 PROFINET 中的 IO 设备）和智能从站（相当于 PROFINET 中的智能设备 I-DEVICE）4 类。

表 9-4　PROFIBUS-DP 网络组件名称及含义

编号	组件名称	功能说明
①	DP 主站系统	DP 主站系统
②	DP 主站	用于对连接的 DP 从站进行寻址的设备；DP 主站与现场设备交换输入和输出信号；DP 主站通常是运行自动化程序的控制器（如 PLC），属于一类主站
③	PG/PC	PG/PC 设备可用于调试和诊断以及对生产过程的监视和操作，属于二类主站
④	PROFIBUS	PROFIBUS-DP 网络通信基础结构
⑤	HMI	用于对生产过程的监视和操作，属于二类主站
⑥	DP 从站	分配给 DP 主站的分布式现场 IO 设备，如 ET 200、变频器等，属于标准从站
⑦	智能从站	智能 DP 从站

（1）一类主站

一类主站是系统的中央控制器，它可以主动地、周期地与所组态的从站进行数据交换，同时也可以被动地与二类主站进行通信。下列设备可以作为一类主站：

1）支持 DP 主站功能的通信处理器（CP）。

2）插有 PROFIBUS 网卡的 PC，如 WinAC 控制器，由于它是基于 PC 的软 PLC，因此既可作为一类主站也可作为编程监控用的二类主站。

（2）二类主站

二类主站是 DP 网络中的编程、诊断和管理设备，可以非周期性地与其他主站和 DP 从站进行组态、诊断、参数化和数据交换。PC 加 PROFIBUS 网卡、操作员面板（OP）和触摸屏（TP）都可以作为二类 DP 主站。

（3）智能从站

PLC 作为 DP 从站即为智能从站。

（4）标准从站

PLC 以外的 ET 200、变频器（包括第三方品牌的）等从站。

9.3.2　S7-1200 PLC 与从站的通信

S7-1200 PLC 与标准从站的 PROFIBUS-DP 通信可以通过简单的组态方式实现。

【例 9-6】实现 S7-1200 PLC（地址为 2）与标准从站 ET 200SP（地址为 3）的 PROFIBUS-DP 通信，通信速率为 1.5 Mbit/s。

答：S7-1200 PLC 使用的是 CM 1243-5 PROFIBUS-DP 主站模块，ET 200SP 的配置见表 9-5。

表 9-5　ET 200SP 的配置清单

槽位	模块名称	订货号
0	IM155-6 DP HF	6ES7 155-6BU00-0CN0
1	DI 8×24VDC ST	6ES7 131-6BF00-0BA0
2	DI 8×24VDC ST	6ES7 131-6BF00-0BA0
3	DQ 16×24VDC/0.5A ST	6ES7 132-6BH00-0BA0
4	AI 4×U/I 2-wire ST	6ES7 134-6HD00-0BA1
5	AQ 4×U/I ST	6ES7 135-6HD00-0BA1
6	服务器模块	6ES7 193-6PA00-0AA0

本例通信的实现过程同 PROFINET 的 IO 控制器与 IO 设备的通信类似，主要步骤如下：

（1）完成 S7-1200 PLC 的基本硬件组态

可以使用离线手动或在线自动的方式进行组态，完成后如图 9-35 所示。

（2）完成通信组态

如图 9-36 所示，将组态工作区切换至"网络视图"，再单击 PROFIBUS-DP 接口图标并通过拖拽操作建立 PROFIBUS 连接，即可完成通信的组态。

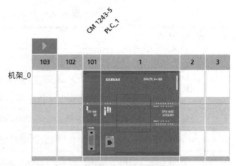

图 9-35　组态完成的 S7-1200 PLC（主站）

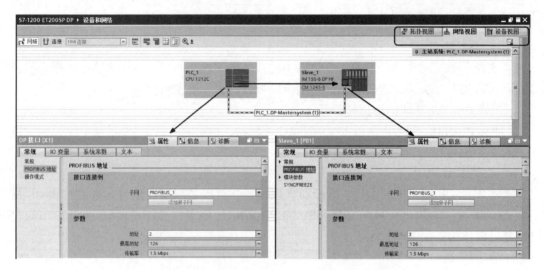

图 9-36　通信组态及 PROFIBUS-DP 接口属性

建立连接后，两个站点的协议和速率将自动相同，并且自动设置不同的地址号。至此，通信协议、速率与地址号都已满足设计要求。

（3）完成 ET 200SP 的基本硬件组态

在图 9-36"网络视图"中，选中 ET 200SP，再切换至"设备视图"，按照表 9-5 的配置清单进行离线手动组态，完成后如图 9-37 所示。

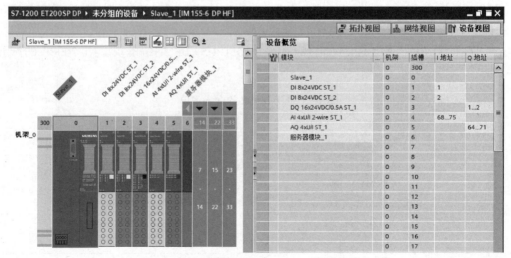

图 9-37　组态完成的 ET 200SP（标准从站）

9.3.3 一致性数据传输

数据的一致性（consistency）又称为连续性。通信指令块被执行、通信数据被传输的过程如果被一个更高优先级的 OB 中断，将会使传送的数据不一致。即被传输的数据一部分来自中断之前，一部分来自中断之后，因此这些数据是不一致或不连续的。

在通信中，有的从站用来实现复杂的控制功能，如模拟量闭环控制或电气传动等。从站与主站之间需要同步传输（一个周期内传输）比字节、字和双字更大的数据区，这样的数据称为一致性数据。需要绝对一致性传输的数据量越大，系统的中断反应时间越长。

可以用指令 DPRD_DAT/DPWR_DAT、GETIO/SETIO 及 GETIO_PART/SETIO_PART 指令来传输要求具有一致性的数据。

GETIO 指令与 DPRD_DAT 指令功能完全相同，可以一致性地从 DP 从站的模块中读取数据，但 GETIO 指令可以输出读取的数据量；GETIO_PART 指令可以一致性地从 DP 从站的模块中读取指定的部分数据。

SETIO 指令与 DPWR_DAT 指令功能完全相同，可以一致性地向 DP 从站的模块中写入数据；SETIO_PART 指令可以一致性地向 DP 从站的模块中写入指定的部分数据。

9-3 拓展阅读：PLC 网络通信中的常用术语

上述一致性传输指令均可用于 PROFINET。

扫描二维码 9-3 可查看更多 PLC 的通信知识。

思考题及练习题

1. OSI 模型分为哪几层？各层的作用是什么？
2. 相距 150 m 的两个 PROFINET 站点是否可以直接使用双绞线进行物理连接？
3. 实现（或简述）两个 S7-1200 PLC 之间的通信，要求如下：
   1）使用网线连接两个 PLC 的通信口。
   2）PLC_01 的 IP 地址设置为 192.168.0.10，PLC_02 的 IP 地址设置为 192.168.0.11。
   3）两个 PLC 需要通信的数据如图 9-38 所示。
4. 在假设已实现例 9-5 中通信的基础上，简述图 9-39 中程序所实现的功能。

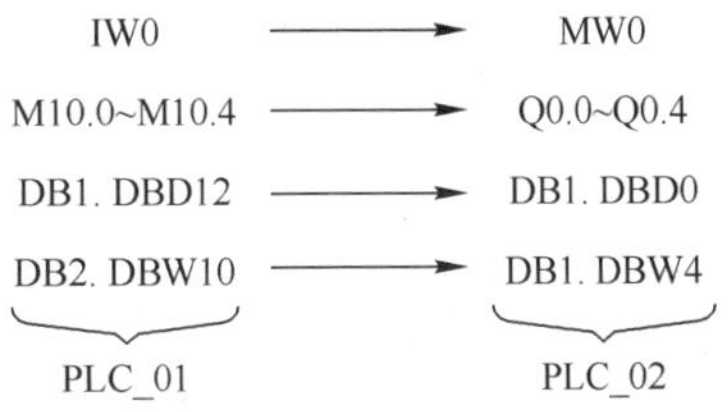

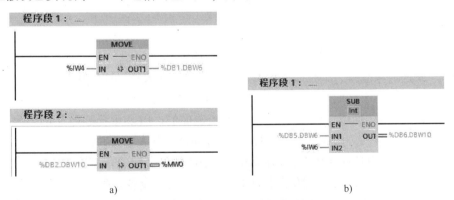

图 9-38　两个 PLC 需要通信的数据

图 9-39　PLC_1 和 PLC_2 中的程序
a）PLC_1 中的程序　b）PLC_2 中的程序

第10章 S7-1200 PLC 的故障诊断

10.1 PLC 故障诊断概述

10.1.1 PLC 故障分类

PLC 控制系统在运行过程中由于各种原因不可避免地会出现各种各样的故障，故障分类如图 10-1 所示。控制系统故障通常可分为两类：PLC 系统故障和过程故障。

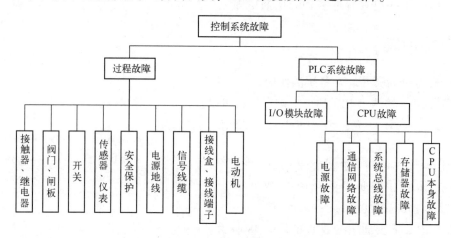

图 10-1 PLC 控制系统故障分类

(1) PLC 系统故障

PLC 系统故障可被 PLC 操作系统识别并可能使 CPU 进入停机状态。通常的 PLC 系统故障有电源故障、硬件模块故障、扫描时间超时故障、程序错误故障、通信故障等。

PLC 的可靠性远高于其他的外部设备，因此 PLC 系统本身的故障占比很小，远远小于过程故障。PLC 系统故障中很大部分是用户使用不当造成的。PLC 系统故障又可分为 CPU 故障和 I/O 模块故障。CPU 故障包括 CPU 本身故障、存储器故障、系统总线故障、通信网络故障、电源故障等，若非使用不当，CPU 的故障率较低。I/O 模块包括信号模块、通信模块和工艺模块等，I/O 模块故障是 PLC 系统故障的主要来源。对于输入设备，故障主要反映在主令开关、行程开关、接近开关和各种类型的传感器中；对于输出设备，故障主要集中在接触器、电磁阀等控制执行器件上。

(2) 过程故障

过程故障通常指工业过程或被控对象发生的故障,如传感器和执行器故障、电缆故障、信号电缆及连接故障、运动障碍、联锁故障等。

过程故障和 PLC 系统故障往往密不可分,因为过程故障有时会导致 PLC 系统故障,如行程开关损坏,导致检测出断路的系统故障;反过来,系统检测出 PLC 系统故障,根源可能会追溯到过程故障,如检测出丢失 IO 从站这个 PLC 系统故障,是由于 PROFINET 通信连接断开这个过程故障造成的。二者结合分析才能够更迅速、更准确地排除故障,尽快恢复系统的正常运行,减少故障产生的损失。

10.1.2 PLC 故障诊断的机理

PLC 的诊断是对 PLC 系统故障进行诊断,是 CPU 内部集成的识别和记录功能。系统诊断功能集成在 CPU 的操作系统和其他具有诊断功能的模块(如高性能分布式 I/O 模块)中,由系统诊断查询诊断数据时,不需要编程就可以直接查看(如查看诊断缓冲区)。

记录错误信息的区域称为诊断缓冲区。这个区域的大小取决于 CPU 型号,S7-1200 最多支持保留 50 条错误信息。CPU 在诊断缓冲区存储的信息便于维护人员迅速地掌握故障信息,帮助排除故障。

当操作系统识别出一个错误时,操作系统将做出如下处理:

1) 操作系统将引起错误的原因和错误信息记录到诊断缓冲区中,并带有日期和时间标签。通过系统诊断可以直接查看,无须编程。最新的信息保存在诊断缓冲区起始位置,如果缓冲区已满,将覆盖最旧的信息。

2) 操作系统将详细的诊断信息记录下来,作为系统的状态信息。

S7-1200 可以通过扩展指令中的 LED、DeviceStates、ModuleStates 等指令访问系统记录下来的详细的故障信息。这些指令在 10.6 节中将会介绍。

3) 在某些故障发生时,PLC 操作系统还会激活与错误相关的 OB 中断,供用户编写相应的错误中断服务程序。如果用户程序中没有插入激活与错误相关 OB 中断,PLC 操作系统将使 PLC 进入 STOP 模式。

10.1.3 S7-1200 PLC 的故障诊断方法

在西门子 PLC 系统中,将设备和模块诊断统称为系统诊断。所有西门子 CPU 产品都集成有诊断功能,用于检测和排除故障,如设备故障、移出/插入故障、模块故障、I/O 访问错误、通道故障、参数分配错误和外部辅助电源故障等。通过硬件组态,可自动执行监视上述故障。系统诊断可自动确定错误源,并以纯文本格式自动输出错误原因,也可进行归档和记录报警。

S7-1200 PLC 的系统诊断功能已经作为 PLC 操作系统的一部分,集成在 CPU 的固件中,无须单独激活,也不需要生成和调用相关的程序块。S7-1200 PLC 的系统诊断与用户程序的执行无关,也就是说,在 CPU 处于 STOP 模式时集成的系统诊断仍可以继续运行,系统诊断信息依然有效,可以通过 HMI 设备、Web 服务器和博途软件查看诊断缓冲区,但在用户程序中无法通过诊断指令进行手动诊断。

S7-1200 PLC 支持多种诊断功能,实现对不同类型故障的诊断,具体支持的诊断功能如下:

1) 通过模块的 LED 灯诊断故障。

2）通过博途软件诊断故障。
3）通过 PLC 内置的 Web 服务器诊断故障。
4）通过 HMI 或上位机软件诊断故障。
5）通过用户程序诊断故障。

其中方法 1）~4）介绍了在不需要编写程序的情况下，如何直接了解系统故障的信息。方法 5）介绍了通过编写用户诊断程序，如错误处理组织块、诊断专用指令、值状态功能和用户自定义报警等获取及显示故障信息，从而便于用户在程序中对诊断信息进行判断，进一步编写故障处理程序或发出报警消息，使得在发生故障时系统能够及时根据用户程序做出正确的判断和响应。若想具体确定故障类型和故障发生的位置（设备或程序），从而更好地解决故障，需要充分熟悉所有故障诊断的方法，并综合运用。下面以实例的形式详细介绍上述 5 种故障诊断的方法。

10.2 使用 LED 指示灯诊断故障的方法

S7-1200 PLC 的 CPU 和扩展模块有不同的 LED 指示灯，用于指示当前模块的工作状态和诊断状态。S7-1200 CPU 模块左侧有 3 个指示灯，从左到右分别是 RUN/STOP（运行/停止）、ERROR（错误）和 MAINT（维护）。CPU 正常工作时，CPU 上的 RUN/STOP 指示灯绿色常亮，其余指示灯熄灭。CPU 上的 3 个 LED 指示灯状态不同表示不同的含义，见表 10-1。

表 10-1　S7-1200 CPU 模块的 LED 故障指示

LED 指示灯			
RUN/STOP（绿色/黄色）	ERROR（红色）	MAINT（黄色）	含　义
灭	灭	灭	断电
闪烁（黄色和绿色交替）		灭	启动、自检或固件更新
亮（黄色）			停止模式
亮（绿色）			运行模式
亮（黄色）		闪烁	取出存储卡
亮（黄色或绿色）	闪烁		错误
亮（黄色或绿色）		亮	请求维护： ① 强制 I/O ② 需要更换电池（如果安装了电池）
亮（黄色）	亮	灭	硬件出现故障
闪烁（黄色和绿色交替）	闪烁	闪烁	LED 测试或 CPU 固件出现故障
亮（黄色）	闪烁	闪烁	CPU 组态版本未知或不兼容

S7-1200 PLC 的扩展模块都有一个状态诊断 LED 指示灯 DIAG，扩展模块正常工作时，DIAG 指示灯为绿色常亮。不同的扩展模块 LED 指示灯的状态表示的故障含义不同。以 S7-1200 PLC 的信号模块（SM）为例，信号模块上都有 LED 指示灯 DIAG，模拟量模块具有通道级诊断功能，有用于通道诊断的 I/O 通道 LED 指示灯（只有启用诊断功能了，发生故障时，指示灯才会指示故障），指示灯都是双色的（红色或绿色），具体含义见表 10-2。

表 10-2 S7-1200 PLC 信号模块 LED 指示灯故障指示

信号模块的 LED 指示灯		含　义
DIAG	I/O 通道	
闪烁（红色）	全部闪烁（红色）	模块 DC 24 V 电源故障
闪烁（绿色）	灭	启动、自检或固件更新
亮（绿色）	亮（绿色）	模块已组态，并且没有故障
闪烁（红色）		故障状态
	闪烁（红色）	硬件故障（启用诊断时）
	亮（绿色）	硬件故障（禁用诊断时）

通过 LED 指示灯进行故障诊断虽方便，但在工程实践中还要配合使用其他的故障诊断方法，以确定故障点从而排除故障。

10.3　使用博途软件诊断故障的方法

PLC 出现故障后，可以通过博途软件中的 PG/PC 进行在线诊断，快速访问详细的诊断信息。使用博途软件进行在线诊断有两种方法：

1）无离线项目时，可通过"可访问的设备"进行在线诊断，查看诊断信息。

2）有离线项目时，将离线项目转成在线，在项目中可查看 PLC 及本地模块的诊断信息及所有的项目程序及硬件相关设置，以便更准确地排除故障。

【例 10-1】 以模拟量模块 AI 4×13BIT/AQ 2×14BIT（订货号：6ES7 234-4HE32-0XB0）为例，使用博途软件在线诊断通道 1 的断路故障。模拟量输入信号是来自四线制变送器的 4～20 mA 电流信号。

首先模拟量输入模块的通道 1 必须已经激活断路诊断功能，且已经将组态下载到 CPU 中。只有激活断路诊断功能，才能在发生该故障时被检测到，并采用各种方式进行错误提示（如 CPU 及模拟量模块 LED 的 ERROR 指示灯红色闪烁、博途软件项目树中出现红色的 ❶ 和 💾 图标等）和相关诊断信息的显示。

激活断路诊断功能的具体操作如下：如图 10-2 所示，双击 AI 4×13BIT/AQ 2×14BIT 模拟

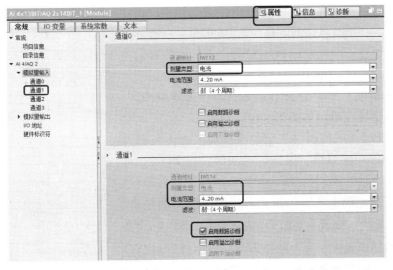

图 10-2　模拟量输入模块通道 1 激活断路诊断功能

量模块,在"属性"→"常规"→"AI 4/AQ 2"→"模拟量输入"→"通道1"中,测量类型选择"电流",电流范围选择"4..20mA",此时可以勾选"启用断路诊断"功能。

下面进行在线诊断。

1) 无离线项目时,通过"可访问的设备"查看诊断信息。

对于没有离线项目的情况,打开博途软件界面如图10-3所示。在"在线"菜单中选择"可访问的设备",如图10-4所示,在"可访问的设备"对话框中,选择PN/IE接口类型(实际设备采用PROFINET连接),单击"开始搜索",在所选接口的可访问节点中可以显示出本例实际连接在一个网络中的3个设备,分别是本地计算机(pc-09)、PLC设备(plc_1)和ET 200MP(et200)。选中"plc_1",单击"显示",在项目树中会显示出该设备的相关程序和数据信息,如图10-5所示。

图 10-3 无离线项目界面

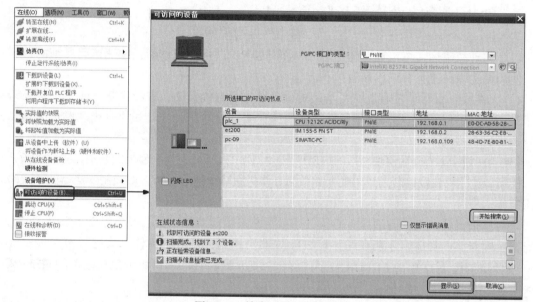

图 10-4 搜索可访问的设备

上述过程也可以直接在项目树的"在线访问"中,在对应的网卡下,双击"更新可访问的设备",可以显示所有通过接口直接连接或通过子网连接到PG/PC接口上的所有接通电源的设备,将plc_1[192.168.0.1]设备展开见图10-5。

在"在线和诊断"中可以查看诊断状态、诊断缓冲区、循环时间和存储器等信息,如图10-6所示。

图10-6诊断缓冲区的事件表中包含模块上的内部和外部错误、CPU中的系统错误、操作模式的转换(如CPU从RUN模式切换到STOP模式)、用户程序中的错误和移除/插入模块等诊断信息。最上面的信息为最新产生的诊断信息,编号为1,显示发生了断路,图标表示是一个错误,图标表示错误事件的到来。选中断路事件,在事件详细信息中可以显示出现的断路事件发生在硬件标识符(HW_ID)为

图 10-5 显示可访问设备

270 的模块的输入通道上,且在关于事件的帮助信息中分析了可能产生断路事件的原因,以帮助排除故障。

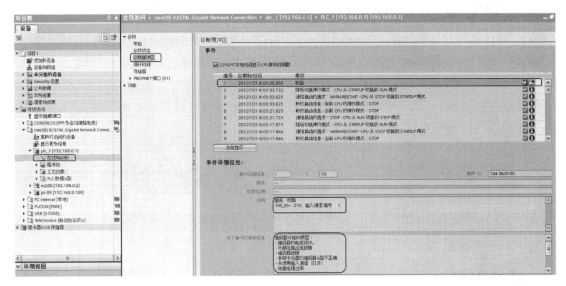

图 10-6　无离线项目时查看诊断缓冲区

其中,硬件标识符可以在模块的"属性"→"系统常数"中查看,如图 10-7 所示。

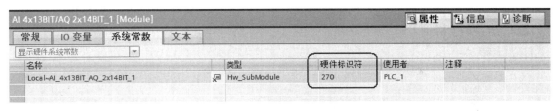

图 10-7　AI 模块硬件标识符

2) 有离线项目时,转至在线后,通过项目树中的"在线和诊断"→"在线访问"可直接查看诊断信息。

打开离线项目,如图 10-8 所示,在 PLC_1 下单击"在线和诊断",此时处于离线状态,必

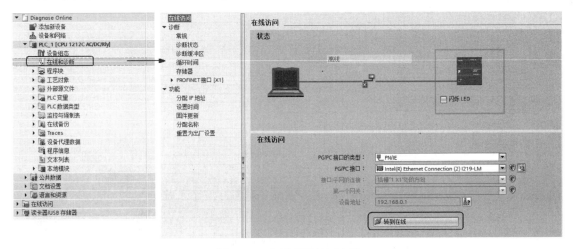

图 10-8　离线项目转至在线

须在在线状态下进行诊断。在工作区建立 PG/PC 与 S7-1200 PLC 之间的在线连接,根据实际设备的接口,设置接口的类型和连接的 PROFINET 插槽号,单击"转到在线",也可以直接在菜单栏单击 转至在线 图标,得到如图 10-9 所示界面。在项目树右侧出现了两列图标,用于表示硬件和软件对象的诊断状态,左侧列图标表示在线模式下硬件对象的诊断状态,✓图标表示无故障,图标和图标表示下级组件中的硬件错误。右侧列图标表示在线模式下软件对象的诊断状态,系统将自动对在线和离线状态进行比较,并以符号形式显示在线和离线对象的不同之处,●(绿色)图标表示在线和离线软件对象相同。将鼠标放在图标处,会出现图标含义的提示。在工作区中可查看诊断缓冲区。

有离线项目时与无离线项目时的诊断相比有以下两点不同:

1)断路事件的事件详细信息说明中明确了断路位于"PLC_1/AI 4×13BIT/AQ 2×14BIT_1"模块的通道 1 上。另外,双击"错误"图标,也会直接跳转到图 10-9 所示的诊断界面。

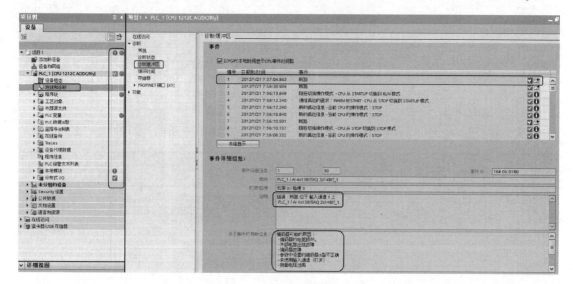

图 10-9 有离线项目在线诊断

2)如图 10-10 所示,在本地模块中可以明确看到 AI 模块出现了"错误"图标的提示。双击"错误"图标,在"通道诊断"中同样可以看到诊断信息。

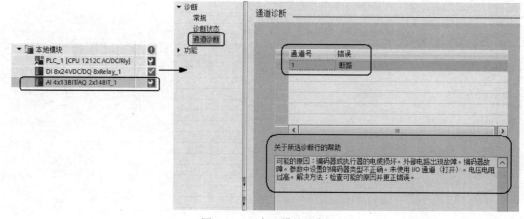

图 10-10 本地模块诊断

扫描二维码 10-1 可观看博途软件诊断故障的操作演示视频。

10.4 使用 PLC Web 服务器诊断故障的方法

10-1 博途软件
诊断故障的
操作演示视频

S7-1200 CPU 集成了 Web 服务器，可以通过 PROFINET 显示诊断信息。任何一种 Web 客户端，如 PC、多功能面板或智能手机等，都可以通过 IE 浏览器对 PLC Web 服务器进行访问，无须安装博途软件，通过设置访问权限，以只读或读/写方式访问 CPU 上的模块数据、用户程序数据和诊断数据。

通过 Web 服务器进行故障诊断的步骤如下：

1) 激活 Web 服务器。
2) 将组态下载到 PLC 中。
3) 打开 IE 浏览器，访问 Web 服务器。

【例 10-2】使用 Web 服务器诊断方法，诊断例 10-1 中给出的模拟量模块断路故障。

首先激活 Web 服务器功能。如图 10-11 所示，在 CPU "属性"→"常规"→"Web 服务器"中，勾选"在此设备的所有模块上激活 Web 服务器"，Web 服务器的其他参数设置功能自动激活，默认 10s 自动更新一次数据。在用户管理中设置用户访问 Web 服务器的权限，访问级别设置界面如图 10-12 所示。默认"每个人"的访问级别"最小"，不能查看任何信息。双击"<新增用户>"创建一个新的用户，在访问级别中选择用户的权限（勾选"部分权限"，访问级别显示"受限"；勾选"所有权限"，访问级别显示"管理"），在密码中设置访问的密码，单击 ✓ 图标进行确认。

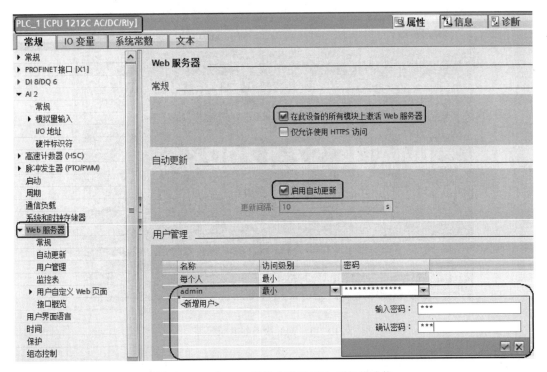

图 10-11 在 CPU 属性中激活 Web 服务器功能

图 10-12　Web 服务器访问级别设置

接着，必须要将组态信息下载至 PLC 中。

最后，当客户端与该 CPU 的 PROFINET 接口或通信模块建立连接后，打开 IE 浏览器，输入 http://192.168.0.1，即可打开登录界面，如图 10-13 所示。

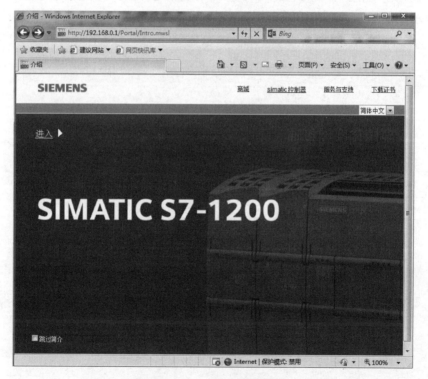

图 10-13　Web 服务器登录界面

说明：

192.168.0.1 是本例 CPU 的实际 IP 地址。

单击"进入"，显示如图 10-14 所示的起始界面，在该页面上可以看到 CPU 面板，页面上

CPU 的 LED 指示灯跟实际设备一样，ERROR 指示灯呈红色闪烁状态，状态也显示"错误"。由于在 CPU 属性中设置了登录 Web 服务器的用户名称和密码，在左上角的登录区域进行登录后，在左侧导航区中才会显示访问权限，勾选"查询诊断的所有可访问内容"。

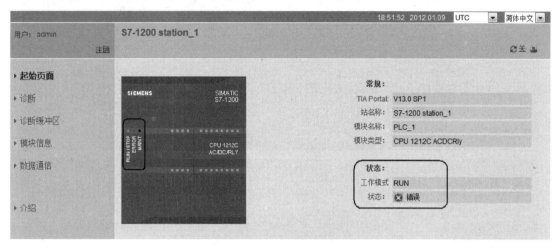

图 10-14　Web 服务器起始界面

单击左侧导航区的"诊断缓冲区"，界面上将显示诊断缓冲区的内容，如图 10-15 所示。

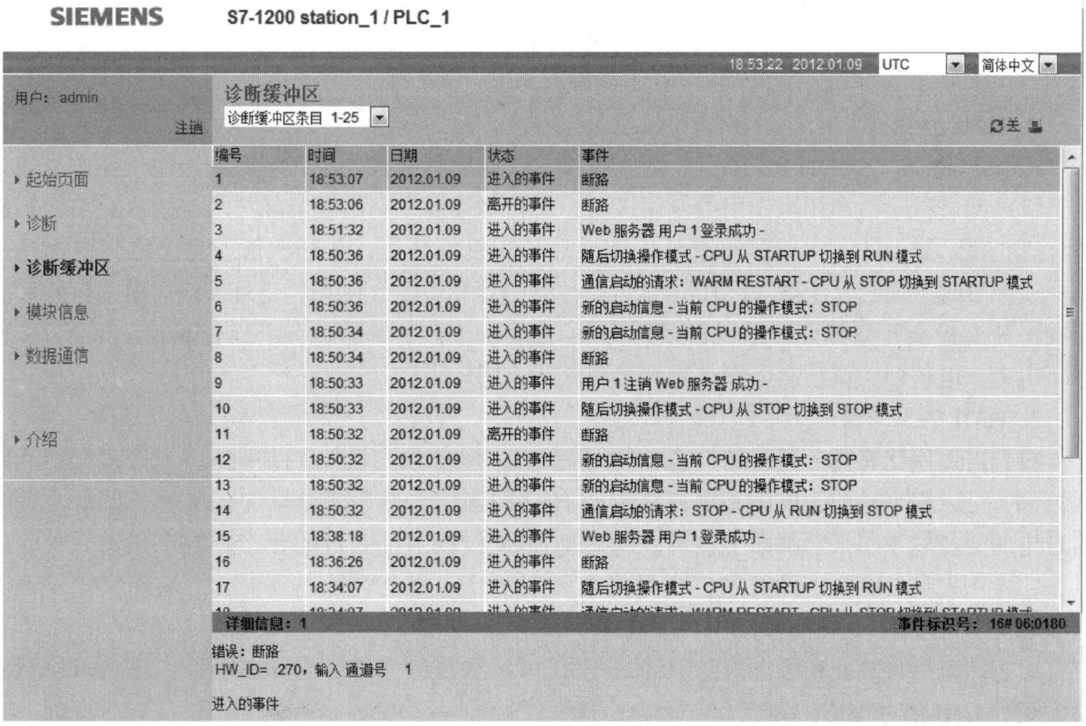

图 10-15　通过 Web 服务器查看诊断缓冲区

单击左侧导航区的"数据通信"，显示界面如图 10-16 所示，可显示端口连接状态、连接资源及已经建立连接的连接信息。

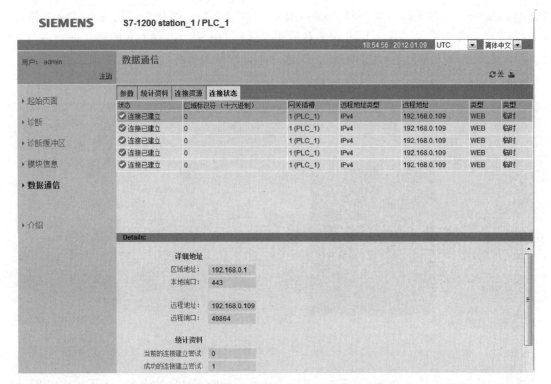

图 10-16 通过 Web 服务器查看通信的连接状态

10.5 使用 HMI 诊断控件诊断故障的方法

1. HMI 介绍

HMI（human machine interface）即人机接口。在控制领域，HMI 一般特指用于操作员与控制系统之间进行对话和相互作用的专用设备，又称触摸屏。利用触摸屏技术，用户只需轻轻触碰计算机显示屏上的文字或图符就可以实现对计算机的操作，部分取代或完全取代键盘和鼠标，使用直观方便，易于操作。HMI 作为一种新的计算机输入设备，是目前最简单、自然和方便的一种人机交互方式。目前，触摸屏已经在消费电子（如手机、平板计算机）、银行、税务、电力、电信和工业控制等领域得到了广泛的应用。

2. HMI 的工作原理

首先需要用计算机上运行的组态软件对 HMI 进行组态。组态软件中提供了许多文字和图形控件，可以很容易地生成满足用户要求的 HMI 的画面。然后将画面中的文字、图形对象与 PLC 中的变量联系起来，画面上就可以动态地显示 PLC 中位变量的状态和数字量的数值。反过来，操作人员在画面上设置的位变量指令和数字设定值也可传送到 PLC，从而实现了 PLC 与 HMI 之间的数据交换。

组态结束后将画面和组态信息编译成 HMI 可以执行的文件。编译成功后，再将可执行文件下载到 HMI 的存储器中。

3. 使用 HMI 诊断控件诊断故障的方法

PLC 的诊断信息和报警消息可以直观地在 HMI 上显示。在使用此功能时，要求在同一项目中配置 PLC 和 HMI，并建立连接。非西门子公司的 HMI 不能实现以上功能。下面以诊断控件的使用为例介绍在 HMI 上查看诊断缓冲区的方法。

【例 10-3】 使用 HMI 诊断控件诊断故障的方法，诊断例 10-1 中给出的模拟量模块断路故障。

首先在 PLC 项目中快速创建 HMI。在项目中单击"添加新设备"→"HMI"→"SIMATIC 精智面板"→"7″显示屏"→"TP700 Comfort"，显示界面如图 10-17 所示，勾选"启动设备向导"，可以通过启动设备向导快速完成 HMI 与 PLC 连接、画面布局、报警、画面、系统画面、按钮等内容的初始化设置，如图 10-18 所示。

图 10-17　添加新设备 HMI 并启动设备向导

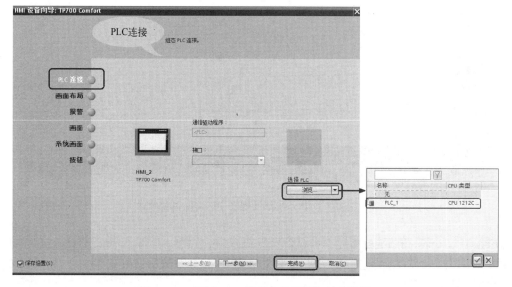

图 10-18　通过 HMI 设备向导进行初始化设置

在画面中添加控件。将资源卡"控件"目录下的系统诊断视图控件拖拽到相应的 HMI 画面中，如图 10-19 所示，PLC 的系统诊断信息即可通过 HMI 显示。

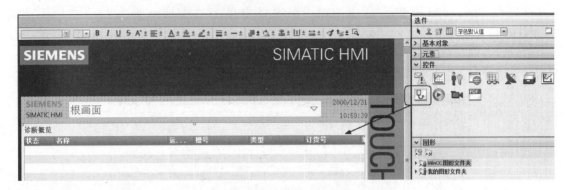

图 10-19　HMI 画面添加系统诊断视图控件

HMI 运行时，通过系统诊断视图控件可以分层级查看 PLC 系统的模块状态、分布式 I/O 工作状态及 CPU 的诊断缓冲区，内容与通过 PG/PC 查看到的完全一致。如图 10-20 所示，在 PLC 的诊断概览画面中选择错误模块，单击 图标，可以查看 CPU 的诊断缓冲区视图，如图 10-21 所示。

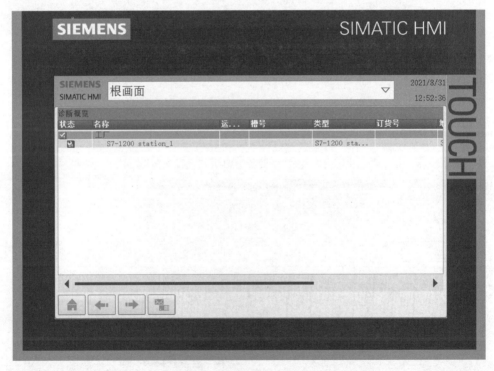

图 10-20　HMI 系统诊断视图中的诊断概览画面

在图 10-20 中，单击 图标，可以查看模块故障，如图 10-22 所示，双击有错误图标的 AI 模块，可以进一步查看模块的详细诊断信息，如图 10-23 所示，其中显示了故障出现的模块所在的机架号、槽位号等。

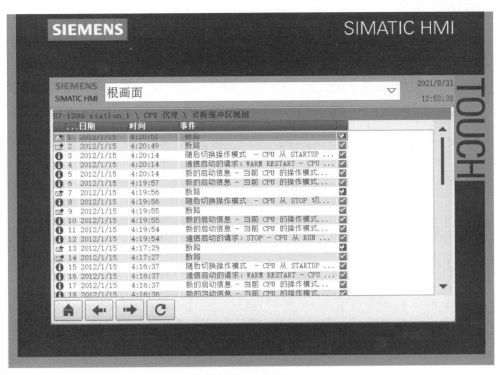

图 10-21　HMI 系统诊断视图中的诊断缓冲区视图

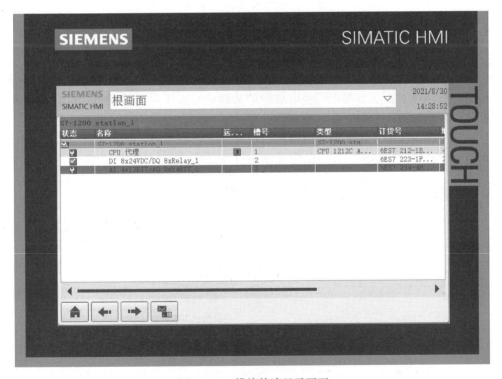

图 10-22　模块故障显示画面

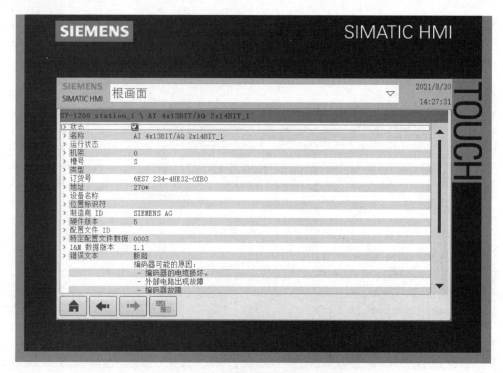

图 10-23 故障模块详细信息画面

10.6 使用用户诊断程序诊断故障的方法

S7-1200 PLC 也支持通过编写用户程序实现对系统故障的诊断。用户可以通过错误处理组织块、诊断专用指令、值状态等方式获取故障的诊断信息，可以对诊断信息进行记录和显示，也可以通过诊断信息进一步编写故障处理的程序。

除了系统自带的诊断功能之外，用户也可以自定义诊断条件，通过 Gen_UsrMsg 指令可实现当发生自定义故障或错误时，在诊断缓冲区中显示报警信息。

10.6.1 基于错误处理组织块的诊断程序设计

在 8.2 节中介绍了当一个故障发生时，S7-1200 CPU 中的错误处理组织块 OB 会被调用，见表 10-3。

表 10-3 错误处理组织块

组织块 OB 编号	错 误 类 型
OB80	时间错误中断
OB82	诊断错误中断
OB83	拔出或插入模块
OB86	机架或站故障

系统为每种错误处理组织块都提供了相应的临时变量，用于存储组织块被调用时的启动和诊断信息。用户可以在错误处理组织块中编写处理故障的程序，或者编写查看相关诊断信息的程序。

OB82 是诊断错误中断组织块,支持的模块可以是 S7-1200 PLC 机架上的本地模块或分布式 I/O 模块。当 S7-1200 PLC 的信号模块激活了诊断功能,且信号模块检测到其诊断状态发生变化(诊断事件到来或事件离开)时,会向 CPU 发送诊断中断请求,若添加并下载了组织块 OB82,系统会中断当前正常执行的程序调用 OB82,并将启动信息写入 OB82 的输入变量中供用户使用。如果不存在 OB82,CPU 将忽略此类错误并保持 RUN 模式。

本节以诊断错误中断 OB82 为例,介绍在错误处理组织块被调用时,如何读取错误处理组织块的启动信息判断故障模块,并实现对此故障的响应。不同的错误处理组织块,块启动信息不同(即输入变量不同),具体的启动信息含义可查询在线帮助。

【例 10-4】当模拟量模块出现断路故障时,利用 OB82 进行故障诊断。在 OB82 中编写程序获取其启动信息并将其存储下来,以便于其他程序处理。实现当出现故障的模块为模拟量模块,且故障通道为通道 1 时,点亮报警灯。

OB82 组织块被调用的前提条件是 S7-1200 PLC 机架上的本地模块或分布式 I/O 模块具有诊断功能,且激活了故障诊断功能。按照例 10-1 的方法,激活模拟量模块通道 1 的断路诊断功能。

创建 OB82 组织块,在项目树"程序块"下双击"添加新块",然后依次选择"组织块"→"Diagnostic error interrupt"(诊断错误中断),将 OB82 添加到项目中,如图 10-24 所示。

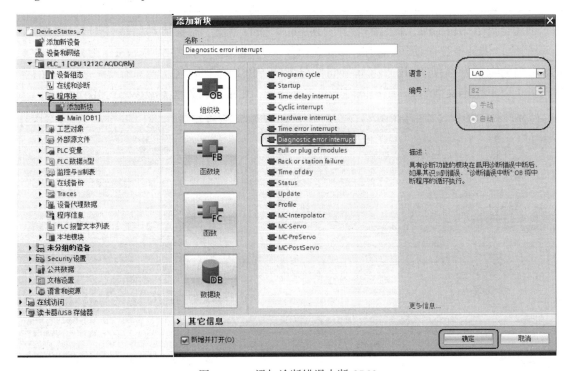

图 10-24 添加诊断错误中断 OB82

OB82 组织块有 4 个默认的 Input 变量(局部变量),含义见表 10-4 和 10-5。当 OB82 被调用时,系统会自动将启动信息存储到 OB82 的局部变量 Input 中。

表 10-4 诊断错误中断 OB82 的 Input 变量含义

变量名	数据类型	含义
IO_State	Word	设备的 IO 状态

参 数 名	数据类型	含 义
LADDR	HW_ANY	触发此次 OB82 的模块的硬件标识符
Channel	UInt	触发此次 OB82 的通道编号
MultiError	Bool	当故障模块中有多个通道存在故障时为 TRUE，支持通道级诊断的模块有此功能

表 10-5 诊断错误中断 OB82 的 IO_State 变量各位的含义

位	状 态	含 义
bit0	0	组态不正确
	1	组态正确
bit4	0	不存在故障
	1	存在故障
bit5	0	组态再次正确
	1	组态不正确
bit7	0	可以再次访问该 I/O
	1	I/O 访问错误

创建全局数据块 DB1，此处命名为 "Diagnose_data" 用于存储启动信息（即 OB82 的 4 个 Input 变量）供其他程序使用，如图 10-25 所示。可建立一个以结构体 Struct 为元素的数组，此处命名为 "诊断数据"，用于存储不同情况下的 OB82 启动信息（若只存储一次 OB82 启动信息，可以不用定义数组），结构体内定义 4 个变量，变量名和数据类型按照表 10-4 定义。

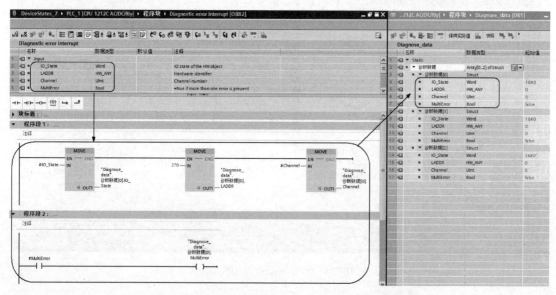

图 10-25 全局数据块定义和对模块故障响应的编程示例

在主程序块 OB1 中编写程序，根据全局数据块中的 OB82 启动信息，实现当模拟量模块（HW_ID=270）的通道 1 发生故障时故障报警灯点亮，当故障恢复后将报警灯熄灭。如图 10-26 所示，在 监控模式下，当 IO_State 为 "16#0010" 时，bit4 为 1，表示存在故障，故障的硬件标识 LADDR 为 "270"，故障通道 Channel 为 "1"，此时故障报警灯点亮。当 IO_State 为

"16#0001"时，bit0 为 1，表示组态正确，故障通道"Channel"为"32768"，表示模块故障恢复（离去事件），此时故障报警灯熄灭。

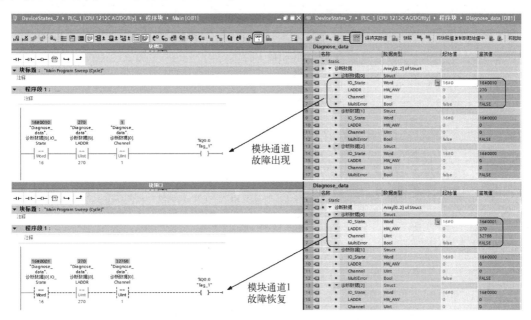

图 10-26　模块故障发生和离去时报警灯状态的监控

例 10-4 表明，可以从 OB82 的启动信息判断事件的类别、故障模块以及故障通道，若要读取更详细的诊断信息，如故障类型断线、短路等，可以在 OB82 中调用接收中断函数 RALRM。

10.6.2　使用诊断专用指令的诊断程序设计

S7-1200 PLC 有许多用于诊断故障的专用指令，可以针对不同硬件层级，实现对 PLC、分布式 I/O 站、本地模块及分布式模块、通道的诊断。这些诊断专用指令与错误处理组织块的区别是，错误处理组织块只有在相应故障出现或消失时被调用，从而获取故障信息，而诊断专用指令可以编写在主循环 OB 中任意需要获取设备或模块状态信息的时刻，也可以与错误处理组织块配合使用。该类指令在"指令"列表的"扩展指令"→"诊断"目录下，如图 10-27 所示。下面介绍几个典型的诊断指令的使用。

1. LED 指令

在 PLC 中调用 LED 指令，可以查询 CPU 上 RUN/STOP、ERROR 和 MAINT 3 个指示灯的状态。LED 指令的参数含义见表 10-6。

图 10-27　诊断指令列表

表 10-6 LED 指令的参数含义

名 称	数据类型	含 义
LADDR	HW_IO	CPU 或接口的硬件标识符（CPU 名称+~Common）
LED	UInt	LED 标识号： 1：RUN/STOP 2：ERROR 3：MAINT 4：冗余 5：Link（绿色） 6：Rx/Tx（黄色）
Ret_Val	Int	LED 的状态（0~9）。下面简略给出 0~6 代表的 LED 状态： 0：LED 不存在或状态信息不可用 1：永久关闭 2：颜色 1（如对于 RUN/STOP 为绿色）永久点亮 3：颜色 2（如对于 RUN/STOP 为橙色）永久点亮 4：颜色 1 以 2 Hz 的频率闪烁 5：颜色 2 以 2 Hz 的频率闪烁 6：颜色 1 和 2 以 2 Hz 的频率交替闪烁

注意：

HW_IO 是 CPU 或接口的硬件标识符，该编号是自动分配的，在硬件配置的 CPU 或接口属性中可以查看。

【例 10-5】按例 10-1 中给出的模拟量模块断路故障，使用专用诊断 LED 指令，编写程序查看 LED 指示灯的状态。

从前面的例子中已经知道该错误出现时，LED 第二个 ERROR 指示灯会呈红色闪烁状态，此处只编写程序查看 ERROR 指示灯的状态。

如图 10-28 所示，LADDR 为 "local~Common"，硬件标识符为 "50"，表示要监控的是 CPU，LED 参数值为 "2"，表示要监控 ERROR 指示灯的状态，返回值存入 Ret_Val 变量中。在 监控模式下，可以看到返回值为 "4"，表示 ERROR 指示灯为红色闪烁。从右侧的 CPU 操作面板上也可以看到 LED 的状态。

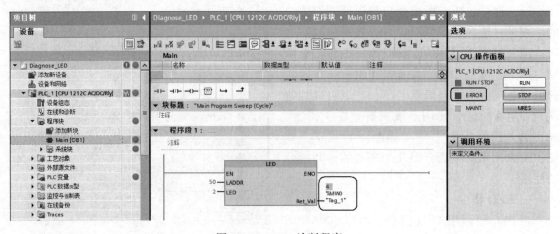

图 10-28 LED 诊断程序

2. DeviceStates 指令

在 PLC 中调用 DeviceStates 指令，可以读出 PROFINET IO 或者 PROFIBUS-DP 网络中 IO 设备或者 DP 从站的故障信息（仅检测从站的状态，无法判断从站中各模块的状态）。DeviceStates 指令的参数含义见表 10-7。

表 10-7 DeviceStates 指令的参数含义

名 称	数 据 类 型	含 义
LADDR	HW_IOSYSTEM	PROFINET IO 或 DP 主站系统的硬件标识符
MODE	UInt	设置要读取的状态信息： 1：IO 设备/DP 从站已组态（已组态为 TRUE，未组态为 FALSE） 2：IO 设备/DP 从站故障 3：IO 设备/DP 从站已禁用 4：IO 设备/DP 从站存在 5：出现问题的 IO 设备/DP 从站
Ret_Val	Int	错误代码（参见软件帮助）为 0 表示指令的使用无错误
STATE	VARIANT	IO 设备/DP 从站的状态缓冲区（参见软件帮助），使用 "Array of Bool" 作为数据类型， 对于 PROFINET IO 系统：1024 位；对于 DP 主站系统：128 位

注意：

HW_IOSYSTEM 是 PROFINET IO 或 DP 主站系统的硬件标识符，该编号是自动分配的，在 PROFINET IO 或 DP 主站系统网络视图属性中可以查看。

【例 10-6】使用专用诊断 DeviceStates 指令编写程序，诊断分布式 IO 设备的站点是否存在或是否已组态。

首先，新建项目并组态硬件。按照 9.2.2 节方法组态分布式 IO 设备 ET 200MP（设备名称为 et200），如图 10-29 所示。在网络视图中，建立网络连接，双击网络系统 "PLC_1.PROFINET IO-System"，在 "属性" → "常规" → "硬件标识符" 中可以查看硬件标识符为 "271"，如图 10-30 所示。

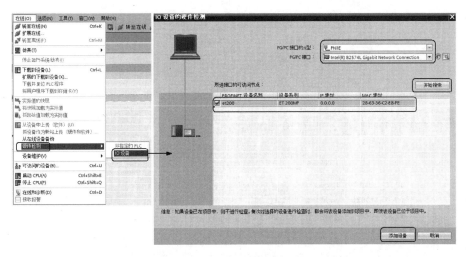

图 10-29 分布式 IO 组态设置

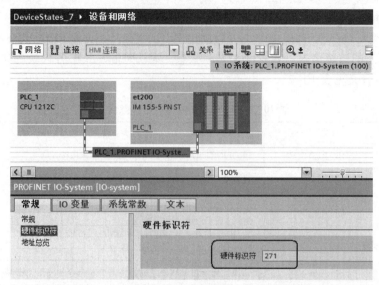

图 10-30　系统配置及查看网络系统硬件标识符

然后，创建全局数据块 DB_1。添加 4 个参数，数据类型与 DeviceStates 指令的数据类型相同，如图 10-31 所示，本例中 LADDR 的启动值是 "271"，即为 PROFINET IO 主站系统的硬件标识符。MODE 的启动值为 "4"，表示检测 IO 设备是否存在（状态值为 TRUE 则存在，状态值为 FALSE 则不存在）。STATE 为数组，用于存储根据 MODE 选择的 IO 设备的状态，数组中元素个数必须为 1 个或不小于 1024 个，否则 Ret_Val 会返回错误代码。Ret_Val 在指令使用正确的情况下返回 0。STATE[0]=TRUE 是一个组显示，表示所连接的所有 IO 设备中至少有一个 IO 设备存在。STATE[n]=TRUE，表示设备编号为 n 的 IO 设备存在。反之，=FALSE 则为不存在。

	名称	数据类型	起始值
	▼ Static		
	LADDR	HW_IOSYSTEM	271
	MODE	UInt	4
	Ret_Val	Int	0
	▼ STATE	Array[0..1023] of B...	
	STATE[0]	Bool	false
	STATE[1]	Bool	false
	STATE[2]	Bool	false
	STATE[3]	Bool	false

图 10-31　创建全局数据块 DB1

在主程序 OB 中编写程序，如图 10-32 所示。

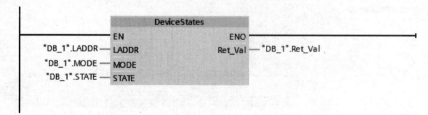

图 10-32　主程序 OB 中 DeviceStates 调用程序

在同一 PROFINET IO 网络中设备编号是唯一的，如图 10-33 所示，在分布式 IO 的设备视图中,双击分布式 IO 设备的接口模块,在其"属性"→"常规"→"PROFINET 接口[X1]"→"以太网地址"→"PROFINET"中可以查看设备编号,该编号可以手动修改,范围是 1~512。本例中将 et200 的设备编号设为"1"。

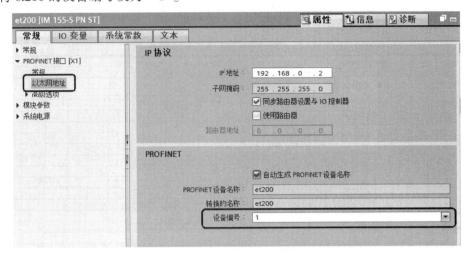

图 10-33 PROFINET IO 设备编号查看

将 DB_1 块置于监视状态,如图 10-34 所示,STATE[0]和 STATE[1]均为 TRUE 表示设备编号为 1 的设备存在。若分布式 IO 设备断电,则 STATE[0]、STATE[1]值均为 FALSE。

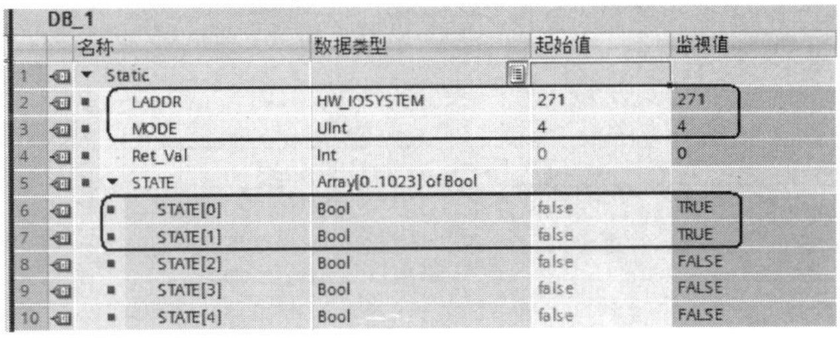

图 10-34 MODE=4 IO 设备是否存在的监视情况

若将 MODE 模式设置为"1",表示检测 IO 设备是否组态(状态值为 TRUE 则已组态,状态值为 FALSE 则未组态)。此时如图 10-35 所示,本例中未对 et200 IO 设备组态,虽不会报错,但在 STATE 数组中,STATE[0]=FALSE,表示没有 IO 设备已组态。

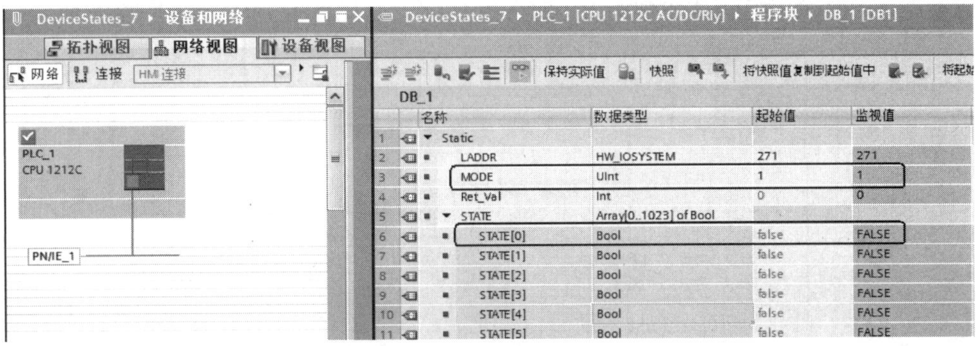

图 10-35 MODE=1 IO 设备是否组态的监视情况

3. ModuleStates 指令

在 PLC 中调用 ModuleStates 指令，可以对 PLC 中央机架或某个分布式 IO 设备上的模块进行诊断，如可以读出 PROFINET IO 或者 PROFIBUS-DP 网络中 IO 设备或者 DP 从站中的模块被拔出时的当前信息，或该模块存在的故障信息。ModuleStates 指令的参数含义见表 10-8。

表 10-8　ModuleStates 指令的参数含义

名　称	数 据 类 型	含　　义
LADDR	HW_DEVICE	站的硬件标识符
MODE	UInt	设置要读取的状态信息： 1：模块已组态 2：模块故障 3：模块禁用 4：模块存在 5：模块中存在故障
Ret_Val	Int	错误代码（参见软件帮助）为 0 表示指令的使用无错误
STATE	VARIANT	IO 设备/DP 从站的状态缓冲区（参见软件帮助），使用"Array of Bool"作为数据类型：长度为 1 或者不小于 128 位

【例 10-7】 使用专用诊断 ModuleStates 指令编写程序，诊断本地机架上的模块是否存在。

由于查看 PLC 本地机架上的模块，本地设备的硬件标识可在 CPU"属性"→"系统常数"→"Local~Device"中查看，如图 10-36 所示。

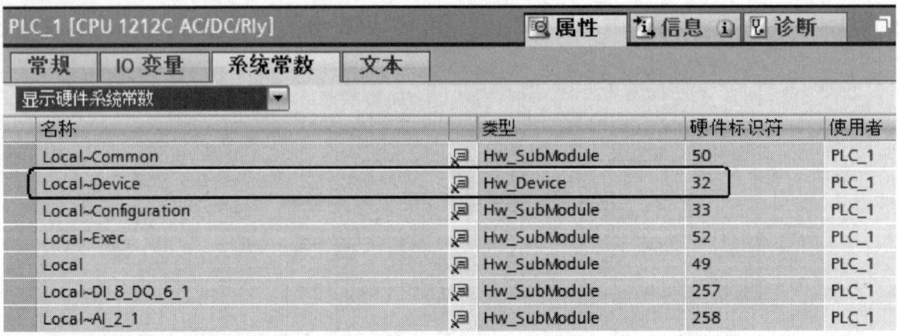

图 10-36　查看硬件标识符

创建全局数据块 DB_1，在数据块中添加 4 个参数，数据类型均与 ModuleStates 指令的数据类型相同，如图 10-38 所示。MODE 为"4"时，表示检测设备中各模块是否存在（状态值为 TRUE 则已存在，状态值为 FALSE 则不存在）。LADDR 为"32"，表示诊断的是本地机架上的模块状态（而非 IO 设备）。STATE 数组中元素个数要为 1 或不小于 128，否则 Ret_Val 会返回错误代码。

在主程序 OB 中编写程序，如图 10-37 所示。

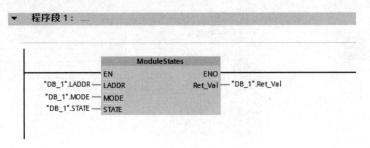

图 10-37　主程序 OB 中的程序

断开位于 3 号槽的模拟量模块与前面模块的总线连接，AI 模块出现 图标，表示该模块现在无法访问。如图 10-38 所示，对数据块 DB_1 中的数据进行监视，STATE[0]=TRUE，表示至少有一个模块存在，STATE[1]=FALSE，表示该站点上槽位号为 0（1-1=0）的模块不存在（S7-1200 PLC 无 0 号槽），STATE[2]=TRUE，表示该站点上槽位号为 1（2-1=1）的模块存在，STATE[3]=TRUE，表示该站点上槽位号为 2（3-1=2）的模块存在，STATE[4]=FALSE，表示该站点上槽位号为 3（4-1=3）的模块不存在（由于 AI 模块的总线连接断开）。

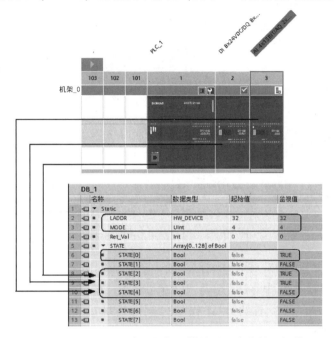

图 10-38　MODE=4 本地机架上模块是否存在的监视情况

10.6.3　基于信号模块的值状态功能的诊断程序设计

为了在发生故障时正确地处理输入和输出数据，用户可以通过值状态（0 或 1）来判断信号模块上的 I/O 数据是否有效，进而做出后续处理。值状态（QI，质量信息）是指通过过程映像输入（PII）直接获取 I/O 通道的信号质量信息。值状态与 I/O 数据同步传送。

在 S7-1200 PLC 系统中，只有分布式 I/O 站中的部分高性能 DI、DQ、AI 和 AQ 模块支持值状态功能。在激活值状态功能后，值状态的每个位对应一个通道，除模块 I/O 信号地址区外，还增加了值状态信号的输入地址空间（值状态信号占用 I 区）。例如，若 DI 8×24VDC HF_1 模块的输入地址为 0 号字节，启用值状态后的输入地址会增加 1 个字节（输入地址变为 0 和 1 号字节），用于存储值状态值（启用值状态后的地址，系统会根据实际 I 区的占用情况自动分配）。通过评估值状态位的状态（1 表示信号正常；0 表示信号无效），可以对 I/O 通道的有效性进行评估。如输入信号的实际状态为 1 时，如果发生断路，将导致用户读到的输入值为 0，诊断到断路情况后，模块将值状态中的相关位设为 0，这样用户可以通过查询值状态判断出该通道读到的输入值 0 为无效值。

值状态为 0 有以下几种可能的原因.。
1）端子上电源电压缺失或不足。
2）通道已禁用。

3）输出未激活（如 CPU 处于 STOP 状态）。

下面以分布式 I/O 中的 AI 模块为例，介绍值状态的组态和地址空间分配。

首先，在"添加新设备"中添加分布式 I/O 模块 ET200SP CPU 1510SP-1 PN，并添加 DI 和 AI 高性能模块，如图 10-39 所示。

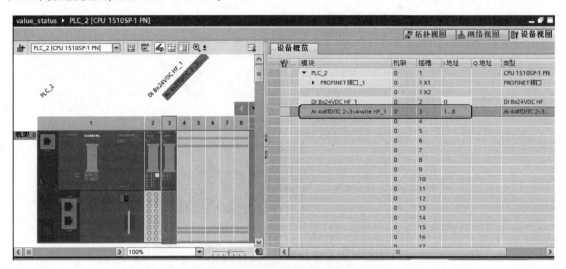

图 10-39 PLC 系统各模块地址

然后激活值状态功能。在 AI 4×RTD/TC 2-，3-，4-wire HF 模块的"属性"窗口中，在"常规"→"模块参数"中 AI 组态勾选"值状态"。在"常规"→"输入 0-3"→"输入"→"I/O 地址"中，可以看到给 AI 模块分配的地址由 1~8 变成了 1~9，如图 10-40 所示。

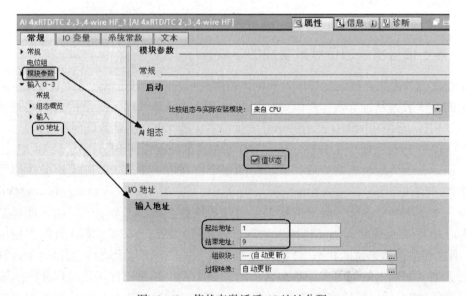

图 10-40 值状态激活后 AI 地址分配

值状态地址分配原理如图 10-41 所示，AI 4×RTD/TC 2-，3-，4-wire HF 模块共有 4 个模拟量输入通道，每个模拟量通道对应 16 位地址空间（2 个字节），每个模拟量通道由一个值状态位与其对应，对本例而言，AI 模块的输入通道 0 的地址为 IW1，对应的值状态位地址为

I9.0；AI 模块的输入通道 1 的地址为 IW3，对应的值状态位地址为 I9.1，其余通道以此类推。

	7....	0	7....	0	模拟量输入通道
IW1	IB1		IB2		输入通道 0
IW3	IB3		IB4		输入通道 1
IW5	IB5		IB6		输入通道 2
IW7	IB7		IB8		输入通道 3

	7	6	5	4	3	2	1	0	
IB9								I9.0	值状态 QI0~QI7（对应 7 个输入通道）

图 10-41　AI 4×RTD/TC 2-、3-、4-wire HF 值状态激活后的地址空间分配

10.6.4　使用 Gen_UsrMsg 的报警诊断程序设计

前面介绍的都是基于系统诊断功能（硬件和编程方面）的诊断方法，即诊断系统硬件或程序故障的方法。如果用户希望对控制过程（而非系统故障）进行监控，用来分析判断过程的状态，则需要用户进行自定义，PLC 可以根据用户自定义的监控进行响应或生成报警信息。S7-1200 PLC 提供两种对过程监控进行响应的方法：

1）监控硬件信号的状态从而触发硬件中断 OB，硬件中断响应的实时性较高，可用来处理某些对中断响应实时性有要求的场合，如超限等。

2）通过 Gen_UsrMsg 函数块自定义报警消息（S7-1200 PLC 仅此一种报警指令），并将其作为事件发送给 CPU，自定义的报警消息可以在 CPU 的诊断缓冲区中显示，并可通过 PG/PC、HMI、Web 服务器等方式直接查看。

此处只介绍通过 Gen_UsrMsg 函数块自定义报警消息的过程监控方法。Gen_UsrMsg 指令的功能是生成在诊断缓冲区中输入的报警，参数含义见表 10-9。

表 10-9　Gen_UsrMsg 指令的参数含义

名　称	声　明	数据类型	含　义
Mode	Input	UInt	用于选择报警状态的参数： 1：到达的报警 2：离去的报警
TextID	Input	UInt	用于设置报警文本的文本列表条目 ID
TextListID	Input	UInt	包含文本列表条目的文本列表 ID
Ret_Val	Return	Int	指令的错误代码
AssocValues	InOut	VARIANT	指向允许定义相关值的系统数据类型 AssocValues 的指针

AssocValues 是关联参数，可用于在报警信息中显示报警发生时的过程值，如因温度过高而报警时，显示报警时的当前温度值。最多可以关联 8 个 UInt 类型的数据，AssocValues 关联参数的参数设置见表 10-10。通过设置关联值编号 $n(3 \leq n \leq 10)$，可以将编号对应的 Value[$n-2$] 参数中的数据显示在报警信息中。AssocValues 参数的关联值编号 n 与 Value[$n-2$] 一一对应，且系统已将关联值编号规定为 3~10（系统将关联值编号 1 和 2 用于关联 TextID 和 TextListID 的值）。

表 10-10　AssocValues 关联参数的参数设置

参　数	说　明	关联值的编号
Value[1]	报警的第一个相关值	3
Value[2]	报警的第二个相关值	4
Value[3]	报警的第三个相关值	5
Value[4]	报警的第四个相关值	6
Value[5]	报警的第五个相关值	7
Value[6]	报警的第六个相关值	8
Value[7]	报警的第七个相关值	9
Value[8]	报警的第八个相关值	10

【例 10-8】使用 Gen_UsrMsg 用户自定义报警指令编写程序，实现当温度保护开关（常开触点）闭合，发出"Temperature is too high！"的报警信息（到来事件），并显示当前温度值；当温度保护开关断开，发出"Temperature is normal."的报警消息（离去事件），并显示当前温度值。

首先，创建项目并进行基本硬件组态。然后，添加数据块、设置报警文本列表、编写程序。

（1）添加数据块（Gen_UsrMsg 指令中参数调用的数据区）

在"程序块"中，单击"添加新块"创建"数据块"→"全局 DB"，在数据块中创建 4 个变量和 1 个 AssocValues 结构（数据类型为 AssocValues），用于存储关联值数据，如图 10-42 所示。

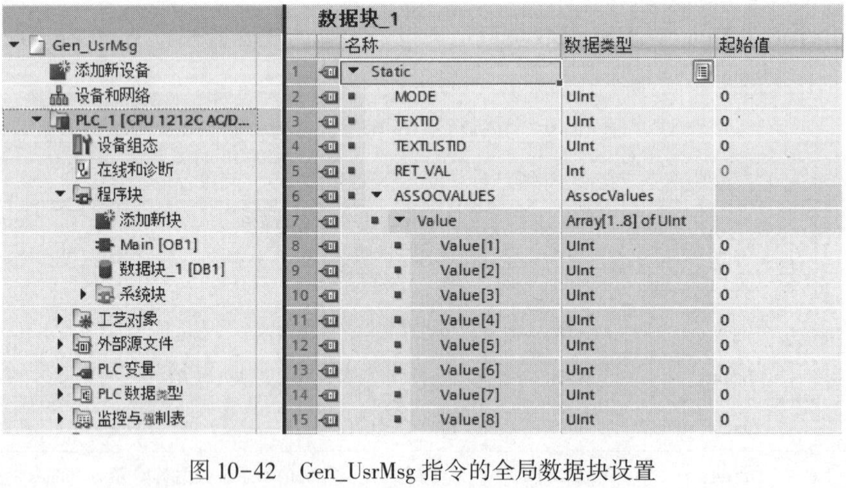

图 10-42　Gen_UsrMsg 指令的全局数据块设置

（2）设置报警文本列表

在项目树中"PLC 报警文本列表"中进行设置，如图 10-43 所示。

报警文本的设置分为两部分：

1）文本列表，用于将报警消息进行分类，每类消息有唯一的 Id 作为标识（系统自动分配，从 512 开始），报警时由 Gen_UsrMsg 指令的 TextListID 参数指定消息类别。如果不显示 Id 列，可右键菜单栏，在"显示隐藏"中勾选"Id"。本例中在文本列表中新增了一个"temperature"消息类别，Id 为"512"。

2) 文本列表条目，用于设置具体的报警消息内容。选中"temperature"，在这类消息的文本列表条目中新增 2 条不同的消息内容，用于显示到达的报警和离去的报警。这里每个条目的起始范围和结束范围的值必须相同，这样 Gen_UsrMsg 指令的 TextID 就会唯一标识一个文本列表条目，TextID 为 0 标识第一条文本列表条目，TextID 为 1 标识第二条文本列表条目。在条目中输入具体的消息内容，消息中包含静态文本和动态文本，"Temperature is too high!"和"摄氏度"为静态文本，当前温度值为动态文本。动态文本需要以固定的格式（@<关联值编号><数据类型><格式规范>@）写出，系统才能实现自动显示动态数据。字符串"@3I%6d@"中，"3"为关联值编号，关联的变量为 AssocValues 中的 Value[1]参数；"I"表示数据类型为 Int 类型；"%6d"表示关联到 Value[1]中的数据将以十进制，最长不超过 6 位数的形式显示（超过 6 位会显示异常数据）。

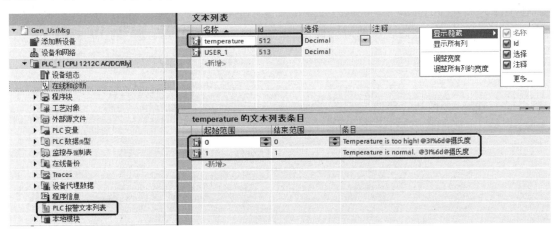

图 10-43　PLC 报警文本列表设置

（3）程序编写

自定义报警信息常与硬件中断结合使用，在 OB40 中编写报警程序（在系统响应硬件中断时才发送报警消息到诊断缓冲区）。本例中为了方便调试报警信息设置，将程序编写在了主程序块 OB1 中。在"指令"→"扩展指令"→"报警"目录下，插入 Gen_UsrMsg 指令，如图 10-44 所示。

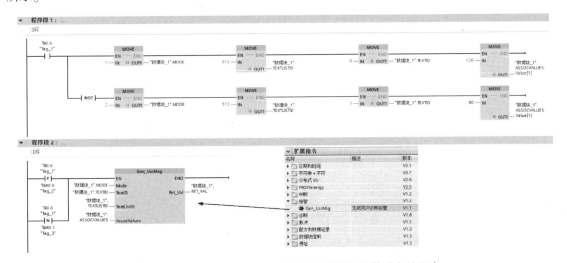

图 10-44　OB1 中 Gen_UsrMsg 指令发布高温报警消息的程序

本例中数字量输入通道 I0.6 接温度保护开关（常开触点），当开关闭合（温度过高），发出温度过高的报警消息，设置 Mode 参数为 "1"，表示为到达的报警；设置 TextListID 参数为 "512"，表示显示的消息是 "temperature" 文本列表中的内容；设置 TextID 参数为 "0"，表示传送的消息内容为 0 号条目内容；设置 AssocValues.Value[1] 参数为 "120"，即设置当前温度为 120（此处应为实际温度值，为便于调试设为固定值）。当开关断开（温度正常），发出温度正常的报警消息，设置 Mode 参数为 "2"，表示为离开的报警；设置 TextID 参数为 "1"，表示传送的消息内容为 1 号条目内容；将 AssocValues.Value[1] 参数（当前温度值）设置为 "80"。

报警消息的相关参数设置完成后，调用 Gen_UsrMsg 指令。在指令的 EN 使能端，连接了开关的上升沿和下降沿检测，用于实现只显示一次到达和离去的报警消息。

最后，通过 PG/PC 在线查看诊断缓冲区。如图 10-45 所示，在温度保护开关闭合后，出现到达事件为 "Temperature is too high! 120 摄氏度" 的用户报警消息。如图 10-46 所示，在温度保护开关断开后，出现离去事件为 "Temperature is normal. 80 摄氏度" 的用户报警消息。

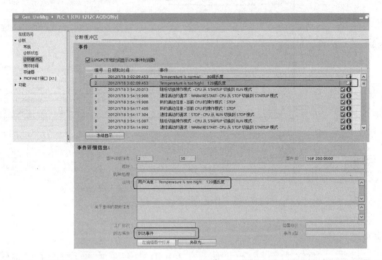

图 10-45　诊断缓冲区中查看 Gen_UsrMsg 指令发布的高温报警消息（到达事件）

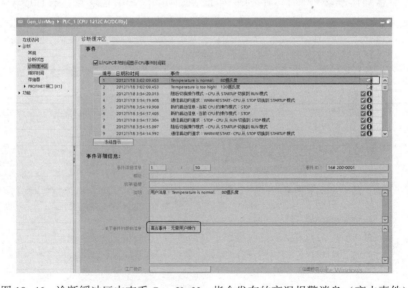

图 10-46　诊断缓冲区中查看 Gen_UsrMsg 指令发布的高温报警消息（离去事件）

思考题及练习题

1. PLC 故障的类型和诊断方法有哪些？
2. S7-1200 PLC 系统诊断信息可以通过哪几种方式直接显示（不需要编程）？
3. 若要在程序中获取诊断信息，或对某些诊断信息进行判断，有哪些方法可以实现？
4. 若系统为 AI 模块分配的地址为 9~16 号字节，启用值状态后，AI 模块（输入通道为 0~3 号）通道 1 的值状态位的地址为多少？
5. 若要自定义报警消息并在诊断缓冲区中显示，应该使用哪种指令？报警信息中允许关联的相关值最多为几个？报警信息文本中"@6I%5d@"代表什么含义？

第11章

PLC 控制系统设计

11.1 PLC 控制系统的设计原则及流程

1. PLC 控制系统的设计原则

（1）实用性

实用性是 PLC 控制系统设计的基本原则。工程师在研究控制任务的同时，还要了解控制系统的使用环境，使得所设计的控制系统能够满足用户的要求。同时，尽量做到硬件上小巧灵活，软件上简洁方便。

（2）安全性

安全性是控制系统设计中极其重要的原则。对于一些可能会产生危险的系统，必须要保证控制系统能够长期稳定、安全、可靠地运行。即使控制系统本身出现问题，起码能够保证不会出现人员和财产的重大损失。在系统规划初期，应充分考虑系统可能出现的问题，提出不同的设计方案，选择一种可靠性高且较容易实施的方案，必要时加入安全控制系统；在硬件设计时，应根据设备的重要程度，考虑适当的备份或冗余；在软件（主要指控制程序）设计时，应采取相应的保护措施，经过反复测试确保无大的疏漏之后方可联机调试运行。

说明：

有关安全控制系统的知识可参考文献 [1] 中"工业安全系统"一章。

（3）可靠性

PLC 自身的可靠性很高，而 PLC 系统的可靠性主要取决于以下几方面：

1）环境条件，包括温度、湿度、是否有粉尘、腐蚀性气体或可燃性气体等。如果环境指标已超出 PLC 硬件可承受的范围，则需要采用一些技术措施使 PLC 工作在适宜的环境中（对于有可燃性气体的场合，应将 PLC 安装在防爆柜中），或者采用极端环境型 PLC。

2）其他各电器自身的可靠性，应尽量采用符合国标或有认证的电器。

3）抗干扰性，需要按照标准进行合理的走线（动力线及信号线等）及接地设计等。

4）软件（控制程序）的正确性。

（4）经济性

在满足实用性、安全性及可靠性的前提下，应尽量使系统的软硬件配置经济，切勿盲目追求新技术、高性能。硬件选型时应以经济、适用为准；软件应当在开发周期与产品功能之间做出平衡，因为如果开发周期长，相应的人工成本就会高。另外，还要考虑所使用的产品是否可以获得完备的技术资料和售后服务，以减少开发成本。

(5) 可扩展性

在进行系统总体规划时,应充分考虑到用户今后生产发展和工艺改进的需要,在控制器计算能力和 I/O 端口数量上应当留有适当的裕量,同时对外要留有扩展的通信接口,以满足系统扩展和监控的需要。

(6) 先进性

在进行硬件设计时,优先选用技术先进、应用成熟广泛的产品组成控制系统,保证系统在一定时间内具有先进性,不致被市场淘汰。此原则与经济性共同考虑,以使控制系统具有较高的性价比。

2. PLC 控制系统的设计流程

设计 PLC 控制系统时应遵循一定的设计流程,掌握设计流程,可以提高设计效率和正确性。PLC 控制系统的一般设计流程如图 11-1 所示。

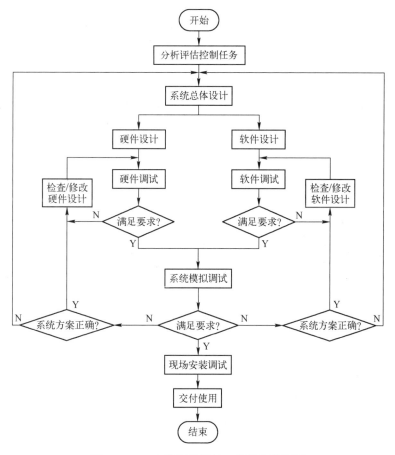

图 11-1 PLC 控制系统的一般设计流程图

11.2 分析评估控制任务

分析评估控制任务是设计控制系统的基础。只有深入了解与之有关的被控对象以及工艺流程,才能够提出合理科学的控制方案。此阶段一定要与用户深入沟通技术需求,确保分析全面而准确,以最大限度避免项目后期产生较大更改。一般来说,对于工艺成熟的项目,后期变更的可能性小；而工艺不成熟的项目，则后期变更的可能性大。对于一般项目，由于工艺功能的调试在机械装置制造并安装之后，因此项目后期技术需求的变更可能会导致机械装置的重新设计制造，调试可能会因此停滞，从而付出较大的代价。对于需要高度数字化、虚拟化调试的项目，其机械装置的制造与安装在工艺功能的虚拟调试之后，因此项目后期只要是在机械装置制造之前发生变更，代价都不大。

对被控对象的整个工艺流程有了深入了解之后，为了更直观、简洁地表示控制任务，可画出工艺流程图或用其他方式将工艺描述清楚，为后面的系统设计做好准备。

11.3 PLC 控制系统的总体设计

在控制系统设计之前，需要对系统的方案进行论证，主要是对整个系统方案的可行性进行预测性估计。在此阶段一定要全面考虑设计和实施此系统将会遇到的各种问题。如果没有做过相关项目的经验，应当在现场仔细考察，并详细论证设计此系统时每一个环节的可行性。特别是在硬件实施阶段，稍有不慎，就会造成很大的麻烦，轻则系统设计不成功，重则会造成严重的财产损失。工程实施过程中的阻碍往往都是由于这一步没有做足工夫而导致的。

一般来说，在系统总体设计时，需要考虑以下几个问题：

1) 是否选用 PLC 作为控制器。常用的硬件控制器可以是单片机、PLC 或 DCS（集散控制系统）等，它们本质上都是计算机系统。单片机的特点是硬件成本低，但针对工业应用的开发成本高、难度大。在工业中，单片机一般用于测试仪器和各种仪表装置。部分小型机械装置也采用单片机作为硬件控制器，这种机械装置一般是批量生产（意味着单位开发成本降低）且工作环境普遍较好，特别是电磁环境好（意味着不用进行严格的抗干扰设计与测试，设计难度降低）。PLC 是通用的、成熟的产品，针对具体工程项目的开发较容易。为使 PLC 在工业环境中可靠地运行，厂商已对其硬件进行了精巧的设计和严格的测试，并且产品经过更新换代，功能和性能都在不断提高。另外，PLC 还有自己配套的操作软件，这些软件将多种功能集成化（如通过组态而不是通过代码实现模块的参数设定、成熟的指令及便捷的故障诊断等），用户不必重新开发，并且 PLC 的操作软件也越来越人性化，越来越有利于工程的开发与维护。因此，在很多场合中，PLC 都可以作为硬件控制器，完成复杂的工业自动控制任务。而 DCS 是更适合大型流程工业控制系统的硬件控制器，它以模拟量的输入输出为主，在离散工业中不会考虑使用 DCS。

2) 确定 PLC 的控制范围。一般来说，能够反映生产过程的运行情况，能用传感器进行直接测量的参数，需要自动运行或自动/手动切换运行的设备的控制都应由 PLC 来完成。现场有的设备会自带控制系统，如各种运动控制器（数控系统或机械手系统等）、各种电机的驱动器甚至其他的 PLC 系统等。对于这些设备，要弄清需要监视和控制的变量，它们也属于 PLC 的控制范围。

3) 是否需要与其他部分通信。一个完整的控制系统，至少会包括 3 部分：控制器、被控对象和监控系统。所以对于控制器来说，至少要和监控系统进行通信，至于是否和另外的控制单元或部门通信要根据用户的要求来决定。一般来说，如果用户没有要求，也都会留有这样的通信接口。

对于 PLC 和现场信号之间的连接，传统的连接方式是将现场信号直接通过接线连接到 PLC 上。如果距离太远，信号传输就会有损耗，尤其是模拟量信号，且当信号点数很多时，布线也较复杂，浪费材料。在这种情况下，一般会在现场使用 ET 200 分布式 I/O 从站（如果现场为危险区，需选用本质安全型的分布式 I/O 从站），将现场信号直接连接到 I/O 从站上，再通过通信的方式将信号传送到 PLC。

如果需要通信（包括分布式 I/O 从站），尽量采用工业以太网/PROFINET，但也要根据现场设备的情况具体选择，如现场设备只有 PROFIBUS-DP 接口时，则与之通信只能采用 PROFIBUS-DP。

4）是否需要冗余备份系统。在数据归档时，为了让归档数据不丢失，可以使用服务器冗余；在控制系统中，为了使系统不会因故障而导致停机或不可预知的结果，可以使用控制器冗余备份系统。选择适当的冗余备份，可以使系统的可靠性得到大幅提高。

11.4 PLC 控制系统的硬件设计

PLC 控制系统的硬件设计工作主要有 PLC 硬件模块的选型、各电器元件的选型以及电气图纸的绘制。

11.4.1 传感器与执行器的确定

1. 传感器的确定

传感器相当于整个系统的"眼睛"，它的确定对系统有着至关重要的影响。一般来说，选择一个传感器时，应注意以下问题：①测量范围；②测量精度；③可靠性；④接口类型。

2. 执行器的确定

执行器相当于整个系统的"手臂"，其重要性不言而喻。与选择传感器相对应，在选择执行器时，应考虑以下问题：①输出范围；②输出精度；③可靠性；④接口类型。

11.4.2 PLC 控制系统模块的选择

传感器与执行器确定后，就可以确定 I/O 点数并进行 PLC 模块的选择。

1. I/O 点数的确定

对 I/O 点数（即输入/输出点数）进行估算是一项重要的工作，控制系统总的输入/输出点数可以根据实际设备的情况汇总，然后再加 10%~20% 的备用裕量。

一般来说，一个数字量状态的输入就应该占用一个数字量输入点。例如，一个按钮要占一个输入点；一个光电开关要占一个输入点；而对于选择开关来说，一般有几个位置就要占几个输入点；对各种位置开关一般占一个或两个输入点；一个信号灯占一个输出点，多个信号灯同时亮灭可以占一个输出点等。

模拟量一般是一个仪表占一个输入点，一个执行器占一个输出点。带有反馈的执行器，每个反馈量占一个输入点。

2. 控制模块的选择

确定 I/O 点数后，下一步进行的是 PLC 模块的选择，即 PLC 模块的选型。它主要包括 CPU 模块、数字量和模拟量 I/O 等模块的选择。

1）对于 CPU 模块的选择，一般要考虑到以下问题：①通信接口的类型；②运算速度；③特殊功能（如高速计数等）；④存储器（卡）的容量；⑤对采样周期、响应速度的要求。

2）在选择信号模块时，一般应注意以下问题：①信号模块的 I/O 点数应满足实际需要，并留有一定的裕量。信号模块可同时使用多个，但要注意一个框架中的数量限制，如果超出上限可使用扩展框架或分布式 I/O 的方式进行扩展。对于 S7-1200 PLC 只有 ET 200 分布式 I/O 的扩展方式，且扩展能力比 S7-1500 PLC 小得多；②模块的电压等级。可根据现场设备与模块间的距离来确定。当外部线路较长时，可选用 AC 220 V 电源；当外部线路较短且控制设备相对较集中时，可选用 DC 24V 电源；③数字量输出模块的输出类型。数字量输出有继电器、晶闸管、晶体管 3 种形式。在通断不频繁且负载电流较大的场合应该选用继电器输出；在通断频繁的场合，应该选用晶闸管或晶体管输出。需要注意的是，晶闸管只能用于交流负载，晶体管只能用于直流负载；④模拟量信号类型。模拟量信号传输应尽量采用电流信号传输。因为电压信号极易引入干扰，一般电压信号仅用于控制设备柜内电位器的设置，或距离较近、电磁环境好的场合。

最好参照产品样本中相关的技术数据来进行 PLC 模块的选型工作。

11.4.3 控制柜设计

在大多数系统中，都需要设计控制柜，它可以将工业现场的恶劣环境与控制器相隔离，使系统能可靠地运行。一般来说，设计控制柜时应考虑以下问题：

1) 尺寸大小。要根据现场的安装位置和空间，设计合适的尺寸大小。切忌在设计完工之后才发现在现场不能安装。控制柜外观方面没有太严格的要求，只要简洁明了即可。

2) 电气元器件的选择。主要是根据控制要求选择按钮、开关、传感器、保护电器、接触器、继电器、指示灯和电磁阀等。

3) 电路图。在设计控制柜的电路图时，一方面要考虑工业现场的实际环境，另一方面要考虑系统的安全性。设计时，应查阅相关的 I/O 模块以及传感器和执行器的产品手册，对其连接的方式应予以充分了解，这样在设计时才不会出现问题。

西门子官网中对其各种工业产品都提供了 CAx 数据，涵盖电气设计常用的三维模型图、尺寸图（CAD 可打开）、接线端子示意图、电路图、产品外形图等。合理利用上述资源可节约设计时间和成本，提高设计质量。

4) 电源。在充分计算好系统所需的功率后，选择合适的电源，并根据系统需要，选择是否需要电源的备份。为防止由于某信号短路而造成的 CPU 断电，信号模块和 CPU 模块一般要采用不同的电源供电。

5) 其他。对于接线方式、接地保护、接线排的裕量等问题，在设计时都要予以考虑。

11.5 PLC 控制系统的软件设计

11.5.1 控制软件设计

控制软件就是 PLC 中的控制程序，它是整个控制系统的"思想"。控制软件的设计应该注意以下几个方面：

1) 正确性。要保证能够完成用户所要求的各项功能，确保程序不会出现错误。

2) 可靠性。在满足正确性的同时，可靠性也不可忽视。在设计时要设置事故报警、联锁保护等；要对不同的工作设备和不同的工作状态做互锁设计，以防止用户的误操作；在有信号干扰的系统中，程序设计还应考虑滤波和校正功能，以消除干扰的影响。

3) 可调整性。应采用合理的程序结构，借鉴软件工程中"高内聚，低耦合"的思想，即使程序出现了问题，或用户想另增加功能时，也能够很容易地对其进行调整。

4）标准性。编程时能用指令功能处理的功能，尽可能不要用技巧处理。除了编程软件自带的指令外，公司或行业经过验证的库函数（块）也应尽量使用。

5）可读性。在系统维护和技术改造时，一般都要在原始程序的基础上进行改造。所以在编写程序时，应力求语句简单、条理清楚、注释完整、可读性强。

11.5.2 监控软件设计

工业中的监控系统是用来辅助操作员对生产过程进行实时监控的系统。根据硬件的不同，监控系统一般分为基于工业计算机的监控系统和基于触摸屏的监控系统，它们本质上是相同的。HMI 其实就是监控系统，从广义上讲，一切可以实现人机交互的装置都是 HMI，如按钮、指示灯、工业计算机及触摸屏，但在工程上，一般将 HMI 狭义地指代为触摸屏。

一般来说，监控软件在设计时，应该包括以下几个方面：

1）工艺流程界面。针对系统的总体流程，给操作员一个直观的操作环境，同时对系统的各项运行数据也能实时显示。

2）操作控制界面。操作员可能对系统进行开车、停车、手动/自动等一系列操作，通过此界面可以很容易实现。

3）趋势曲线界面。在过程控制中，许多过程变量的变化趋势对系统的运行起着重要的影响，因此趋势曲线在过程控制中尤为重要。

4）历史数据归档。为了方便用户查找以往的系统运行数据，需要将系统运行状态进行归档保存。

5）报警信息提示。当出现报警时，系统会以非常明显的方式来告诉操作员，同时对报警的信息也进行归档。

11.6 PLC 控制系统的调试

控制系统的调试可分为模拟调试和现场调试两个环节。

11.6.1 模拟调试

1. 软件模拟调试

软件在设计完成之后，可以首先使用 PLCSIM 进行仿真调试。该软件操作方法简单，灵活性高，使用方便。

2. 硬件模拟调试

用 PLC 硬件测试程序时，可用接在输入端的小开关或按钮来模拟 PLC 实际的输入信号，如用它们发出操作指令，或在适当的时候用它们来模拟实际的反馈信号，如限位开关触点的接通和断开，通过输出模块上各输出点对应的 LED 指示灯，观察输出信号是否满足设计要求。

11.6.2 现场调试

完成上述工作后，可在控制现场进行联机调试。在调试过程中将暴露出系统中可能存在的传感器、执行器和硬件接线等方面的问题以及程序设计的问题，对出现的这些问题应及时加以解决。

现场调试是整个控制系统完成的重要环节，任何的系统设计很难说不经过现场调试就能正常使用的。只有通过现场调试才能发现控制电路和控制程序中不满足系统要求之处,以及存在的其他问题。

在现场调试过程中,如果发现问题,应及时与现场技术人员沟通,确定问题所在,及时对相应硬件和软件部分进行调整。全部调试后,经过一段时间的试运行,确认程序正确可靠后,系统才能正式投入使用。

11.7 运料小车控制系统设计实例

图 11-2 为某运料小车控制系统示意图,设计适当的控制系统,以实现小车的往复运动。

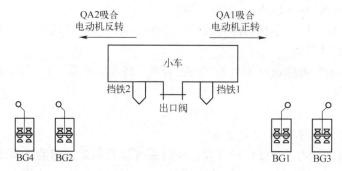

图 11-2 运料小车控制系统示意图

11.7.1 分析评估控制任务

首先与用户深入沟通,确定控制任务。运料小车控制系统的控制任务可以表述如下。

(1) 运料小车左右运行的起停条件

在装满料(物位≥0.8 m)的情况下,按下启动按钮 SF1,QA1 吸合,运料小车正转起动。按下停止按钮 SF2 或运行至 BG1 的位置时,运料小车停止。当运料小车停止在 BG1 位置时,卸料出口阀 MB 自动打开进行卸料。

卸料完毕(物位≤0.01 m)或按下停止按钮 SF2 后,出口阀自动关闭,QA2 自动吸合运料小车反转起动。当运行至 BG2 的位置时,运料小车停止等待下一次装料。

(2) 运料小车的故障信号

BG3 和 BG4 为限位开关,如果运料小车运行至此位置,或者热继电器 BC 动作,则说明出现了故障,警报灯将间歇式(周期 2 s,占空比 1:1)闪烁,直至故障复位按钮 SF3 被按下。

(3) 运料小车的物位信号

运料小车的物位为 4~20 mA 信号,需要以 100 ms 为周期进行采集,量程为 0~1 m。

11.7.2 系统总体设计

本例中的控制系统将在工厂环境运行,且不是大型的过程控制系统,因此应使用 PLC 作为控制器。运料小车控制系统的控制任务均在 PLC 的控制范围内,而运料小车的前后续装置不在该控制系统的控制范围内(可能由其他 PLC 进行控制)。

本例采用 PLC 单机控制即可,但考虑到可能要与工艺中上下游的控制系统进行通信,需要预留通信接口。另外,由于本例中的现场设备与 PLC 的距离不远,因此无须采用分布式 I/O。

在该运料小车控制系统中,系统短时间停机时对后续系统的影响不大。因此,该控制系统无须配置冗余备份。

11.7.3 系统硬件设计

1. 传感器与执行器的确定

本例涉及的传感器与执行器有按钮、行程开关、物位计、警报灯、出口阀等。确定好这些器件之后,要弄清楚它们的接线原理,以便进行电气原理图的设计。

2. I/O 点数确定

统计各输入输出设备并整理好 I/O 点表,如果按照博途软件变量表的格式整理成 Excel 表格,就可以在整理完成后将其导入到博途软件的变量表中,如图 11-3 所示。

	名称	数据类型	地址	注释
1	SF1	Bool	%I0.0	启动按钮
2	SF2	Bool	%I0.1	停止按钮
3	BG1	Bool	%I0.2	右侧位置开关
4	BG2	Bool	%I0.3	左侧位置开关
5	BG3	Bool	%I0.4	右侧极限位置开关
6	BG4	Bool	%I0.5	左侧极限位置开关
7	BC	Bool	%I0.6	热继电器故障信号
8	SF3	Bool	%I0.7	故障状态复位按钮
9	CM_LEVEL	Word	%IW2	小车物位计
10	QA1	Bool	%Q0.0	正转接触器
11	QA2	Bool	%Q0.1	反转接触器
12	MB	Bool	%Q0.2	小车出口阀
13	PF	Bool	%Q0.3	警报灯

图 11-3 本例的变量表_1——I/O 变量表

3. PLC 模块的选型

综合考虑 I/O 点数、扩展能力及性价比等因素,确定了本例选用 S7-1200 PLC 中的 CPU 1214C AC/DC/Rly 及 AI 4×13BIT。

CPU 1214C AC/DC/Rly 的本体自带 14 路数字量输入(本例用到 8 路),10 路数字量输出(本例用到 4 路),2 路模拟量输入,无模拟量输出。但本体自带的模拟量仅支持电压型,因此额外选用了一个 4 路的模拟量模块,这样 I/O 点数才能满足要求且留有裕量。

本例对模拟量的精度没有太高的要求,13BIT 即可满足要求。其中模块 6ES7 231-4HD30-0XB0 不支持 4~20 mA 电流信号及断路诊断,而模块 6ES7 231-4HD32-0XB0 支持 4~20 mA 电流信号及具备通道级的溢出和断路诊断功能,因此选择这一款模拟量模块。

4. 电气原理图设计

电气原理图包括主电路图和 PLC 控制电路图。

(1) 主电路图

如图 11-4 所示为运料小车控制系统的主电路,接触器 QA1、QA2 分别控制电动机的正转和反转运行。

PLC 输出端的 L+ 和 M 分别是 24 V 电源(S7-1200 PLC 自带的 24 V 电源)的正负端子。

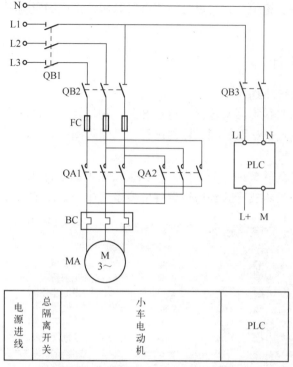

图 11-4 运料小车控制系统的主电路

(2) PLC 控制电路图

如图 11-5 所示为 PLC 控制电路，设计该电路时应该参考相关技术手册，弄清楚 PLC 信号模块及各外部设备的接线原理，以免因为设计错误而损坏电气元件。

图 11-5a 为 PLC 供电（图中左侧）及 DI 部分控制电路（图中右侧），S7-1200 PLC 的 CPU 模块一般都带有 DC 24 V 的供电输出，以供输入输出信号使用。

图 11-5b、c 为 DQ 部分控制电路，虽然该 DQ 的类型为继电器输出型，但为了与 DC 24 V 类型的电磁阀及警报灯统一电压等级，使用了中间继电器 KF。该 KF 线圈回路为 DC 24 V，触点回路为 AC 220 V，以便控制小车正反转的接触器 QA。另外，为了防止由于 QA1 和 QA2 同时吸合而引起的短路，在图 11-5c 中进行了互锁处理。

图 11-5d 为 AI 部分的控制电路，由于本例用到的传感器为电流信号，因此应该按照 AI 模块电流信号的接线原理进行设计。

图 11-5 中电气元件两端的数字是接线端子的编号，如启动按钮 SF1 两端的 3/4，该编号可以在电气元件上或其接线原理说明书中查看，在第 2 章图 2-15 交流接触器实物图中也可以看到接触器的各接线端子编号。

图 11-5 中电气元件和 PLC 之间或电气元件之间的两组编号是线号（标记在电线末端的代号），线号是方便接线与查线的标识。本例采用的是远端连接标记法（GB/T 30085—2013），如 SF1 的 4 号端子上的线号为 Slot1.DIa.0，表示这根电线连接到 1 号槽位（Slot）模块的第 a 组 DI 的 .0 接线端子上；而其靠近 PLC 一侧的线号为 SF1.4，表示这根电线连接到 SF1 的 4 号接线端子。采用这种标记方式，在对电路系统进行故障定位和维护时非常方便。除了远端连接标记法，GB/T 30085—2013 中还给出了近端连接标记法和两端连接标记法，扫描二维码 11-1 可查看这两种标记法。

11-1 拓展阅读：
线号连接
标识线

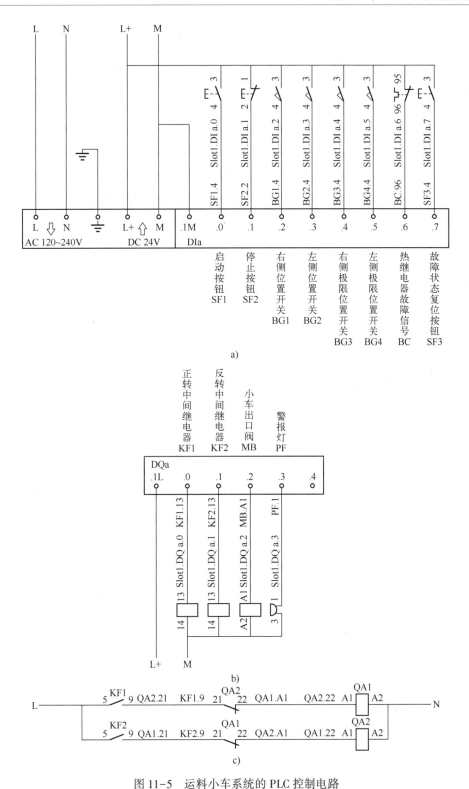

图 11-5 运料小车系统的 PLC 控制电路
a) PLC 供电及 DI 部分的控制电路 b) DQ 部分的控制电路 (DC 24 V)
c) DQ 部分的控制电路 (AC 220 V)

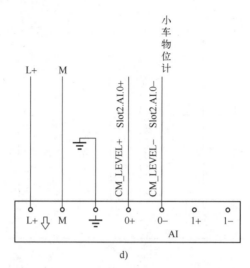

图 11-5 运料小车系统的 PLC 控制电路（续）
d）AI 部分的控制电路

11.7.4 系统软件设计

1. OB1 的编写

OB1 中主要是小车起停、出料及报警的程序，简要说明如下。

(1) 程序段 1：小车正转运行控制

如图 11-6 所示，当小车中的物料大于等于 0.8 m 时（小车物料由上级控制系统负责添加），按下启动按钮 SF1，小车正转起动，向右侧运行。当停止按钮 SF2 被按下（SF2 采用常闭触点，因此程序中未取反）、到达右侧的停止位置、到达极限位置或热继电器动作时，小车停止正转。取反的 QA2 为程序中的互锁点，其与图 11-5c 电路中的互锁共同组成了双重保护。

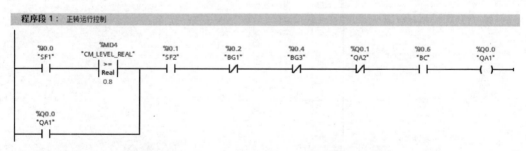

图 11-6 OB1 中的程序段 1——小车正转运行控制

(2) 程序段 2：小车出口阀控制

如图 11-7 所示，小车到达右侧停止位置后，右行接触器 QA1 断开的瞬间打开出口阀 MB。当小车中物料低于 0.01 m 或按下停止按钮 SF2 时，出口阀 MB 关闭。程序中 SF2 未取反的原因同程序段 1。

(3) 程序段 3：小车反转运行控制

如图 11-8 所示，出口阀 MB 关闭的瞬间，小车反转起动，向左侧运行。当停止按钮 SF2 被按下、到达左侧的停止位置、到达极限位置或热继电器动作时，小车停止反转。程序中 SF2 未取反的原因同程序段 1，QA1 为互锁点。

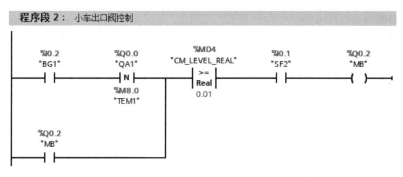

图 11-7 OB1 的程序段 2——小车出口阀控制

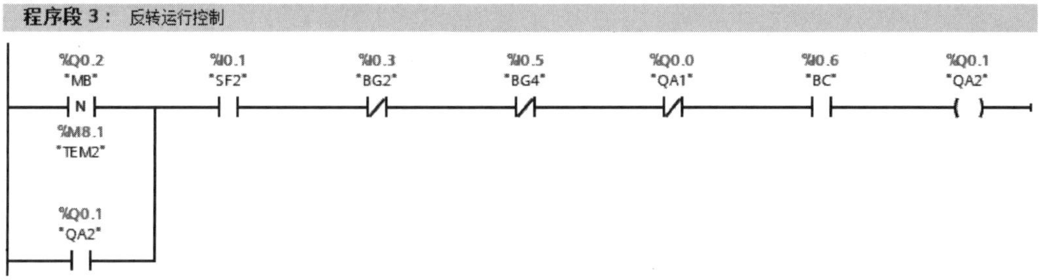

图 11-8 OB1 中的程序段 3——小车反转运行控制

（4）程序段 4、5：故障状态及警报灯

如图 11-9 所示，当热继电器动作、小车运行至左侧或右侧的极限位置时为故障状态。故障出现后，警报灯将以 1 Hz 的频率进行闪烁。排除出现故障的原因后，将小车驶离极限位置或重新投用热继电器后，按下故障状态复位按钮 SF3，故障状态可被复位，复位后警报灯也将熄灭。

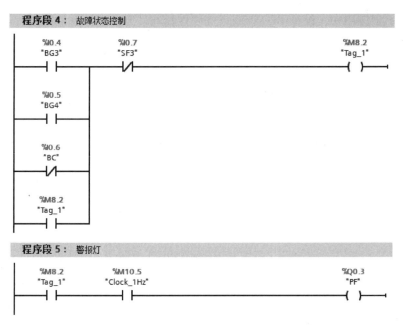

图 11-9 OB1 中的程序段 4、5——故障状态及警报灯控制

2. OB30 的编写

OB30 中是物位采集与数据处理程序,这里使用了 NORM_X 和 SCALE_X 指令,如图 11-10 所示。其中由于物位信号是 4～20 mA 的电流信号,因此需要修改组态中的设置(图略)。

在 S7-1200 PLC 中,标准模拟量经过模/数转换后的数值范围是 0～27648,而物位计的量程是 0～1 m。

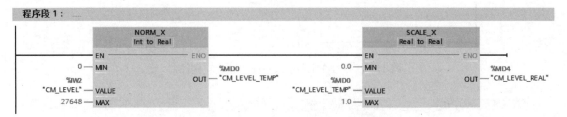

图 11-10 OB30 中的程序段——物位采集与数据处理程序

扫描二维码 11-2 可获取本章实例的仿真过程演示视频。
扫描二维码 11-3 可获取更多 PLC 知识。

11-2 运料小车控制系统程序的仿真演示视频　　11-3 拓展阅读:常见品牌 PLC 的 I/O 地址表达

思考题及练习题

1. 总结 PLC 控制系统的一般设计流程。
2. 总结在工程应用中,设计 PLC 控制系统硬件和软件方面应注意的问题。
3. 简述基于 PLC 的控制电路与第 3 章中提到的控制电路之间的区别。

附录

附录 A S7-1200 实验指导

本附录提供的实验指导仅供参考,可根据实验设备的具体情况进行实验内容的微调与扩充。

实验一 S7-1200 PLC 博途软件的使用

实验目的

1) 掌握博途软件的基本使用技巧与方法。
2) 掌握使用博途软件完成一项自动化任务的基本步骤。
3) 熟练使用博途软件进行组态、编程、下载与调试。

实验内容

(1) 熟悉 S7-1200 PLC 系统的硬件构成

仔细观察实验室内的 PLC 系统:观察 S7-1200 PLC 的 CPU,观察其输入点和输出点的数量及类型,输入输出状态指示灯,通信端口等;观察除 CPU 以外的其他硬件模块。

(2) 掌握使用博途软件的硬件组态方法

在博途视图中打开现有项目或创建新项目后,选择"组态设备"→"添加新设备";也可在项目视图的项目树中双击"添加新设备"进行组态。

对于 S7-1200 PLC,可以同经典 STEP 7 软件的组态方式一样,根据实际硬件的类型、订货号和型号,在硬件目录当中逐个添加;特别地,博途软件还有自动获取相连设备组态的功能,在添加控制器时,选择"非特定的 CPU 1200",然后在项目视图的工作区单击获取,此时所连接设备的实际硬件将被自动组态。

(3) 博途软件的软件编程

在项目树中选择"程序块",双击"Main[OB1]"即可在主程序中进行编程,当然也可以通过"添加新块",在其他块中编写相应的程序。

(4) 博途软件的下载与调试

在项目视图中,单击"下载到设备"按钮,在弹出的界面中选择 PG/PC 接口类型为"PN/IE",选择 PG/PC 接口为实际网卡的型号,不同的计算机可能不同。

单击"开始搜索"按钮,博途软件会搜索到可以连接的设备,选中找到的设备后,单击"下载"按钮。

打开一个程序后,在程序编辑窗口的工具栏中单击监控按钮(眼镜图标),便可以打开监控,对程序能流通过与否进行观察与调试。

(5) 根据梯形图编程实例，观察程序运行结果

参照图 A-1，对其中的 3 个程序段进行运行与调试，通过改变输入的信号状态（高/低电平），观察运行结果。

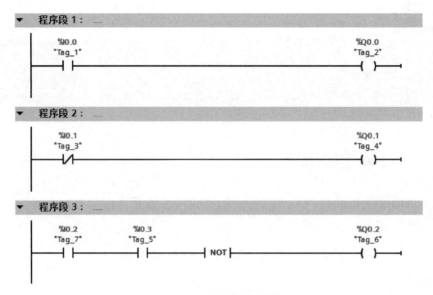

图 A-1　梯形图编程实例

思考题

1. 为什么要对 PLC 系统进行硬件配置（组态）？
2. 根据梯形图编程实例，记录不同输入信号状态下的运行结果。

实验二　基本位逻辑指令编程

实验目的

1) 进一步熟悉博途软件的编程环境及软件使用方法。
2) 掌握如何将控制要求转化为 PLC 程序。
3) 训练基本的逻辑编程能力。

实验内容

(1) 一个自动盖章机的程序设计

自动盖章机上有两个光电传感器，用来检测传送带上的物体的位置（当物体挡住或反射了光电传感器发出的光线时，光电传感器的常开触点闭合，产生电信号）。

当两个光电传感器同时检测到物体时可以盖章，即盖章机构产生动作；若只有一个光电传感器检测到物体，则不盖章，即盖章机构不产生动作。

I/O 分配：两个光电传感器分别为两个输入，盖章机构为输出，具体地址可自行分配。

(2) 某入侵探测与报警系统的程序设计

在两扇窗户上安装两组对射型红外线栅栏。当有物体遮挡住红外线栅栏中的部分或全部光束时，其常开触点闭合。当任何一组红外线栅栏探测到物体时，便开始报警；当两组对射型红外线栅栏都没有探测到物体时，报警器不会报警。

I/O 分配：两组对射型红外线栅栏分别为两个输入，声光报警器为输出，具体地址可自行分配。

(3) 两地控制系统的程序设计

本系统要求在一栋房屋的一楼可以通过开关 A 来点亮或熄灭电灯，在二楼可以通过开关 B 来点亮或熄灭同一盏灯。总之，在一楼或二楼的任意位置改变一次开关状态，电灯的状态就相应地改变一次。

I/O 分配：两个开关分别为两个输入，电灯的状态为输出，具体地址可自行分配。

(4) 多人抢答器程序设计

设置抢答按钮 3 个，对应抢答器成功指示灯 3 个，复位按钮 1 个。当任意一个抢答器被按下，对应的输出指示灯被点亮，其他两个抢答按钮失效，本轮抢答完成。当复位按钮被按下时，输出指示灯全灭，可进入新一轮抢答环节。

I/O 分配：抢答按钮、复位按钮为 4 个输入，抢答器成功指示灯为 3 个输出，具体地址可自行分配。

思考题

1. 针对常开触点、常闭触点，在编程中对应的使用什么指令？
2. 对两地控制系统的程序设计实验内容进一步扩展，完成三地控制系统的程序设计。

实验三　定时器与计数器的使用

实验目的

1) 掌握定时器的正确编程方法。
2) 掌握计数器的正确编程方法。

实验内容

(1) 十字路口交通信号灯程序设计

十字路口交通信号灯控制要求为：绿灯亮 35 s，接着黄灯亮 2 s，接着红灯亮 37 s，接着绿灯亮 35 s，如此循环。

东西向绿灯、黄灯亮时，南北向均为红灯。同样，南北向绿灯、黄灯亮时，东西向均为红灯（自行分配 I/O 地址即可）。

(2) 循环流水灯程序设计（使用定时器指令实现）

设置 1 个启动按钮，1 个停止按钮，3 个输出指示灯（L1、L2、L3）。

循环流水灯控制要求为：当启动按钮被按下，L1 灯亮（L2、L3 灭），并保持 3 s 后，自动熄灭；然后 L2 灯亮（L1、L3 灭），同样保持 3 s 后熄灭，接着 L3 灯亮（L1、L2 灭）保持 3 s 后熄灭。重复上述过程，如此循环往复。

当停止按钮被按下，所有输出指示灯熄灭，循环停止（自行分配 I/O 地址即可）。

(3) 循环流水灯程序设计（使用计数器、比较器指令实现）

设置 1 个控制按钮，3 个输出指示灯（L1、L2、L3）。

循环流水灯控制要求为：当控制按钮被按下 1 次时，L1 灯亮（L2、L3 灭），当控制按钮被按下 2 次时，L2 灯亮（L1、L3 灭），当控制按钮被按下 3 次时，L3 灯亮（L1、L2 灭），当控制按钮被按下 4 次时，灯全部熄灭。重复上述过程，如此循环往复（自行分配 I/O 地址即可）。

思考题

1. 在实验内容（2）的基础上，尝试实现：L1 亮，L1、L2 亮，L2 亮，L2、L3 亮，L3 亮，L3、L1 亮，L1 亮……如此往复循环。
2. 在实际工程项目中，计数器与定时器可以被运用在哪些方面？

实验四　电动机的正反转控制

实验目的

1）熟悉常用低压电器的结构、原理和使用方法。
2）掌握三相异步电动机正反转控制的原理及方法。
3）理解传统继电-接触器控制系统与 PLC 的区别。
4）掌握三相异步电动机正反转控制的梯形图程序。

实验内容

（1）根据图 A-2 三相异步电动机正反转控制电气原理图，梳理清楚改造成 PLC 系统后，输入和输出点的列表。

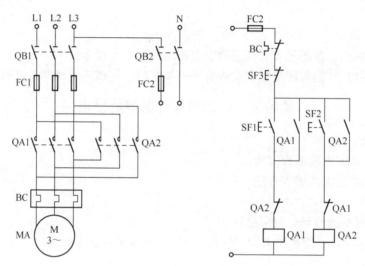

图 A-2　三相异步电动机正反转控制电气原理图

（2）编写相应的梯形图程序。
（3）完成下载，并进行运行和调试工作。

思考题

1. 在程序中，如何实现正反转控制安全切换？
2. 找出图 A-2 电气原理图中的自锁电路部分和互锁电路部分，分析其工作原理。

实验五　PLC 的基本数据处理

实验目的

1）掌握基本的数据类型及地址组成结构。
2）理解整数、长整数和浮点数之间的数据处理。
3）理解字节、字和双字之间的数据处理。

实验内容

（1）整数、长整数和浮点数之间的类型转换

自行设计参数及程序，运用相应指令完成数据类型的转换。

（2）使用字逻辑指令实现多个开关量的控制

有 16 个电磁阀，连接在 PLC 的 DO 16 模块上，其对应地址为 Q16.0~Q16.7 与 Q17.0~Q17.7，或者可写为 QW16。

控制要求为：当开关 I0.0 为低电平时，16 个电磁阀均为关闭状态；当开关 I0.0 为高电平时，Q16.2、Q16.3、Q17.4、Q17.5 所对应的电磁阀得电打开；15 s 后 Q16.2、Q16.3、Q17.4、Q17.5 失电关闭，同时 Q16.0、Q16.1、Q17.6、Q17.7 得电打开；当开关 I0.0 再次变为低电平时，16 个电磁阀均再次关闭。

思考题

如图 A-3 所示，将 IB0 和数字 3 做比较，看两者否相等，但本题中没有使用字节地址，而是用到了 IW0，实际上是使用了 IW0 中对应的 IB0 部分。试分析图中操作数 2 处的数据是 768 的原因。

图 A-3 参数比较程序

实验六　PLC 的模拟量处理

实验目的

1）掌握 PLC 的 A/D、D/A 转换的目的、原理、内外部数值关系、数据类型转换的必要性等知识。

2）能够设计外设与 PLC 的 A/D、D/A 转换模块之间的电路，能够在相应软件中完成设置与编程，并对整个 PLC 系统进行调试。

实验内容

（1）模拟量输入值的处理

实现 PLC 从液位传感器采集模拟量信号，经过转换和运算使该信号变成 0~45 cm 范围的数值。即在软件中编写程序，将液位经 A/D 转换后的数值计算成实际液位值。

（2）模拟量输出值的处理

实现 PLC 对外部执行机构的控制，如电动调节阀的 0~100% 任意开度的控制。

即在软件中编写程序，使程序的输出通过 D/A 转换直接驱动执行机构的动作。如程序输出 0~100，通过 D/A 转换直接驱动电动调节阀打开至相应开度。

思考题

1. 思考 A/D 转换功能存在于 PLC 系统的哪个模块？D/A 转换功能存在于 PLC 系统的哪个模块？

2. 如果你是公司的研发人员，你是否会考虑在 PLC 中使用 32 位的 A/D、D/A 芯片。

实验七　单容水箱液位控制

实验目的

1）构建并理解单闭环控制系统。

2）掌握 PID 参数的调节方法。

实验内容

（1）构建并理解单容水箱闭环控制系统

可参照图 A-4 的系统结构示意图完成单闭环系统的搭建。其中程序部分要求：程序段 1 为模拟量输入值处理的相应程序，程序段 3 为模拟量输出值处理的相应程序，程序段 2 可使用 PID 集成指令。

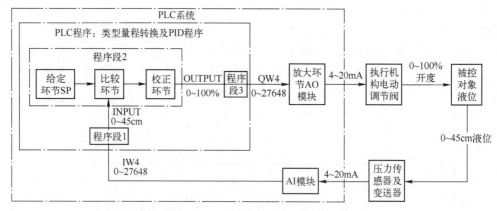

图 A-4　系统结构示意图

（2）水箱模型系统运行与 PID 参数的调节

在博途软件项目视图的项目树中，选择"工艺对象"，在"PID_compact_1"下，选择"组态"→"调试"→"在线"，进行 PID 控制器设置和曲线设置。

根据曲线实际情况进行 PID 参数的调节。

思考题

1. 试分析比例调节、微分调节、积分调节对控制产生的影响。
2. 调试过程中，如遇系统振荡，如何快速识别该振荡是由于比例增益、积分时间或微分时间的哪个取值不合适而造成的？

实验八　PLC 之间的通信

实验目的

1) 熟悉通信指令的使用方法。
2) 熟悉 PLC 之间的以太网通信方法。

实验内容

实现如图 A-5 所示的通信要求，并记录实验中遇到的问题和解决问题的过程。

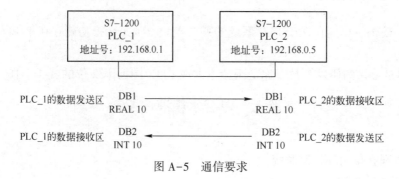

图 A-5　通信要求

思考题

1. PLC 之间为什么要通信？

2. 如何确定 PLC 之间的通信已成功建立？

附录 B　PLC 综合练习题

本附录提供的 PLC 综合练习题可用作课后作业题、课程设计题或实操考核题。

使用 PLC 实现下述题目的功能，仔细审题，区别开关与按钮。**注意：不能使用普通开关代替按钮！**

1. 某水箱系统中，BG1 为液位接近开关，当液位低于其安装位置时，其触点会闭合。

系统控制要求：当按下启动按钮 SF1 后，水泵 PMP1 启动，水箱中的水由于水泵的作用流出水箱；当按下停止按钮 SF2（常闭触点）后，水泵停止；为保护水泵，即不让水泵在无水的环境下运行，当液位降低到使 BG1 的触点闭合时，水泵能自动停止。

2. 某大型电动机起动时，按下起动按钮 SF1，润滑油泵会先启动以注入润滑油，15 s 后主电动机自动起动。停止电动机时，按下停止按钮 SF2（常闭触点），主电动机先停止，10 s 后润滑油泵自动停止。

3. 在某生产线上，可能会产生 3 种故障，其中任何 1 种故障的产生都能使故障指示灯亮；但只有当 3 种故障全部被排除时，故障指示灯才可以熄灭。同时，出现 1 种故障时亮黄色灯，出现 2 种故障时亮橙色灯，出现 3 种故障时亮红色灯。

4. 设计一个三裁判表决系统，当有两个或两个以上裁判按下通过按钮时，小灯亮，否则，小灯不亮。

5. 工厂中有一条罐体生产线，在生产线的末端，用一个传感器（开关量）对罐体是否存在缺陷进行检测。若从某次复位（缺陷品计数器清零）后算起，缺陷品数≤3 个，则认为系统正常，绿灯亮；若 3 个<缺陷品数≤7 个，则认为系统有一定的问题，需要进行在线维护，即系统不必停止，同时黄灯亮（绿灯灭）；若缺陷品数>7 个，则认为系统出现了故障，需要停机维护，同时红灯亮（黄灯和绿灯熄灭）。

6. 某人行道的交通灯如图 B-1 所示，绿灯亮 5 s，红灯亮 8 s。在绿灯的情况下按下绿灯请求按钮，无效。在红灯的情况下按下绿灯请求按钮，无论红灯已经亮了多少时间，此时红灯都会闪烁 1 s（灭 2 次，亮 2 次）后变为绿灯，然后继续绿灯 5 s 和红灯 8 s 的循环。

7. 传送带又称传送带输送机，是现代物料搬运系统机械化和自动化不可缺少的组成部分。它可以完成车间内部物料的传送，也可以完成企业内部、企业之间，甚至城市之间的物料传送。

图 B-2 为一条带式传送带，这种传送带在运行时，有可能会跑偏，也有可能会打滑。所以，这种传送带一般会安装用于检测跑偏的行程开关 BG1 和检测打滑的开关 BG2（比较长的传送带会安装多个检测跑偏和打滑的开关）。同时，为了现场的安全，在传送带的两侧一般还安装有拉线式急停开关 SF3（常闭触点）。传送带的启动按钮为 SF1，停止按钮为 SF2（常闭触点）。按下 SF1 时，如果拉线式急停开关 SF3 没有被拉线（拉线式急停开关被拉线与蘑菇头式急停开关被按下是同样的意思，即常闭触点断开），传送带即可启动。传送带启动后，如果检测到跑偏或者打滑，则延时 1 s 后传送带自动停止。如果在这 1 s 内，跑偏或打滑信号消失，传送带则不会停止；如果拉线式急停开关被拉线，传送带会立即停止。

8. 高压电动机由于其功率一般较大，所以起动电流较大，转化的热量使定子和转子的温度上升较多。如果频繁起动会使其温度上升很快，而过高的温度将对电动机产生危害，严重时可能会烧毁电动机。

图 B-1 人行道交通灯示意图

图 B-2 带式传送带

GB/T 13957—2008 第 4.21 中规定：Y 系列电动机当电网保证其在起动过程中的端电压不低于额定值的 85% 时，且负载所产生的阻转矩与转速的平方成正比，并在额定转速时小于 60% 额定转矩，同时折算至电动机轴端的负载的转动惯量不大于转动惯量公式（此处略，可自行查阅相关标准）求得的数值时，允许在实际冷状态下连续起动 2 次（2 次起动之间电动机应自然停机），或在额定运行后热状态下起动 1 次。

上述标准表明 Y 系列电动机在某些条件下，可以冷态起动两次或热态起动 1 次。这说明对于高压电动机，停机再起动要间隔一定的时间，其目的就是需要降低温度。其实，对于不同的电动机，由于性能不同，冷态及热态下允许的起动次数会有所不同。如西门子的某些电动机，冷态每小时可以起动 3 次，热态每小时可以起动 2 次。因此，具体的冷态或热态起动次数以及间隔时间，要根据电动机的性能及现场的情况进行判断。

现假设在某化工厂中，有一台空气压缩机用以吸收烃蒸气。此空气压缩机冷态可以连续起动 2 次，热态再起动需要延时。若在冷态下 10 s 内已经连续起停 2 次，那么需要在第二次停机后再延时 10 s 才可以起动第三次。冷态下起动并运行 10 s 后，便认为此空气压缩机达到热态，此时若停机，需要再延时 20 s 才可以再起动，其中停止按钮为常闭触点。

9. 带式传送带组的控制，带式传送带组控制系统示意图如图 B-3 所示。

为防止由于某条传送带的启动而使物料在下方的传送带上堆积，带式传送带组启动时应该先启动最下方的传送带。在本例中，按下启动按钮 SF1 时应先启动传送带 D，再向上依次启动其他传送带（C→B→A），每两条传送带的启动间隔时间为 5 s；按下停止按钮 SF2 时，应先停止最上面的一条传送带 A，待料运送完毕后依次停止其他传送带（B→C→D）。在本例中，每两条传送带的停止间隔时间也为 5 s。

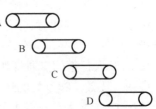

图 B-3 带式传送带组控制系统示意图

当某条传送带故障时，该传送带及其上面的传送带应立即停止，以防止物料堆积。而该传送带下面的传送带运送完上面的物料（5 s）后再自动停止。

10. 某停车场的门禁装置。当车辆准备从外部进入到停车场时，按下 SF1 按钮，检票栏电机 MTR1 动作，检票栏抬起。车辆进入，检票栏抬起 5 s 后，自动放下。除了 SF1 按钮，停车场门口的保卫人员也可以通过遥控器打开检票栏，其遥控器上的按钮为 SF2。

11. 某风扇有两种工作模式：排气和循环。用一个按钮 SF1 来切换这两种工作模式。当切换到排气模式时，接触器 QA1 吸合；当切换到循环模式时，接触器 QA2 吸合。

12. 用 3 个按钮控制一台电动机运行在 3 种模式，当按下第一个按钮 SF1 时电动机运行 2 s 后自动停止；按下第二个按钮 SF2 时电动机运行 4 s 后自动停止；按动第三个按钮 SF3 时电动机运行 6 s 后自动停止。

13. 用系统时钟存储位实现灯一亮 1 s，关 1 s；同时灯二亮 0.5 s，关 0.5 s。

14. 用一个按钮控制一盏灯，当第三次按下按钮时，灯才亮；第五次按下按钮时，灯灭。如此可以反复操作。

15. 算术运算。要求：

1）创建一个共享 DB，在其中添加两个长整型变量（x_1, y）和一个浮点型变量（x_2），其余中间变量随意定义。

2）用转换器指令将 x_1 赋值给 x_2，x_1 的数值在监控表中手动输入。

3）将 x_2 加上 0.5。

4）再将得数变为长整数，放到 y 中。

16. 算术运算。要求：

1）创建一个共享 DB，在其中添加 4 个浮点型变量，（其余中间变量随意定义。

2）编程实现从这 4 个浮点数中取出最大值，4 个浮点数的数值在监控表中手动任意输入。

17. 编写程序将水箱液位转换成所需量程范围（量程为 0.0~45.0 cm），若液位值大于等于 25 cm，则将电动调节阀开到 30%；若液位值小于 25 cm，则将电动阀开到 70%。

18. 火灾探测与报警。如图 B-4 所示，用两个感烟火灾探测器探测房间的烟雾浓度，当烟雾使两个探测器中任何一个的常闭触点断开时，都会触发火灾声光报警器报警。而当两个感烟火灾探测器的常闭触点均恢复常闭状态时，火灾声光报警器才会停止报警。

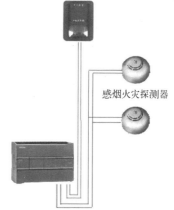

图 B-4　火灾探测与报警系统示意图及接线图

19. 生产线故障报警程序编写。

故障信号到来时，对应的故障指示灯以 2 Hz 的频率闪烁。按下故障应答按钮 I1.6 后，如果故障已经消失，则故障指示灯熄灭；如果故障依然存在，则故障指示灯常亮。

1）添加并编写故障报警函数 FC21 和故障处理程序 FC11，在 FC11 中 3 次调用 FC21，FC21 的实参见表 B-1。

表 B-1　FC21 的实参

故障源	故障记录	上升沿记录	故障指示灯
I1.1	M11.1	M12.1	Q2.1
I1.2	M11.2	M12.2	Q2.2
I1.3	M11.3	M12.3	Q2.3

2）添加并编写故障报警函数块 FB22 和故障处理程序 FC12，在 FC12 中 3 次调用 FB22，FB22 的实参见表 B-2。

表 B-2　FB22 的实参

故障源	背景数据块	故障指示灯
I1.1	DB41	Q2.1
I1.2	DB42	Q2.2
I1.3	DB43	Q2.3

参 考 文 献

[1] 李鸿儒，梁岩. 电气控制与 S7-1500 PLC 应用技术 [M]. 北京：机械工业出版社，2021.
[2] 黄永红. 电气控制与 PLC 应用技术 [M]. 2 版. 北京：机械工业出版社，2019.
[3] 姜建芳. 电气控制与 S7-300 PLC 工程应用技术 [M]. 北京：机械工业出版社，2014.
[4] 张白帆. 老帕讲低压电器技术 [M]. 北京：机械工业出版社，2017.
[5] 黄威，陈鹏飞，吉承伟. 低压电器与电气控制技术问答 [M]. 北京：化学工业出版社，2013.
[6] 崔坚. SIMATIC S7-1500 与 TIA 博途软件使用指南 [M]. 北京：机械工业出版社，2016.
[7] 廖常初. S7-1200/1500 PLC 应用技术 [M]. 北京：机械工业出版社，2018.
[8] 向晓汉，李润海. 西门子 S7-1200/1500 PLC 学习手册：基于 LAD 和 SCL 编程 [M]. 北京：化学工业出版社，2018.
[9] 邱道尹，刘新宇，张红涛，等. S7-300/400 PLC 入门和应用分析 [M]. 北京：中国电力出版社，2008.
[10] 梁岩. S7-300/400 PLC 实践教程 [M]. 沈阳：东北大学出版社，2014.
[11] 梁岩，王泓潇，曹丹，等. 西门子 SINAMICS S120 系统应用与实践 [M]. 北京：机械工业出版社，2019.